建设工程招投标与合同管理

王宇静　杨　帆　◎编著

U0292588

清华大学出版社
北　京

内 容 简 介

本书以最新的相关法律、法规为编写依据，结合建设工程招投标和合同管理的理论与实践，内容安排注重系统性、实用性和可操作性。本书的内容主要包括建设工程招投标和合同管理两大部分。招投标部分为第 1～3 章，阐述了建设工程招投标的基本原理和方法，并分别介绍了施工招投标、设计招标和设备材料采购招标的招标范围、程序、招标文件的编写和评标方法等相关内容。合同管理部分为第 4～13 章。其中，第 4、5 章阐述了建设工程合同的概念和法律基础，第 6～11 章介绍了工程建设领域涉及的施工合同、勘察设计合同、监理合同、工程总承包合同、物资采购合同等不同类型合同的主要内容，并介绍了国际工程通用合同条件的主要内容。第 12、13 章主要论述合同管理的基本理论和方法，包括合同的签约、履行和索赔管理等相关内容。

本书可作为高等学校工程管理专业和土木工程等相关专业学生的教材使用，也可作为建设工程领域相关专业管理和技术人员的学习参考用书。

图书在版编目（CIP）数据

建设工程招投标与合同管理/王宇静，杨帆编著. —北京：清华大学出版社，2018（2024.1重印）
ISBN 978-7-302-49083-8

Ⅰ. ①建… Ⅱ. ①王… ②杨… Ⅲ. ①建筑工程－招标 ②建筑工程－投标 ③建筑工程－经济合同－管理 Ⅳ. ①TU723

中国版本图书馆 CIP 数据核字(2017)第 296015 号

责任编辑：刘志彬
封面设计：汉风唐韵
责任校对：宋玉莲
责任印制：宋　林

出版发行：清华大学出版社
　　　　网　　　　址：https://www.tup.com.cn，https://www.wqxuetang.com
　　　　地　　　　址：北京清华大学学研大厦 A 座　　　　邮　　编：100084
　　　　社　总　机：010-83470000　　　　邮　　购：010-62786544
　　　　投稿与读者服务：010-62776969，c-service@tup.tsinghua.edu.cn
　　　　质　量　反　馈：010-62772015，zhiliang@tup.tsinghua.edu.cn
印 装 者：天津鑫丰华印务有限公司
经　　销：全国新华书店
开　　本：185mm×260mm　　　印　张：20　　　字　　数：458 千字
版　　次：2018 年 3 月第 1 版　　　印　　次：2024 年 1 月第 6 次印刷
定　　价：56.00 元

产品编号：055098-02

前 言
Foreword

当前，我国各行业和各领域均在推进全面深化改革，建筑业也开启了前所未有的深化改革之路。住房和城乡建设部相继出台了一系列的改革政策，要求建筑市场主体的行为更加法制化、规范化，并与国际惯例逐步接轨。建设工程合同不仅约定了建设工程各参与方的权利、义务和责任，同时也是各参与方进行市场交易的主要依据。因此，面对不断变化的建筑市场和建设管理体制改革的深化，建筑业相关企业将越来越重视合同管理在企业经营和工程项目管理中的地位和作用。培养具有较好的法律和合同意识、系统掌握建设工程招投标和合同管理的理论与方法、具备招投标与合同管理实践能力的相关工程管理专业人才成为高等学校工程管理及其他相关专业的主要任务之一。

本书是工程管理专业和土木工程等相关专业设置的"建设工程招投标和合同管理"或"建设工程合同管理"课程的使用教材。本书的主要内容包括建设工程招投标和合同管理两大部分。招投标部分为第 1～3 章，阐述了建设工程招投标的基本原理和方法，并分别介绍了施工招投标、设计招投标和设备材料采购招标的招标范围、程序、招标文件的编写和评标方法等相关内容。合同管理部分为第 4～13 章。其中，第 4、5 章阐述了建设工程合同的概念和法律基础，第 6～11 章介绍了工程建设领域涉及的施工合同、勘察设计合同、监理合同、工程总承包合同、物资采购合同等不同类型合同的主要内容，并介绍了国际工程通用合同条件。第 12、13 章主要论述合同管理的基本理论和方法，包括合同签约、履行和索赔管理等相关内容。

本书的主要特色和价值如下所述。

（1）时效性强。本书以最新的法律、法规和合同示范文本为依据，如《中华人民共和国招标投标法实施条例》（2012 年 2 月 1 日起实施）、《工程建设项目勘察设计招标投标办法》（八部委 2 号令，2013 年 23 号令修改）、《工程建设项目招标代理机构资格认定办法》（2007 年 3 月 1 日实施，2015 年 5 月 4 日修订）、《建设工程施工合同（示范文本）》（GF—2013—0201）、《建设工程勘察合同（示范文本）》（GF—2016—0203）、《建设工程设计合同示范文本（房屋建筑工程）》（GF—2015—0209）和《建设工程监理合同（示范文本）》（GF—2012—0202）等。对相关法规的阐释注重原文原意，全面引证，避免断章取义，臆断发挥。

（2）突出教材的实用性。以当前实际开展的建设工程招投标和合同管理工作为主要介绍内容，辅以典型案例分析，重点说明如何操作，旨在提高学生解决实际问题的能力。

（3）注重工程承包的国际性。对国际工程承包合同通常使用的国际通用合同条件加以介绍，如 FIDIC 合同条件、英国 JCT 合同条件和美国 AIA 合同条件。

本书由王宇静、杨帆主编，吴开泽、金昊参与编写。在编写过程中，参考和引用了国内外许多学者的著作和文献，在此对相关作者表示衷心的感谢！

由于建设工程招投标和合同管理的理论和方法还需要在工程实践中不断丰富、发展和完善，加之编者的学术水平和实践经验有限，书中难免有错误和不当之处，恳请读者和同行批评指正。

本书的编写得到上海工程技术大学管理学院和教务处的支持与资助，在此表示衷心的感谢！

编　者

2017 年 6 月

目 录
Contents

第1章 建设工程招标投标概述

1.1 概述

1.1.1 建设工程招标投标的概念

招标投标是市场经济条件下进行大宗货物的买卖、工程项目的发包与承包，以及服务项目的采购与提供时所采取的一种交易方式。它的特点是单一的买方设定包括功能、质量、期限、价格为主的标的，邀请若干个卖方通过投标进行竞争，买方从中选择优胜者并与其达成交易协议，随后按合同实现标的。

建筑产品也是商品，工程项目的建设以招标投标的方式选择实施单位，是运用竞争机制来体现价值规律的科学管理模式。工程招标指招标人（或称发包人，即依照《中华人民共和国招标投标法》的相关规定提出招标项目、进行招标的法人或其他组织）在发包建设项目之前通过公共媒介或者直接邀请潜在投标人（即潜在的、可能响应招标、参加投标竞争的法人或其他组织），根据招标文件所设定的包括功能、质量、数量、期限及技术要求等主要内容的标的，提出实施方案及报价，经过开标、评标、决标等环节，从众投标人中择优选定中标人（可以是设计单位、监理单位、施工单位或供货单位等）的一种经济活动。工程投标是指具有合法资格和能力的投标人根据招标文件要求，提出实施方案和报价，在规定的期限内提交标书，并参与开标，中标后与招标人签订工程建设协议的经济活动。属于要约和承诺特殊表现形式的招标与投标是合同的形成过程，招标人与中标人签订明确双方权利义务的合同。

《中华人民共和国招标投标法》（以下简称《招标投标法》）将招标与投标的过程纳入法制管理的轨道，主要内容包括通行的招标投标程序、招标人和投标人应遵循的基本规则、任何违反法律规定应承担的后果责任等。该法的宗旨是，招标投标活动属于当事人在法律规定范围内自主进行的市场行为，但必须接受政府行政主管部门的监督。

1.1.2 建设工程招投标活动的基本原则

（一）合法原则

合法原则是指建设工程招投标主体的一切活动，必须符合法律、法规、规章和有关政策的规定。

1．主体资格要合法

招标人必须具备一定的条件才能自行组织招标，否则只能委托具有相应资格的招标代理机构进行组织招标；投标人必须具有与其投标的工程相应的资格等级，并经招标人资格审查，报建设工程招标投标管理机构进行资格复查。

2．活动依据要合法

招标投标活动应按照相关法律、法规、规章和政策性文件开展。

3．活动程序要合法

建设工程招标投标活动的程序，必须严格按照相关法规规定的要求进行。当事人不能随意增加或减少招标投标过程中某些法定步骤或环节，更不能颠倒次序、超过时限、任意变通。

4．对招投标活动的管理和监督要合法

建设工程招标投标管理机构必须依法监管、依法办事，既不能越权干预招投标人的正常行为或对招投标人的行为进行包办代替，也不能懈怠职责、玩忽职守。

（二）统一、开放的原则

1．市场必须统一

任何分割市场的做法都是不符合市场经济规律要求的，而且也是无法形成公平竞争的市场机制的。

2．管理必须统一

要建立和实行由建设行政主管部门（建设工程招标投标管理机构）统一管理的行政管理体制。在一个地区只能有一个主管部门履行政府统一管理的职责。

3．规范必须统一

如市场准入规则的统一，招标文件文本的统一，合同条件的统一，工作程序、办事规则的统一等。只有这样，才能真正发挥市场机制的作用，全面实现建设工程招投标制度的宗旨。

开放原则，要求根据统一的市场准入规则，打破地区、部门和所有制等方面的限制和束缚，向全社会开放建设工程招投标市场，破除地区和部门保护主义，反对一切人为的对外封闭市场的行为。

（三）公开、公平、公正原则

1．公开原则

公开原则就是要求招标投标活动具有较高的透明度，实行招标信息、招标程序公开，即发布招标通告，公开开标，公开中标结果，使每一个投标人获得同等的信息，知悉招标的一切条件和要求。

2．公平原则

公平原则就是要求给予所有投标人平等的机会，使其享有同等的权利并履行相应的义务，不歧视任何一方，不应设置地域或行业的保护条件，杜绝一方把自己的意志强加于对方的行为。《中华人民共和国招标投标法实施条例》（以下简称《实施条例》）中明确指出，招标人不得以不合理条件限制、排斥潜在投标人或者投标人。

属于以不合理条件限制、排斥潜在投标人或者投标人的行为主要有以下几种：

（1）就同一招标项目向潜在投标人或投标人提供有差别的项目信息；

（2）设定的资格、技术、商务条件与招标项目的具体特点和实际需要不相适应或者与合同履行无关；

（3）对潜在投标人或投标人采取不同的资格审查或者评标标准；

（4）限定或者指定特定的专利、商标、品牌、原产地或者供应商；

（5）依法必须进行招标的项目非法限定潜在投标人或者投标人的所有制形式或组织形式；

（6）以其他不合理条件限制、排斥潜在投标人或者投标人。

3．公正原则

公正是指招标文件中规定的统一标准，实事求是地进行评标和决标，不偏袒任何一方，给所有投标人以平等的机会。

（四）诚实信用原则

招标投标当事人应以诚实、善意的态度行使权利，履行义务，不得有欺诈、背信的行为。《招标投标法》规定了不得虚假招标、串通投标、泄露标底、骗取中标等诸多义务，要求当事人遵守，并规定了相应的罚则。

（五）求效、择优原则

求效、择优原则，是建设工程招投标的终极原则。实行建设工程招标投标的目的，即追求最佳的投资效益，在众多的竞争者中选出最优秀、最理想的投标人作为中标人。在建设工程招投标活动中，除了要坚持合法、公开、公正等前提性、基础性原则外，还必须贯彻求效、择优的目的性原则。贯彻求效、择优原则，最重要的就是要有一套科学合理的招标投标程序和评标定标办法。

（六）招标投标权益不受侵犯原则

招标投标权益是当事人和中介机构进行招投标活动的前提和基础，因此，保护合法的招标投标权益是维护建设工程招标投标秩序、促进建设市场健康发展的必要条件。建设工程招标投标活动当事人和中介机构依法享有的招标投标权益，受国家法律的保护和约束。任何单位和个人不得非法干预招投标活动的正常进行，不得非法限制或剥夺当事人和中介机构享有的合法权益。

1.1.3 建设工程招标的类型

建设工程招标，按标的内容可分为建设工程监理招标、建设工程项目管理招标、建设项目总承包招标、工程勘察设计招标、工程建设施工招标以及建设项目货物招标。

（一）建设工程监理招标

建设工程监理招标是建设项目的业主为了加强对项目前期准备及项目实施阶段的监督管理，委托有经验、有能力的建设监理单位对建设项目进行监理而发布监理招标信息或发出投标邀请，由建设监理单位竞争承接此建设项目相应的监理任务的过程。

（二）建设工程项目管理招标

建设工程项目管理，是指从事工程项目管理的企业，受工程项目业主方委托，对工程建设全过程或分阶段进行专业化管理和服务活动。工程项目业主方可以通过招标等方式选择项目管理企业，并与选定的项目管理企业以书面形式签订委托项目管理合同。

工程勘察、设计、监理等企业可以同时承担同一工程项目管理和其资质范围内的工程勘察、设计、监理业务，但依法应当招标投标的业务应该通过招标投标方式确定。

施工企业不得在同一工程从事项目管理和工程承包业务。

（三）建设项目总承包招标

建设项目总承包招标是指从项目建议书开始，包括可行性研究、勘察设计、设备材料采购、工程施工、生产准备、投料试车直至竣工投产、交付使用的建设全过程招标，常称为"交钥匙"工程招标。承包商提出的实施方案应是从项目建议书开始到工程项目交付使用的全过程的方案，提出的报价也应是包括咨询、设计服务费和实施费在内的全部费用的报价。总承包招标对投标人来说利润高，但风险也大，因此要求投标人要有很强的技术力量和相当高的管理水平，并有可靠的信誉。

（四）工程勘察设计招标

工程勘察设计招标是招标人就拟建的工程项目的勘察设计任务发出招标信息或投标邀请，由投标人根据招标文件的要求，在规定的期限内向招标人提交包括勘察设计方案及报价内容等的投标书，经开标、评标及决标，从中择优选定勘察设计单位（即中标单位）的活动。

招标人可以根据建设项目的不同特点，实行勘察设计一次性总体招标；也可以在保证项目完整性、连续性的前提下，按照技术要求实行分段或分项招标。

在我国，有相当一部分设计单位并无勘察能力，所以勘察和设计分别招标是常见的情况。一般是设计招标之后，根据设计单位提出的勘察要求再进行勘察招标，或由设计单位总承包后，再分包给勘察单位，或者设计、勘察单位联合承包。

（五）工程建设施工招标

工程建设施工招标是招标人就建设项目的施工任务发出招标信息或投标邀请，由投标人根据招标文件要求，在规定的期限内提交包括施工方案、报价、工期、质量等内容的投标书，经开标、评标、决标等程序，从中择优选定施工承包人的活动。

根据承担施工任务的范围大小及内容的不同，施工招标又可分为施工总承包招标、专业工程施工招标等。

（六）工程建设项目货物招标

工程建设项目货物是指与工程建设项目有关的重要设备、材料等。

工程建设项目货物招标，是指招标人就设备、材料的采购发布信息或发出投标邀请，由投标人投标竞争采购合同的活动。但适用招标采购的设备、材料一般都是用量大、价值高且对工程的造价、质量影响大的，并非所有的设备、材料均由招标采购而得。

法定必须招标的建设项目货物的采购应按照《工程建设项目货物招标投标管理办法》（国家发展和改革委员会等七部委27号令，2005年）执行。我国与世界银行约定，凡单项采购合同额达到100万美元以上的世界银行贷款项目，就应采取国际招标来确定中标人。

1.2 建设工程招投标的范围

1.2.1 必须进行招投标的范围

依据我国《招标投标法》及《工程建设项目招标范围和规模标准规定》（国家发展计划委员会令第3号，2000年5月1日发布）规定，在我国境内必须进行招投标的项目包括以下范围。

（一）关系社会公共利益、公众安全的基础设施项目

1. 煤炭、石油、天然气、电力、新能源等能源项目
2. 铁路、公路、管道、水运、航空以及其他交通运输业等交通运输项目
3. 邮政、电信枢纽、通信、信息网络等邮电通信项目
4. 防洪、灌溉、排涝、引（供）水、滩涂治理、水土保持、水利枢纽等水利项目
5. 道路、桥梁、地铁和轻轨交通、污水排放及处理、垃圾处理、地下管道、公共停车场等城市设施项目
6. 生态环境保护项目
7. 其他基础设施项目

（二）关系社会公共利益、公共安全的公用事业项目

1. 供水、供电、供气、供热等市政工程项目

2. 科技、教育、文化等项目

3. 体育、旅游等项目

4. 卫生、社会福利等项目

5. 商品住宅，包括经济适用住房

6. 其他公用事业项目

（三）全部或部分使用国有资金投资的项目

1. 使用各级财政预算资金的项目

2. 使用纳入财政管理的各种政府性专项建设基金的项目

3. 使用国有企业事业单位自有资金，并且国有资产投资者实际拥有控制权的项目

（四）全部或部分使用国家融资的项目

1. 使用国家发行债券所筹资金的项目

2. 使用国家对外借款或者担保所筹资金的项目

3. 使用国家政策性贷款的项目

4. 国家授权投资主体融资的项目

5. 国家特许的融资项目

（五）使用国际组织或者外国政府资金的项目

1. 使用世界银行、亚洲开发银行等国际组织贷款资金的项目

2. 使用外国政府及其机构贷款资金的项目

3. 使用国际组织或者外国政府援助资金的项目

以上规定范围内的各类工程项目，包括项目的勘察、设计、施工、监理以及与工程建设有关的重要设备、材料等的采购，达到下列标准之一的，必须进行招标。

（1）施工单项合同估算价在 200 万元人民币以上；

（2）重要设备、材料等货物的采购，单项合同估算价在 100 万元人民币以上；

（3）勘察、设计、监理等服务的采购，单项合同估算价在 50 万元人民币以上。

为了防止将应该招标的工程项目化整为零规避招标，即使单项合同估算价低于上述第（1）、（2）、（3）项规定的标准，但项目总投资在 3 000 万元人民币以上的勘察、设计、施工、监理以及与工程建设有关的重要设备、材料等的采购，也必须进行招标。

依法必须进行招标的项目，全部使用国有资金投资或者国有资金投资占控股或者主导地位的，应当公开招标。

1.2.2 可以不进行招标的工程建设项目

《招标投标法》第六十六条规定："涉及国家安全、国家秘密、抢险救灾或者属于利用扶贫资金实习以工代赈、需要使用农民工等特殊情况，不适宜招标的项目，按照国家有关规定可以不进行招标。"

《工程建设项目施工招标投标办法》（七部委 30 号令，2013 年 4 月修订）第十二条的规定，依法必须进行招标的工程建设项目有下列情形之一的，可以不进行施工招标。

（1）涉及国家安全、国家秘密、抢险救灾或者属于利用扶贫资金实行以工代赈需要使用农民工等特殊情况，不适宜进行招标；

（2）施工主要技术采用不可替代的专利或者专有技术；

（3）已通过招标方式选定的特许经营项目投资人依法能够自行建设；

（4）采购人依法能够自行建设；

（5）在建工程追加的附属小型工程或者主体加层工程，原中标人仍具备承包能力，并且其他人承担将影响施工或者功能配套要求；

（6）国家规定的其他情形。

1.3 建设工程招标投标的方式

建设工程招标的方式主要有公开招标（无限竞争性招标）和邀请招标（有限竞争性招标）。

1.3.1 公开招标

（一）公开招标的概念

公开招标又称为无限竞争招标。招标单位通过网络、报刊、广播、电视等公共媒体发布招标广告，有投标意向的承包商均可参加投标资格审查，审查合格的承包商可购买或领取招标文件，参加投标。简言之，公开招标是指招标人以招标公告的方式邀请不特定的法人或者其他组织投标。

招标人选用了公开招标方式，就不得限制或者排斥本地区、本系统以外的法人或者其他组织参加投标，不得对潜在投标人实行歧视待遇。

（二）公开招标的特点

公开招标方式的优点是：投标的承包商多、竞争范围大，业主有较大的选择余地，有利于降低工程造价，提高工程质量和缩短工期。其缺点是：由于投标的承包商多，招标工作量大，组织工作复杂，需投入较多的人力、物力，招标过程所需时间较长，且有可能因资格审查不严，导致鱼目混珠的现象发生。公开招标的特点一般表现为以下几个方面。

（1）公开招标是最具竞争性的招标方式。它参与竞争的投标人数量最多，且只要符合相应的资质条件便不受限制，只要承包商愿意便可参加投标，在实际生活中，常常少则十几家，多则几十家，甚至上百家，因而竞争程度最为激烈。它可以最大限度地为一切有实力的承包商提供一个平等竞争的机会，招标人也有最大容量的选择范围，可在为数众多的投标人之间择优选择一个报价合理、工期较短、信誉良好的承包商。

（2）公开招标是程序最完整、最规范、最典型的招标方式。它形式严密，步骤完整，运作环节环环相扣。在国际上，谈到招标通常都是指公开招标。在某种程度上，公开招标已成为招标的代名词，因为公开招标是工程招标通常使用的方式。我国规定，依法必须进行招标的项目，全部或者部分使用国有资金投资或者国有资金投资占控股或者主导地位的，都应采取公开招标。

（3）公开招标是所需费用最高、花费时间最长的招标方式。由于竞争激烈，程序复杂，组织招标和参加投标需要做的准备工作和需要处理的实际事务比较多，特别是编制、审查有关招标投标文件的工作量十分浩繁。

1.3.2　邀请招标

（一）邀请招标的概念

邀请招标又称为有限竞争性招标。这种方式发包人不发布招标公告，而是根据自己的经验和所掌握的各种信息资料，向有承担该项工程施工能力的三个及以上（含三个）承包商发出投标邀请书，收到邀请书的单位有权利选择是否参加投标。简言之，邀请招标是指招标人以投标邀请书的方式邀请特定的法人或者其他组织投标。邀请招标与公开招标一样都必须按规定的招标程序进行，要制定统一的招标文件，投标人都必须按招标文件的规定进行投标。

（二）邀请招标的特点

邀请招标方式的优点是：参加竞争的投标人数目可由招标单位控制，目标集中，招标的组织工作较容易，工作量比较小。其缺点是：由于参加的投标单位相对较少，竞争性范围较小，使招标单位对投标单位的选择余地较少，如果招标单位在选择被邀请的承包商前所掌握信息资料不足，则会失去发现最适合承担该项目的承包商的机会。

《工程建设项目施工招标投标办法》第十一条规定，国务院发展计划部门确定的国家重点建设项目和各省、自治区、直辖市人民政府确定的地方重点建设项目，以及全部使用国有资金投资或者国有资金投资占控股或者主导地位的工程建设项目，应当公开招标；有下列情形之一的，经批准可以进行邀请招标：

（1）项目技术复杂或有特殊要求，只有少量几家潜在投标人可供选择的；

（2）受自然地域环境限制的；

（3）涉及国家安全、国家秘密或者抢险救灾，适宜招标但不宜公开招标的；

（4）拟公开招标的费用与项目的价值相比，不值得的；

（5）法律、法规规定不宜公开招标的。

国家重点建设项目的邀请招标，应当经国务院发展计划部门批准；地方重点建设项目的邀请招标，应当经各省、自治区、直辖市人民政府批准。

（三）邀请招标和公开招标的区别

（1）招标的程序上比公开招标简化，如无招标公告及投标人资格审查的环节。

（2）招标在竞争程度上不如公开招标强。邀请招标参加人数是经过选择限定的，被邀请的承包商数目在 3～10 个，不能少于 3 个，也不宜多于 10 个。由于参加人数相对较少，易于控制，因此其竞争范围没有公开招标大，竞争程度也明显不如公开招标强。

（3）招标在时间和费用上都比公开招标节省。邀请招标可以省去发布招标公告费用、资格审查费用和可能发生的更多的评标费用。

1.4 建设工程招标的组织形式

1.4.1 自行招标

《招标投标法》第十二条第二款规定："招标人具有编制招标文件和组织评标能力的，可以自行办理招标事宜。任何单位和个人不得强制其委托招标代理机构办理招标事宜。"这里指出了招标人自行办理招标必须具备的两个条件：一是有编制招标文件的能力；二是有组织评标的能力。这两项条件不能满足的，必须委托代理机构办理。之所以这样规定，是因为如果让那些对招标程序不熟悉，自身也不具备招标能力的项目单位组织招标，会影响招标工作的规范化、程序化，进而影响到招标质量和项目的顺利实施。另外，也可防止项目单位借自行招标之机，行招标之名而无招标之实。针对现实生活中一些地方和部门对招标投标活动非法干预，本款特别强调："任何单位和个人不得强制其委托招标代理机构办理招标事宜。"

不具备上述条件的，招标人应当委托具有相应资质的招标代理机构代理招标。

1.4.2 代理招标

（一）招标代理与工程招标代理

招标代理机构是依法设立、与行政机关和其他国家机关没有隶属关系、从事招标代理业务并提供相关服务的社会中介组织。根据《招标投标法》第十三条第二款规定，招标代理机构应当具备下列条件：

（1）有从事招标代理业务的营业场所和相应的资金；

（2）有能够编制招标文件和组织评标的相应专业力量；

（3）有符合规定条件可以作为评标委员会人选的技术经济等方面的专家库。

工程招标代理是指工程招标代理机构接受招标人的委托，从事工程的勘察、设计、施工、监理以及与工程建设有关的重要设备(进口机电设备除外)、材料采购招标的代理业务。为此，建设部以第154号部令发布了《工程建设项目招标代理机构资格认定办法》，自2007年3月1日起施行。从事工程招标代理业务的机构，应当依法取得国务院建设主管部门或者省、自治区、直辖市人民政府建设主管部门认定的工程招标代理机构资格，并在其资格许可的范围内从事相应的工程招标代理业务。

（二）工程招标代理机构的资质等级

工程招标代理机构资格分为甲级、乙级和暂定级。不同级别的招标代理机构应当具备如下共同条件：

（1）是依法设立的中介组织；

（2）与行政机关和其他国家机关没有隶属关系或者其他利益关系；

（3）有固定的营业场所和开展工程招标代理业务所需设施及办公条件；

（4）有健全的组织机构和内部管理的规章制度；

（5）具备编制招标文件和组织评标的相应专业力量；

（6）具有可以作为评标委员会成员人选的技术、经济等方面的专家库。

不同级别的招标代理机构需具备以下特殊条件。

甲级招标代理机构取得乙级工程招标代理资格满 3 年；近 3 年内累计工程招标代理中标金额在 16 亿元人民币以上（以中标通知书为依据，下同）；具有中级以上职称的工程招标代理机构专职人员不少于 20 人，其中具有工程建设类注册执业资格人员不少于 10 人（其中注册造价工程师不少于 5 人），从事工程招标代理业务 3 年以上的人员不少于 10 人；技术经济负责人为本机构专职人员，具有 10 年以上从事工程管理的经验，具有高级技术经济职称和工程建设类注册执业资格；注册资本金不少于 200 万元。其可代理各种规模的工程招标代理业务。

乙级招标代理机构取得暂定级工程招标代理资格满 1 年；近 3 年内累计工程招标代理中标金额在 8 亿元人民币以上；具有中级以上职称的工程招标代理机构专职人员不少于 12 人，其中具有工程建设类注册执业资格人员不少于 6 人（其中注册造价工程师不少于 3 人），从事工程招标代理业务 3 年以上的人员不少于 6 人；技术经济负责人为本机构专职人员，具有 8 年以上从事工程管理的经历，具有高级技术经济职称和工程建设类注册执业资格；注册资本金不少于 100 万元。乙级工程招标代理机构只能承担工程总投资 1 亿元人民币以下的工程招标代理业务。

1.5　建设工程招标与投标的基本程序

1.5.1　建设工程招标的一般程序

招标是招标人选择中标人并与其签订合同的过程，而投标则是投标人力争获得实施合同的竞争过程，招标人和投标人均需遵循招投标法律法规的规定进行招标投标活动。图 1-1 给出了公开招标程序，邀请招标可以参照实行。按照招标人和投标人的参与程度划分，可将招标过程粗略划分成招标准备阶段、招标投标阶段和决标成交阶段。

（一）招标准备阶段主要工作

招标准备阶段的工作由招标人单独完成，投标人不参与。主要工作包括以下几个方面。

1. 选择招标方式

（1）根据工程特点和招标人的管理能力确定发包范围。

（2）依据工程建设总进度计划确定项目建设过程中的招标次数和每次招标的工作内容。如监理招标、设计招标、施工招标、设备供应招标等。

（3）按照每次招标前准备工作的完成情况，选择合同的计价方式。如施工招标时，已完成施工图设计的中小型工程，可采用总价合同；若为初步设计完成后的大型复杂工程，则应采用单价合同。

（4）依据工程项目的特点、招标前准备工作的完成情况、合同类型等因素的影响程度，最终确定招标方式。

2．办理招标备案

招标人向建设行政主管部门办理申请招标手续。招标备案文件包括：招标工作范围；招标方式；计划工期；对投标人的资质要求；招标项目的前期准备工作的完成情况；自行招标还是委托代理招标等内容。获得认可后才可以开展招标工作。

3．编制招标有关文件

招标准备阶段应编制好招标过程中可能涉及的有关文件，以保证招标活动的正常进行。这些文件大致包括招标公告、资格预审文件、招标文件、合同协议书，以及资格预审和评标的方法。

（二）招标阶段的主要工作内容

公开招标时，从发布招标公告开始，若为邀请招标，则从发出邀请招标函开始，到投标截止日期为止的期间称为招标投标阶段。在此阶段，招标人应做好招标的组织工作，投标人则按招标有关文件的规定程序和具体要求进行投标报价竞争。

1．发布招标公告或发出投标邀请书

采用公开招标的，招标人应在国家指定的报刊、信息网络或者其他媒介上发布招标公告；采用邀请招标方式的，招标人应当向3家以上具备承担施工招标项目的能力、资信良好的特定法人或者其他组织发出投标邀请书。《工程建设项目施工招标投标办法》第十四条规定，招标公告或者投标邀请书应当至少载明下列内容。

（1）招标人的名称、地址。

（2）招标项目的内容、规模、资金来源。

（3）招标项目的实施地点和工期。

（4）获取招标文件或资格预审文件的地点和时间。

（5）对招标文件或资格预审文件收取的费用。

（6）对投标人资质等级的要求。

投标人应当按照招标公告或者投标邀请书规定时间、地点出售招标文件或资格预审文件。自招标文件或者资格预审文件出售之日起至停止出售之日止，最短不得少于5个工作日。

2．组织资格审查

为了保证潜在投标人能够公平地获得投标竞争的机会，确保投标人满足投标项目的资格条件，招标人应当对投标人进行资格审查。根据《招标投标实施条例》有关规定，资格预审一般按以下程序进行。

（1）编制资格预审文件。对依法必须进行招标的项目，招标人应使用相关部门制定的标准文本，根据招标项目的特点和需要编制资格预审文件。

（2）发布资格预审公告。公开招标的项目，应当发布资格预审公告。对于依法必须进行招标的项目的资格预审公告，应当在国务院发展改革部门依法指定的媒介发布。

（3）发售资格预审文件。招标人应当按照资格预审公告规定的时间、地点发售资格预审文件。给潜在投标人准备资格预审文件的时间应不少于 5 日。发售资格预审文件收取的费用，相当于补偿印刷、邮寄的成本支出，不得以营利为目的。申请人对资格预审文件有异议，应当在递交资格预审申请文件截止时间 2 日前向招标人提出。招标人应当自收到异议之日起 3 日内做出答复；做出答复前，应当暂停实施招标投标的下一步程序。

（4）资格预审文件的澄清、修改。招标人可以对已发出的资格预审文件进行必要的澄清或者修改。澄清或者修改的内容可能影响资格预审申请文件编制的，招标人应当在提交资格预审申请文件截止时间至少 3 日前，以书面形式通知所有获取资格预审文件的潜在投标人；不足 3 日的，招标人应当顺延提交资格预审申请文件的截止时间。

（5）组建资格审查委员会。国有资金占控股或者主导地位的依法必须进行招标的项目，招标人应当组建资格审查委员会审查资格预审申请文件。资格审查委员会及其他成员应当遵守招标投标法及其实施条例有关评标委员会及其成员的规定，即资格审查委员会有招标人（招标代理机构）熟悉相关业务的代表和不少于成员总数 2/3 的技术、经济等专家组成，成员人数为 5 人以上单数。其他项目由招标人自行组织资格审查。

（6）潜在投标人递交资格预审申请文件。潜在投标人应严格依据资格预审文件要求的格式和内容，编制、签署、装订、密封、标识资格预审申请文件，按照规定的时间、地点、方式递交。

（7）资格预审审查报告。资格审查委员会应当按照资格预审文件载明的标准和方法，对资格预审申请文件进行审查，确定通过资格预审的申请人名单，并向招标人提交书面资格审查报告。资格审查报告一般包括以下几个内容：①基本情况和数据表；②资格审查委员会名单；③澄清、说明、补正事项纪要等；④评分比较一览表的排序；⑤其他需要说明的问题。

（8）确认通过资格预审的申请人。招标人根据资格审查报告确认通过资格预审的申请人，并向其发出投标邀请书。招标人应要求通过资格预审的申请人收到通知后，以书面方式确认是否参加投标。同时，招标人还应向未通过资格预审的申请人发出资格预审结果的书面通知。

3. 发售招标文件

（1）招标文件的发售。招标人向资格审查合格的投标人发售招标文件、经审查合格的设计图纸及有关其他资料，投标人收到设计图纸、资料时应认真核对，确认无误后以书面形式予以签认。

总之，招标文件应当包括招标项目技术要求、对投标人资格审查的标准、投标报价要求和评标标准等所有实质性条件以及拟签订合同的主要条款。招标项目需要划分标段、确定工期的，招标人应当合理划分标段、确定工期，并在招标文件中载明。对工程技术上紧密相连、不可分割的单位工程不得分割标段。招标人不得以不合理的标段或工期限制或者排斥投标人。

招标文件应当明确规定评标时除价格以外的所有评标因素，以及如何将这些因素量化或者据以进行评标。在评标过程中，不得改变招标文件中规定的评标标准、方法和中标条件。

（2）招标文件的澄清或修改。投标人收到招标文件、设计图纸及有关资料后，应认真仔细阅读，若有疑问或不清楚的问题需要解答的，应在规定的时间内以书面的形式向招标人提出。

4．组织投标单位踏勘现场

招标单位一般在招标文件中要注明现场踏勘的时间和地点，组织投标单位进行现场勘察，目的是让投标人了解施工现场和周围环境，以便对招标项目有关内容作出正确的判断，更好地编制投标书，也可以有效地避免合同履行过程中投标人以不了解现场情况为理由推卸履行合同中应当承担的责任。投标人依据招标人介绍的情况作出判断和决策，由投标人自行负责，招标人不承担任何责任。招标人不得单独或者分别组织任何一个投标人现场踏勘。

踏勘现场后涉及对招标文件进行澄清修改的，招标人应当在招标文件中要求的提交投标文件的截止时间至少 15 日前以书面形式通知所有招标文件收受人。考虑到踏勘现场后投标人有可能对招标文件部分条款进行质疑，组织投标人踏勘现场的时间一般应在投标截止时间 15 日前及投标预备会召开前进行。

5．组织投标预备会（答疑会）

投标预备会是在招标文件规定的时间和地点，由招标人主持召开的答疑会，其主要内容如下所述。

（1）招标人解答投标人就投标文件、设计图纸及现场考察中存在的质疑问题，包括投标预备会前由投标人书面提出的和在预备会现场提出的问题。

（2）投标预备会结束后，由招标人整理会议记录和解答内容，以书面形式向获得招标文件的所有投标人发放，并作为招标文件的组成部分。其内容若有与原招标文件不符合之处，以投标预备会解答的会议记录为准。

6．投标文件的接收

招标人收到投标文件后应当签收，并在招标文件规定开标时间前不得开启。同时为了保护投标人的合法权益，招标人必须履行完备规范的签收手续。签收人要记录投标文件递交的日期和地点以及密封状况，签收人签名后应将所有递交的投标文件妥善保存。

（三）决标成交阶段的主要工作内容

从开标日到签订合同这一期间称为决标成交阶段，是对各投标书进行评审比较，最终确定中标人的过程。

1．开标

把所有投标人的投标文件启封揭晓即为开标，开标的主要程序如下所述。

（1）开标应在招标文件确定的提交投标文件截止时间的同一时间公开进行，开标地点应当为招标文件中预先确定的地点。开标由招标人主持，可以邀请公证部门、当地建设行政主管部门的有关单位人员对开标过程给予公证监督，所有投标人必须参加开标会议。

（2）开标会议开始时，招标人应首先当众宣读无效标和弃权标的规定，然后核查参加开标会议的投标人的各种证件，并宣布核查结果。

（3）由投标人或其推选的代表当众检查投标文件的密封情况，也可以由招标人委托的公证机构检查并公证。经确认无误后，由工作人员当众拆封投标书，宣读投标人名称、投标报价、工期、质量以及其他主要内容。

（4）招标人应对唱标内容做好记录，并请投标人的法定代表人或授权代理人给予签字确认。开标过程的所有记录均要存档。

（5）宣读评标期间的有关事项，宣布休会，进入评标阶段。

2．评标

评标由招标人依法组建的评标委员会按照招标文件中的评标方法和评分标准进行。

（1）评标委员会的组成

《招标投标法》第37条第1款明确规定："评标由招标人依法组建的评标委员会负责。"

① 评标委员会由招标人依法组建，负责评标活动，向招标人推荐中标候选人或者根据招标人的授权直接确定中标人。

② 评标委员会成员名单一般应于开标前确定。评标委员会成员名单在中标结果确定前应当保密。

③ 评标委员会由招标人或其委托的招标代理机构熟悉相关业务的代表，以及有关技术、经济等方面的专家组成，成员人数为5人以上单数，其中技术、经济等方面的专家不得少于成员总数的三分之二。

④ 评标委员会设负责人的，评标委员会负责人由评标委员会成员推举产生或者由招标人确定。评标委员会负责人与评标委员会的其他成员有同等的表决权。

⑤ 专家回避。评标委员会成员有下列情形之一的，应当回避：

a．投标人或者投标主要负责人的近亲属；

b．项目主管部门或者行政监督部门的人员；

c．与投标人有经济利益关系，可能影响对投标公正评审的；

d．曾因在招标、评标以及其他与招标投标有关活动中从事违法行为而受过行政处罚或刑事处罚的。

（2）投标文件的评审内容

招标人按照招标文件规定的时间在指定的地点举行开标会议后，由依法组建的评标委员会对所有投标文件进行评审比较。评审一般按照初步评审、详细评审、投标文件的澄清和补正、编写评标报告并推荐中标候选人等四个步骤进行，每一步骤的具体要求详见2.3节。

3．合同签订

（1）确定中标人

招标人可以授权评标委员会直接确定中标人，也可以依据评标委员会推荐的中标候选人确定中标人。评标委员会一般按照择优的原则推荐1～3名中标候选人。

经评标确定中标人后，招标人应当向中标人发出中标通知书，并同时将中标结果通知所有未中标的投标人，退还未中标的投标人的投标保证金。在实践中，招标人发出中标通知书，通常是与招标投标管理机构联合发出或经招标投标管理机构核准后发出。中标通知书对招标人和中标人具有法律效力。中标通知书发出后，招标人改变中标结果的，或者中标人放弃中标项目的，应承担法律责任。

（2）履约担保

① 在签订合同前，中标人应按招标文件中规定的金额、担保形式和履约担保格式向招标人提交履约担保。联合体中标的，其履约担保由牵头人递交，并应符合招标文件规定的金额、担保形式和招标文件规定的履约担保格式要求。

② 中标人不能按招标文件要求提交履约担保的，视为放弃中标，其投标保证金不予退还，给招标人造成的损失超过投标保证金数额的，中标人还应当对超过部分予以赔偿。

（3）合同订立

① 招标人和中标人应当在投标有效期内以及中标通知书发出之日起 30 日之内，根据招标文件和中标人的投标文件订立书面合同。中标人无正当理由拒签合同的，招标人取消其中标资格，其投标保证金不予退还；给招标人造成的损失超过投标保证金数额的，中标人还应当对超过部分予以赔偿。

② 发出中标通知书后，招标人无正当理由拒签合同的，招标人向中标人退还投标保证金；给中标人造成损失的，还应当赔偿损失。

③ 法规规定需要向有关行政监督部门备案、核准或登记的，应办理相关备案手续。

1.5.2 建设工程投标的一般程序

（一）向招标人申报资格审查，提供有关文件资料

投标人在获悉招标公告或投标邀请后，应当按照招标公告或投标邀请书中所提出的资格审查要求，向招标人申报资格审查。资格审查是投标人投标过程中的第一关。

采用不同的招标方式，对潜在投标人资格审查的时间和要求不一样。如在国际工程无限竞争性招标中，通常在投标前进行资格审查的，叫作资格预审，只有资格预审合格的承包商才可能参加投标；也有些国际工程无限竞争性招标不在投标前而在开标后进行资格审查，这被称作资格后审。在国际工程有限竞争招标中，通常则是在开标后进行资格审查，并且这种资格审查往往作为评标的一个内容，与评标结合起来进行。

（二）购领招标文件和有关资料，缴纳投标保证金

投标人经资格审查合格后，便可向招标人申购招标文件和有关资料，同时要缴纳投标保证金。投标保证金是为防止投标人对其投标活动不负责任而设定的一种担保形式，它是招标文件中要求投标人向招标人缴纳的一定数额的金钱。

（1）缴纳办法：应在招标文件中说明，并按招标文件的要求进行。

（2）形式：一般来说，投标保证金可以采用现金，也可以采用支票、银行汇票，还可以是银行出具的银行保函。银行保函的格式应符合招标文件提出的格式要求。

（3）额度：根据工程投资大小由业主在招标文件中确定。

在国际上，投标保证金的数额较高，一般设定在占投资总额的 1%～5%。而我国的

投标保证金数额，则普遍较低。如有的规定最高不超过 10 万元，有的规定一般不超过 50 万元，有的规定一般不超过投标总价的 2%等。

（4）有效期：为直到签订合同或提供履约保函为止，通常为 3～6 个月，一般应超过投标有效期的 28 天。

（三）组织投标班子，委托投标代理人

投标人在通过资格审查、购领了招标文件和有关资料之后，就要按招标文件确定的投标准备时间着手开展各项投标准备工作。

投标准备时间：是指从开始发放招标文件之日起至投标截止时间为止的期限，它由招标人根据工程项目的具体情况确定，一般为 28 天之内。

投标班子：一般应包括下列三类人员。

（1）经营管理类人员。这类人员一般是从事工程承包经营管理的行家，熟悉工程投标活动的筹划和安排，具有相当的决策水平。

（2）专业技术类人员。这类人员是从事各类专业工程技术的人员，如建筑师、监理工程师、结构工程师、造价工程师等。

（3）商务金融类人员。这类人员是从事有关金融、贸易、财税、保险、会计、采购、合同、索赔等行业工作的人员。

（四）参加勘察现场和投标预备会

投标人拿到招标文件后，应进行全面细致的调查研究。若有疑问或不清楚的问题需要招标人予以澄清和解答的，应在收到招标文件后的 7 日内以书面形式向招标人提出。

投标人在去现场踏勘之前，应先仔细研究招标文件有关概念的含义和各项要求，特别是招标文件中的工作范围、专用条款以及设计图纸和说明等，然后有针对性地拟定出踏勘提纲，确定需要重点澄清和解答的问题，做到心中有数。投标人参加现场踏勘的费用，由投标人自己承担。招标人一般在招标文件发出后，就着手考虑安排投标人进行现场踏勘等准备工作，并在现场踏勘中对投标人给予必要的协助。

（五）编制和递交投标文件

经过现场踏勘和投标预备会后，投标人可以着手编制投标文件。投标人着手编制和递交投标文件的具体步骤和要求，主要内容如下所述。

（1）结合现场踏勘和投标预备会的结果，进一步分析招标文件。招标文件是编制投标文件的主要依据，因此，必须结合已获取的有关信息认真细致地加以分析研究，特别是要重点研究其中的投标须知、专用条款、设计图纸、工程范围以及工程量表等，要弄清楚到底有没有特殊要求或有哪些特殊要求。

（2）校核招标文件中的工程量清单。投标人是否校核招标文件中的工程量清单或校核得是否准确，直接影响到投标报价和中标机会。因此，投标人应认真对待。通过认真校核工程量清单，投标人大体确定工程总报价之后，估计某些项目工程量可能增加或减少的，就可以相应地提高或降低单价。如发现工程量有重大出入的，特别是漏项的，可以找招标人核对，要求招标人认可，并给予书面确认。这对于总价固定合同来说，尤其重要。

（3）根据工程类型编制施工规划或施工组织设计。施工规划或施工组织设计的内容，一般包括施工程序、方案，施工方法，施工进度计划，施工机械、材料、设备的选定和临时生产、生活设施的安排，劳动力计划，以及施工现场平面和空间的布置。施工规划或施工组织设计的编制依据，主要是设计图纸、技术规范，复核了的工程量，招标文件要求的开工、竣工日期，以及对市场材料、机械设备、劳动力价格的调查。编制施工规划或施工组织设计，要在保证工期和工程质量的前提下，尽可能使成本最低、利润最大。具体要求是，根据工程类型编制出最合理的施工程序，选择和确定技术上先进、经济上合理的施工方法，选择最有效的施工设备、施工设施和劳动组织，周密、均衡地安排人力、物力和生产，正确判定施工进度计划，合理布置施工现场的平面和空间。

（4）根据工程价格构成进行工程估价，确定利润方针，计算和确定报价。投标报价是投标的一个核心环节，投标人要根据工程价格构成对工程进行合理估价，确定切实可行的利润方针，正确计算和确定投标报价。投标人不得以低于成本的报价竞标。

（5）形成、制作投标文件。投标文件应完全按照招标文件的各项要求进行编制。投标文件应当对招标文件提出的实质性要求和条件做出响应，一般不带任何附加条件，否则将导致投标无效。

（6）递送投标文件。递送投标文件，也称递标，是指投标人在要求提交投标文件的截止时间前，将所有准备好的投标文件密封送达投标地点。招标人收到投标文件后，应当签收保存，不得开启。投标人在递交投标文件以后，投标截止时间之前，可以对所递交的投标文件进行补充、修改或撤回，并书面通知招标人，但所递交的补充、修改或撤回通知必须按招标文件的规定编制、密封和标志。补充、修改的内容为投标文件的组成部分。

（六）出席开标会议，参加评标期间的澄清会谈

投标人在编制、递交了投标文件后，要积极准备出席开标会议。参加开标会议对投标人来说，既是权利也是义务。按照国际惯例，投标人不参加开标会议的，视为弃权，其投标文件将不予启封，不予唱标，不允许参加评标。投标人参加开标会议，要注意其投标文件是否被正确启封、宣读，对于被错误地认定为无效的投标文件或唱标出现的错误，应当场提出异议。在评标期间，评标组织要求澄清投标文件中不清楚问题的，投标人应积极予以说明、解释、澄清。

澄清投标文件一般可以采用向投标人发出书面询问，由投标人书面做出说明或澄清的方式，也可以采用召开澄清会的方式。澄清会是评标组织为有助于对投标文件的审查、评价和比较，而个别地要求投标人澄清其投标文件(包括单价分析表)而召开的会议。在澄清会上，评标组织有权对投标文件中不清楚的问题，向投标人提出询问。有关澄清的要求和答复，最后均应以书面形式进行。所说明、澄清和确认的问题，经招标人和投标人双方签字后，作为投标书的组成部分。

在澄清会谈中，投标人不得更改标价、工期等实质性内容，开标后和定标前提出的任何修改声明或附加优惠条件，一律不得作为评标的依据。但评标组织按照投标须知规定，对在实质上确定为响应招标文件要求的投标文件进行校核时发现的计算上或累计上的错误，一律不可参与评标。

（七）接受中标通知书，签订合同，提供履约担保，分送合同副本

经评标，投标人被确定为中标人后，应接受招标人发出的中标通知书。未中标的投标人有权要求招标人退还其投标保证金。中标人收到中标通知书后，应在规定的时间和地点与招标人签订合同。在合同正式签订之前，应先将合同草案报招标投标管理机构审查。

经审查后，中标人与招标人在规定的期限内签订合同。结构不太复杂的中小型工程一般应在 7 天以内，结构复杂的大型工程一般应在 14 天以内，按照约定的具体时间和地点，根据《合同法》等有关规定，依据招标文件、投标文件的要求和中标的条件签订合同。同时，按照招标文件的要求，提交履约保证金或履约保函，招标人同时退还中标人的投标保证金。中标人如拒绝在规定的时间内提交履约担保和签订合同，招标人报请招标投标管理机构批准同意后取消其中标资格，并按规定不退还其投标保证金，且考虑在其余投标人中重新确定中标人，与之签订合同，或重新招标。中标人与招标人正式签订合同后，应按要求将合同副本分送有关主管部门备案。

以上建设工程招标投标程序如图 1-1 所示。

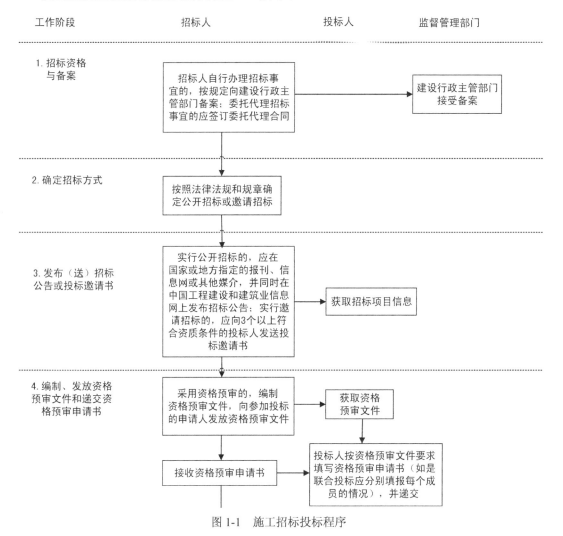

图 1-1　施工招标投标程序

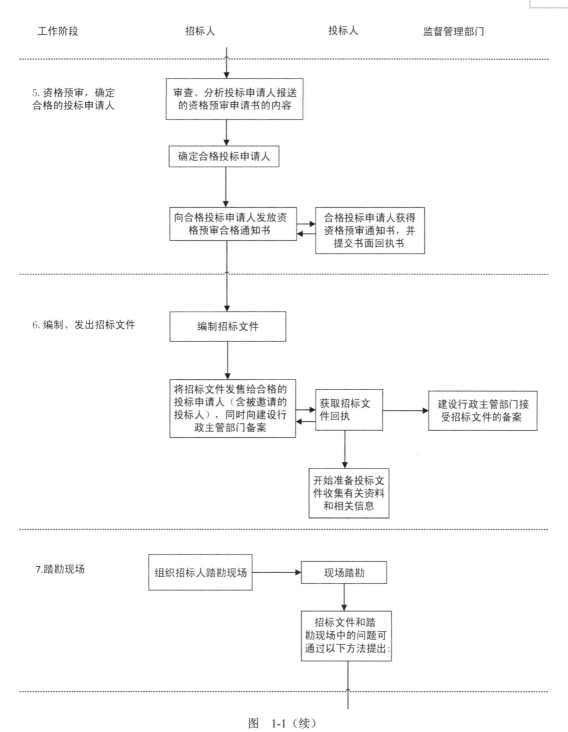

图 1-1（续）

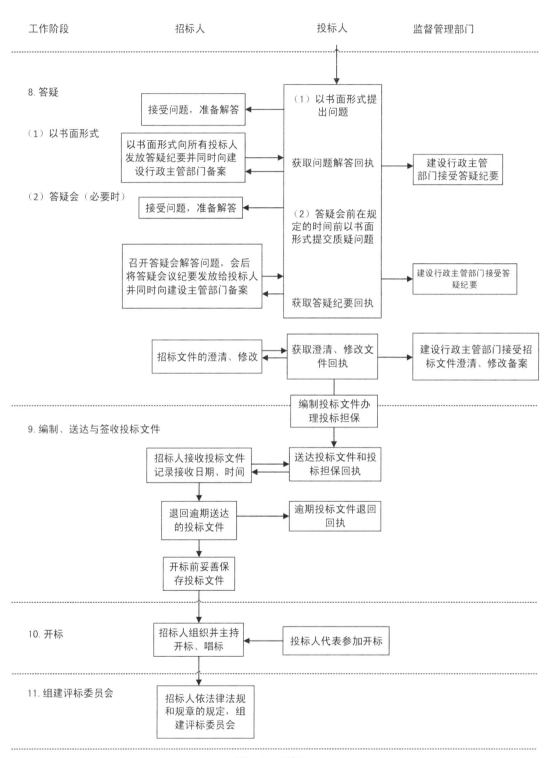

图 1-1（续）

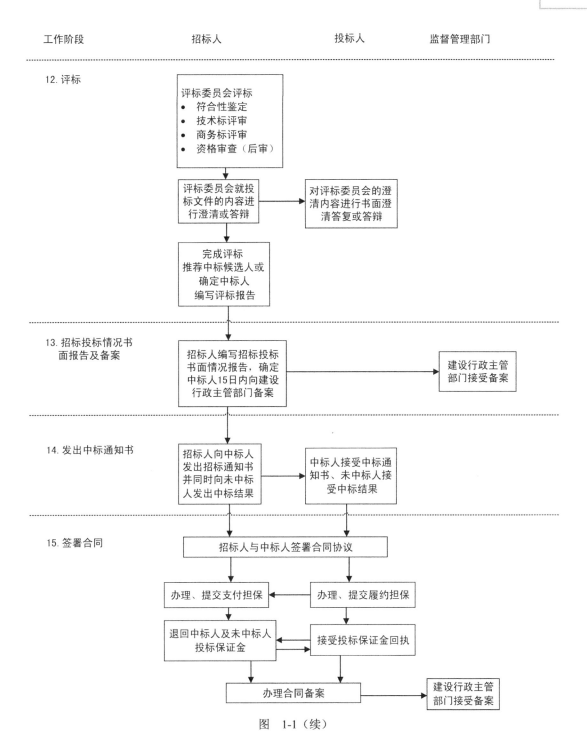

图 1-1（续）

1.6　建设工程招投标的法律基础与行政监督

1.6.1　招标投标法律法规与政策体系

我国从 20 世纪 80 年代初开始在建设工程领域引入招标投标制度。2000 年 1 月 1 日起《中华人民共和国招标投标法》（以下简称《招标投标法》）开始实施，标志着我国正式确立了招标投标的法律制度。之后，国务院及其有关部门陆续颁布了一系列招标投标方面的规定，地方政府及其有关部门也结合本地的特点和需要，相继制定了招标投标方面的地方性法规、规章和规范性文件，使我国的招标投标法律制度逐步完善，形成了覆盖全国各领域、各层级的招标投标法律法规与政策体系（以下简称"招标投标法律体系"）。

随着社会主义市场经济发展，不仅在工程建设的勘察、设计、施工、监理、重要设备和材料采购等领域实行招标制度，而且在政府采购、机电设备进口以及医疗器械药品采购、科研项目服务采购、国有土地使用权出让等方面也广泛采用招标方式。此外，在城市基础设施项目、政府投资公益性项目等建设领域，以招标方式选择项目法人、特许经营者、项目代建单位、评估咨询机构及贷款银行等，已经成为招标投标法律体系规范中的重要内容。

"招标投标法律体系"，是指全部现行的与招标投标活动有关的法律法规和政策组成的有机联系的整体。就法律规范的渊源和相关内容而言，招标投标法律体系的构成可分为以下几种。

（一）按照法律规范的渊源划分

招标投标法律体系由有关法律、法规、规章及规范性文件构成。

1．法律

由全国人大及其常委会制定，通常以国家主席令的形式向社会公布，具有国家强制力和普遍约束力，一般以法、决议、决定、条例、办法、规定等为名称。如《招标投标法》《中华人民共和国政府采购法》（以下简称《政府采购法》）、《中华人民共和国合同法》（以下简称《合同法》）等。

2．法规，包括行政法规和地方性法规

行政法规，由国务院制定，通常由总理签署国务院令公布，一般以条例、规定、办法、实施细则等为名称。如我国 2012 年 2 月 1 日起开始实施的《中华人民共和国招标投标法实施条例》就是招标投标领域的一部行政法规。

地方性法规，由省、自治区、直辖市及较大的市（省、自治区政府所在地的市，经济特区所在地的市，经国务院批准的较大的市）的人大及其常委会制定，通常以地方人大公告的方式公布，一般使用条例、实施办法等名称，如《北京市招标投标条例》。

3. 规章，包括国务院部门规章和地方政府规章

国务院部门规章，是指国务院所属的部、委、局和具有行政管理职责的直属机构制定，通常以部委令的形式公布，一般使用办法、规定等名称。如《工程建设项目勘察设计招标投标办法》（八部委 2 号令，2013 年 23 号令修改）、《工程建设项目招标代理机构资格认定办法》（2007 年 1 月 11 日发布，2007 年 3 月 1 日实施，2015 年 5 月 4 日修订）等。

地方政府规章，由省、自治区、直辖市、省政府所在地的市、经国务院批准的主要城市的政府规定，通常以地方人民政府令的形式发布，一般以规定、办法等为名称。如北京市人民政府制定的《北京市工程建设项目招标范围和规模标准的规定》（北京市人民政府令 2001 年第 89 号）。

4. 行政规范性文件

行政规范性文件是各级政府及其所属部门和派出机关在其职权范围内，依据法律、法规和规章制定的具有普遍约束力的具体规定。如《国务院办公厅印发国务院有关部门实施招标投标活动行政监督的职责分工意见的通知》（国办发〔2000〕34 号），就是依据《招标投标法》第 7 条的授权作出的有关职责分工的专项规定；《国务院办公厅关于进一步规范招标投标活动的若干意见》（国办发〔2004〕56 号）则是为贯彻实施《招标投标法》，针对招投标领域存在的问题从七个方面作出的具体规定。

（二）按照法律规范内容的相关性划分

招标投标法律体系包括两个方面：一是招标投标专业法律规范；二是相关法律规范。

1. 招标投标专业法律规范

招标投标专业法律规范，即专门规范招标投标活动的法律、法规、规章及有关政策性文件。如《招标投标法》、国家发展改革委等有关部委发布的关于招标投标的部门规章，以及各省、自治区、直辖市出台的关于招标投标的地方性法规和政府规章等。

2. 相关法律规范

由于招标投标属于市场交易活动，因此必须遵守规范民事行为、签订合同、履约担保等采购活动的《中华人民共和国民法通则》（以下简称《民法通则》），《合同法》《中华人民共和国担保法》（以下简称《担保法》）等。另外，如有关工程建设项目方面的招标投标活动应遵守《中华人民共和国建筑法》（以下简称《建筑法》）、《建设工程质量管理条例》（国务院令第 279 号，目前已更新至 2016 年最新版）、《建设工程安全生产管理条例》（国务院令第 393 号）、《建筑工程施工许可管理办法》（住房和城乡建设部令第 18 号）的相关规定等。

1.6.2 招标投标活动中的法律责任

招标投标活动必须依法实施，任何违反《招标投标法》等现行的法律法规的行为都要承担相应的法律责任。

（一）招标人的主要法律责任

（1）必须进行招投标的项目不招标，将项目化整为零或以其他任何方式规避招标的，责令限期改正，可以处以项目合同金额 5‰以上 10‰以下的罚款；对全部或部分使用国有资金的项目，可以暂停执行或者暂停资金拨付；对单位直接负责的主管人员和其他责任人员依法给予处分。

（2）以不合理条件限制或排斥潜在投标人，对潜在投标人实行歧视待遇，强制投标人组成联合体共同投标，或者限制投标人之间竞争的，责令改正，可以处以 1 万元以上 5 万元以下的罚款。

（3）向他人透露已获取招标文件潜在投标人的名称、数量或者可能影响到公平竞争的有关其他情况，或者泄露标底的，给予警告，可以并处 1 万元以上 10 万元以下的罚款；对单位直接负责的主管人员和其他直接责任人员依法给予处分；构成犯罪的，依法追究刑事责任。如果影响中标结果，中标无效。

（4）招标人与中标人不按招标文件和中标人的投标文件订立合同的，或者招标人、中标人订立背离合同实质性内容的协议的，责令改正，并可以处以中标项目金额 5‰以上 10‰以下的罚金。

（5）在评标委员会依法推荐的中标候选人之外确定中标人，依法必须进行招标的项目在所有投标人被评标委员会否决后自行决定中标人的，中标无效。责令改正，可以处中标项目金额 5‰以上 10‰以下的罚款；对单位直接负责的主管人员和其他直接责任人员依法给予处分。

（6）招标人不履行与中标人签订的合同，应双倍返还中标人的履约保证金；给中标人造成的损失超过履约保证金的，应对超过的部分给予赔偿。

（二）投标人的主要法律责任

（1）投标人相互串通投标或与招标人串通投标，投标人以向招标人或评标委员会成员行贿的手段牟取中标的，中标无效，并处中标项目金额 5‰以上 10‰以下的罚款；对单位直接负责的主管人员和其他直接责任人员处单位罚款数额 5‰以上 10‰以下的罚款；有违法所得的，并处没收违法所得；情节严重的，取消 1～2 年参加依法必须进行招标的项目的投标资格并予以公告，直至吊销营业执照；构成犯罪的，依法追究刑事责任。给他人造成损失的，依法承担赔偿责任。

（2）以他人名义投标或以其他方式弄虚作假骗取中标的，中标无效，给招标人造成经济损失的，依法承担赔偿责任；构成犯罪的，依法追究刑事责任。依法必须进行招标的项目的投标人有上述行为但未构成犯罪的，处中标项目金额 5‰以上 10‰以下的罚款，对单位直接负责的主管人员和其他直接责任人员处罚款数额 5‰以上 10‰以下的罚款；有违法所得的，并处没收违法所得；情节严重的，取消其 1～3 年参加依法必须进行招标的项目的投标资格并予以公告，直至吊销营业执照。

（3）中标人将中标项目转让给他人；将中标项目肢解后分别转让给别人；将中标项目的部分主体、关键性工作分包给他人，或分包人再次分包的，转让、分包无效，并处转让、分包项目金额 5‰以上 10‰以下的罚款；有违法所得的，并处没收违法所得；可以责令停业整顿；情节严重的，由工商行政管理机关吊销营业执照。

（4）中标人不履行与招标人订立的合同，履约保证金不予退换，给招标人造成的损失超过履约保证金数额的，还应当对超过部分予以赔偿；没有提供履约保证金的，应当对招标人的损失承担赔偿责任。中标人不按照与招标人订立的合同履行义务，情节严重的，取消其 2～5 年参加投标的资格，并予以公告，甚至由工商行政管理机关吊销其营业执照。

（三）其他相关责任人的法律责任

（1）招标代理机构泄露应当保密的与招标投标活动有关情况和资料的，或者与招标人、投标人串通损害国家利益、社会公众利益或他人合法权益的，处以 5 万元以上 25 万元以下的罚款，对单位直接负责的主管人员和其他直接责任人员处单位罚款数额 5‰ 以上 10‰ 以下的罚款；有违法所得的，并处没收违法所得；情节严重的，暂停甚至取消招标代理资格；构成犯罪的，依法追究刑事责任。如果影响中标结果，中标无效。

（2）评标委员会成员接受投标人的财务或其他好处的；评委或参加评标的有关工作人员向他人透露对投标文件的评审和比较、中标候选人的推荐以及与评标有关的其他情况的，给予警告，没收收受的财物，可以并处 3000 元以上 5 万元以下的罚款，对有上述违法行为的评标委员会成员取消单人评标委员的资格，不得再参加任何依法必须进行招标的项目评标；构成犯罪的，依法追究刑事责任。

（3）评标委员会成员在评标过程中擅离职守，影响评标程序进行，或者在评标过程中不能客观公正地履行职责，情节严重的，取消担任评标委员会成员的资格，不得再参加任何招标项目的评标，并处以 1 万元以下的罚款。

（4）任何单位违反《招标投标法》规定，限制或排斥本地区、本系统以外的法人或其他组织投标；为招标人指定招标代理机构；强制招标人委托招标代理机构办理招标事宜，或以其他方式干涉招标投标活动的，责令改正；对单位直接的主管人员和其他直接责任人依法给予警告、记过、记大过的处分；情节较严重的，依法给予降级、撤职、开除的处分。个人利用职权进行上述违法行为的，依照上述规定追究刑事责任。

（5）对招标投标活动依法负有行政监督职责的国家机关工作人员徇私舞弊滥用职权或玩忽职守，构成犯罪的，依法追究刑事责任；不构成犯罪的，依法给予行政处分。

1.6.3 政府行政主管部门对招标投标的监督

《招标投标法》第 7 条规定："招标投标活动及其当事人应当接受依法实施的监督。"在招标投标法规体系中，对于行政监督、司法监督、当事人监督、社会监督都有具体规定，构成了招标投标活动的监督体系。

（一）当事人监督

当事人监督是指招标投标活动当事人的监督。招标投标活动当事人包括招标人、投标人、招标代理机构等，由于当事人直接参与，并且与招标投标活动有直接利害关系，因此，当事人监督往往最积极、最深切，且是行政监督和司法监督的重要基础。国家发展改革委等七部委联合制定的《工程建设项目招标投标活动投诉处理办法》具体规定了投标人和其他利害关系人投诉以及有关行政监督部门处理投诉的要求，这种投诉就是当事人监督的重要方式。

（二）行政监督

行政监督是指行政机关对招标投标活动的监督，是招投标活动监督体系的重要组成部分。依法规范和监督市场行为，维护国家利益、社会公共利益和当事人的合法权益，是市场经济条件下政府的重要职能。《招标投标法》对有关行政监督部门依法监督招标投标活动、查处招标投标活动中的违法行为作了具体规定。如第 7 条规定有关行政监督部门依法对招标投标活动实施监督，依法查处招标投标活动中的违法行为。

（三）司法监督

司法监督是指国家司法机关对招标投标活动的监督。《招标投标法》具体规定了招标投标活动当事人的权利和义务，同时也规定了有关违法行为的法律责任。如招投标活动当事人认为招标投标活动存在违反法律、法规、规章规定的行为，可以起诉，由法院依法追究有关责任人的法律责任。

（四）社会监督

社会监督是指除招标投标活动当事人以外的社会公众的监督。"公开、公平、公正"原则之一的公开原则就是要求招标投标活动必须向社会透明，以便社会公众监督。任何单位和个人认为招标活动违反招标投标法律、法规、规章时，都可以向有关行政监督部门举报，由有关行政监督部门依法调查处理。因此，社会公众、社会舆论及社会新闻对招标投标活动的监督是一种第三方监督，在现代信息公开的社会中起到越来越重要的作用。

思　考　题

1. 简述建设工程招投标的概念。
2. 建设工程招投标活动的基本原则有哪些？
3. 哪些项目必须进行招投标？哪些项目可以不进行招标？
4. 什么是公开招标？它有哪些特点？
5. 什么是邀请招标？它有哪些特点？
6. 招标的组织形式有哪些？分别适用于哪些项目的招标？
7. 简述建设工程招标的基本程序。
8. 简述评标委员会的构成。
9. 建设工程招投标法律体系包括哪些内容？
10. 建设工程招标人和投标人在招投标活动中需承担哪些法律责任？

第 2 章　建设工程施工招标投标

2.1　建设工程施工招标投标概述

　　工程建设施工招标是指招标人通过适当的途径发出施工任务发包的信息，吸引承包商投标竞争，从中选出技术能力强、管理水平高、信誉可靠且报价合理的承建商，并以签订合同的方式约束双方在施工过程中行为的经济活动。施工招标最明显的特点是发包工作内容明确具体，各投标人编制的投标书在评标中易于横向对比。虽然投标人是按招标文件的规定的工作内容和工程量清单编制报价，但报价高低一般并不是确定中标单位的唯一条件，投标实际上是各施工单位完成该项目任务的技术、经济、管理等综合能力的竞争。

　　法定必须招标的工程建设项目的招标投标工作应按照原国家发展计划委员会等七部委令第 30 号《工程建设项目施工招标投标办法》（2003 年）执行。

（一）施工标段的划分

　　如果工程项目的全部施工任务作为一个标发包，则招标人仅与一个中标人签订合同，施工过程中管理工作比较简单，但有能力参与竞争的投标人较少。如果招标人有足够的管理能力，也可以将全部施工内容分解成若干个标段分别发包：一则可以发挥不同投标人的专业特长，增强投标的竞争性；二则每个独立合同比总承包合同更容易落实，即使出现问题也是局部的，易于纠正或补救。但发包的数量多少要适当，标段太多会给招标工作和施工阶段的管理协调带来困难。标段划分要有利于吸引更多的投标者来参加投标，以发挥各个承包商的特长，降低工程造价，保证工程质量，加快工程进度，同时又要考虑到便于工程管理、减少施工干扰，使工程能有条不紊地进行。划分标段应考虑的主要因素如下所述。

1. 工程特点

　　准备招标的工程如果场地比较集中、工程量不大、技术上不是特别复杂，一般不用分标。而当工作场面分散、工程量较大或有特殊的工程技术要求时，则可以考虑分标，如高速公路、灌溉工程等大多是分段发包的。

2．对工程造价的影响

一般来说，一个工程由一家承包商施工，不但干扰少、便于管理，而且由于临时设施少，人力、机械设备可以统一调配使用，并可以获得比较低的工程报价。但是，如果是一个大型的、复杂的工程项目（如核电站工程），则对承包商的施工经验、施工能力、施工设备等方面都要求很高。在这种情况下，如果不分标就可能使有能力参加此项目投标的承包商数大大减少。投标竞争对手的减少，很容易导致报价的上涨，不能获得合理的报价。

3．专业化问题

尽可能按专业划分标段，以利于发挥承包商的特长，增加对承包商的吸引力。

4．工地的施工管理问题

在分标时要考虑工程施工管理中的两个问题：一是工程进度的衔接；二是工地现场的布置、作业面的划分。工程进度的衔接很重要，特别是对"关键线路"上的项目一定要选择施工水平高、能力强、信誉好的承包商，以保证能按期或提前完成任务，防止影响其他承包商的工程进度，以至于引起不必要的索赔。从现场布置角度看，则承包商越少越好。分标时一定要考虑施工现场的布置，不能有过大的干扰。对各个承包商的施工作业面、堆场、加工厂、生活区、交通运输、甚至弃渣场地等的安排都应在事先有所考虑。

5．其他因素

影响工程分标的因素还有很多，如资金问题。当资金筹措不足时，只有实行分标，部分工程先行招标。

总之，分标时对上述因素要综合考虑，可以拟定几个分标方案，进行综合比较后确定，但对工程技术上紧密相连、不可分割的单位工程不再分割标段。

（二）施工招标应具备的条件

1．按照国家有关规定需要履行项目审批手续的，已经履行审批手续。

2．完成建设用地的征用和拆迁。

3．有能够满足施工需要的设计图纸和技术资料。

4．建设资金的来源已落实。

5．施工现场的前期准备工作如果不包括在承包范围内的，应满足"三通一平"的开工条件。

2.2　建设工程施工招投标文件

2.2.1　建设工程施工招标文件

（一）标准施工招标文件概述

根据《中华人民共和国招标投标法》（以下简称《招标投标法》）、《中华人民共和国招标投标法实施条例》（以下简称《招标投标法实施条例》）等法律、法规，为了规范施工招标活动，提高资格预审文件和招标文件编制质量，促进招标投标活动的公开、公平和公正，国家发改委、财政部、建设部、铁道部、交通部、信息产业部、水利部、民用航空总局、广播电影电视总局联合编制了《标准施工招标资格预审文件》和《标准施工招标文件》（以下简称《标准文件》）。根据九部委联合颁布的《〈标准施工招标资格预审文件〉和〈标准施工招标文件〉试行规定》（发改委第 56 号令），国务院有关行业主管部门可根据《标准施工招标文件》并结合本行业施工招标特点和管理需要，编制行业标准施工招标文件。根据上述规定，住房和城乡建设部在 2010 年，制定了《房屋建筑和市政工程标准施工招标资格预审文件》和《房屋建筑和市政工程标准施工招标文件》，并重点对"专用合同条款""工程量清单""图纸""技术标准和要求"作出具体规定。

发改委 56 号令要求，行业标准施工招标文件和招标人编制的施工招标资格预审文件、施工招标文件，应不加修改地引用《标准施工招标资格预审文件》中的"申请人须知"（申请人须知前附表除外）、"资格审查办法"（资格审查办法前附表除外），以及《标准施工招标文件》中的"投标人须知"（投标人须知前附表和其他附表除外）、"评标办法"（评标办法前附表除外）。另外，九部委在 2012 年又颁发了适用于工期在 12 个月之内的《简明标准施工招标文件》，并约定其适用范围。

2013 年 5 月，9 部委又在广泛征求意见的基础上，对《招标投标法》实施以来国家发展改革委牵头制定的有关施工招标、投标的规章和规范性文件进行了全面清理。其中也对发改委第 56 号令的有关条款进行了修改。此次修改的内容主要体现在两个方面：一是文件名称，将《〈标准施工招标资格预审文件〉和〈标准施工招标文件〉试行规定》修改为《〈标准施工招标资格预审文件〉和〈标准施工招标文件〉暂行规定》；二是适用《标准文件》的范围由试点改为所有依法必须招标的工程建设项目，有关条款也做了相应的文字性修改，如将"试点项目""在试行过程中"等删除或修改。修改并没有涉及《标准文件》本身，因此，在后面章节涉及有关内容时，按照新修改的名称，文号仍沿用 56 号令的简称。

（二）标准施工招标文件

1.《标准施工招标文件》组成

《标准施工招标文件》共包含封面格式和四卷八章的内容，第一卷包括第一章至第五章，涉及招标公告（投标邀请书）、投标人须知、评标办法、合同条款及格式、工程量清单等内容；第二卷由第六章图纸组成；第三卷由第七章技术标准和要求组成；第四卷由第八章投标文件格式组成。标准招标文件相同序号标示的节、条、款、项、目，由招标人依据需要选择其一形成一份完整的招标文件。

1）招标公告（投标邀请书）

① 招标公告。招标公告适用于进行资格预审的公开招标，内容包括招标条件、项目概况与招标范围、投标人资格要求、招标文件的获取、投标文件的递交、发布公告的媒介和联系方式等内容。

② 投标邀请书。投标邀请书适用于进行资格后审的邀请招标，内容包括被邀请单位名称、招标条件、项目概况与招标范围、投标人资格要求、招标文件的获取、投标文件的递交、确认和联系方式等内容。

③ 投标邀请书（代资格预审通过通知书）。适用于进行资格预审的公开招标或邀请招标，是对通过资格预审申请投标人的投标邀请通知书。内容包括被邀请单位名称、购买招标文件的时间、售价、投标截止时间、收到邀请书的确认时间和联系方式等内容。

2）投标人须知

投标人须知包括前附表、正文和附表格式三部分。正文有：①总则，包括项目概况、资金来源和落实情况、招标范围、计划工期和质量要求、投标人资格要求等内容；②招标文件，包括招标文件的组成、招标文件的澄清与修改等内容；③投标文件，包括投标文件的组成、投标报价、投标有效期、投标保证金和投标文件的编制等内容；④投标，包括投标文件的密封和标识、投标文件的递交和投标文件的修改与撤回等内容；⑤开标，包括开标时间、地点和开标程序；⑥评标，包括评标委员会和评标原则等内容；⑦合同授予；⑧重新招标和不再招标；⑨纪律和监督；⑩需要补充的其他内容。前附表针对招标工程列明正文中的具体要求，明确新项目的要求、招标程序中主要工作步骤的时间安排、对投标书的编制要求等内容。附表格式是招标过程中用到的标准化格式，包括开标记录表、问题澄清通知书格式、中标通知书格式和中标结果通知书格式。

3）评标办法

评标办法分为经评审的最低投标价法和综合评估法，供招标人根据项目具体特点和实际需要选择适用。每种评标办法都包括评标办法前附表和正文。正文包括评标办法、评审标准和评标程序等内容。

4）合同条款及格式

合同条款包括通用合同条款、专用合同条款和合同附件格式三部分。通用合同条款包括一般约定、发包人义务、监理人、承包人、材料和工程设备、施工设备和临时设施、交通运输、测量放线、施工安全、治安保卫和环境保护、进度计划、开工和竣工、暂停施工、工程质量、试验与检验、变更、价格调整、计量与支付、竣工验收、缺陷责任与保修责任、保险、不可抗力、违约、索赔、争议的解决。专用合同条款由国务院有关行业主管部门和招标人根据需要编制。合同附件格式，包括合同协议书、履约担保、预付款担保等三个标准格式文件。

5）工程量清单

工程量清单包括工程量清单说明、投标报价说明、其他说明和工程量清单的格式等内容。

6）图纸

图纸包括图纸目录和图纸两部分。

7）技术标准和要求

技术标准和要求由招标人依据行业管理规定和项目特点进行编制。

8）投标文件格式

投标文件包括投标函及投标函附录、法定代表人身份证明（授权委托书）、联合体协议书、投标保证金、已标价工程量清单、施工组织设计、项目管理机构、拟分包项目情况表、资格审查资料、其他材料等十个方面的格式或内容要求。

另外，根据《标准文件》的规定，招标人对招标文件的澄清与修改也作为招标文件的组成部分。

2. 简明标准施工招标文件

国家发改委会同工信部、财政部等九部委联合发布的《关于印发简明标准施工招标文件和标准设计施工总承包招标文件的通知》，规定《简明标准施工招标文件》和《标准设计施工总承包招标文件》自 2012 年 5 月 1 日起实施。

1）简明施工招标文件和设计施工总承包招标文件

《简明标准施工招标文件》分为招标公告（或投标邀请书）、投标人须知、评标办法、合同条款及格式、工程量清单、图纸、技术标准和要求、投标文件格式共八章内容。《标准设计施工总承包招标文件》分为招标公告（或投标邀请书）、投标人须知、评标办法、合同条款及格式、发包人要求、发包人提供的资料、投标文件格式共七章内容。

2）适用范围

这两个文件对适用范围做出了明确界定：依法必须进行招标的工程建设项目，工期不超过 12 个月、技术相对简单且设计和施工不是由同一承包人承担的小型项目，其施工招标文件应当根据《简明标准施工招标文件》编制；设计施工一体化的总承包项目，其招标文件应当根据《标准设计施工总承包招标文件》编制。

2.2.2 建设工程施工投标文件的内容与编制

（一）施工投标文件的内容

投标文件是工程投标人单方阐述自己响应招标文件要求，旨在向招标人提出愿意订立合同的意思表示，是投标人确定、修改和解释有关投标事项的各项书面表达形式的统称。工程投标文件一般由下列内容组成：

（1）投标书；

（2）投标书附录；

（3）投标保证金；

（4）法定代表人资格证明书；

（5）授权委托书；

（6）具有标价的工程量清单与报价表；

（7）辅助资料表；

（8）资格审查表（资格预审的不采用）；

（9）对招标文件中的合同协议条款内容的确认和响应；

（10）施工组织设计；

（11）按招标文件规定提交的其他资料。

（二）施工投标文件的编制

1. 投标文件的编制内容

投标人（承包商）应做好施工规划、投标报价书等施工投标文件的编制工作，现在将其编制内容及步骤分述如下。

（1）投标文件编制人员根据项目施工招标文件、工程技术规范等，结合工程项目现场施工条件等编制施工规划，包括施工方法、施工技术措施、施工进度计划和各项物资、人工需用量计划等。

（2）投标文件编制人员根据现行的各种定额、费用标准、政策性调价文件、施工图纸（含标准图）、技术规范、工程量清单、综合单价或工料单价等资料编制投标报价书，并确定其工程总报价。

（3）投标文件编制人员根据招标文件的规定与要求，认真做好投标函（书）、投标书附录、投标辅助资料等投标文件的填写编制工作，并与有关部门联系，办理投标保函。

（4）投标文件编制人员在投标文件编制完成以后，应认真进行核对、整理和装订成册，在按照招标文件的要求进行密封和标识，并在规定的截止时间内递交给招标人（业主）。

2. 投标文件中的投标报价

1）标价的计算依据

① 招标单位提供的招标文件。

② 招标单位提供的设计图纸及有关的技术说明书等。

③ 国家及地区颁发的现行建筑、安装工程预算定额及与之相配套执行的各种费用定额、规定等。

④ 地方现行材料预算价格、采购地点及供应方式等。

⑤ 因招标文件及设计图纸等不明确，经咨询后由招标单位书面答复的有关资料。

⑥ 企业内部制订的有关取费、价格等的规定、标准。

⑦ 其他与报价计算有关的各项政策、规定及调整系数等。

在标价的计算过程中，对于不可预见费用的计算必须慎重考虑，不要遗漏。

2）标价的计算方法

① 标价的计算可以按工料单价法计算，即根据已审定的工程量，按照定额的或市场的单价，逐项计算每个项目的合价，分别填入招标单位提供的工程量清单内，计算出全部工程直接费。再根据企业自定的各项费率及法定税率，依次计算出间接费、利润及税金，得出工程总造价。

② 标价的计算也可以按综合单价法计算，即所填入工程量清单中的单价，应包括人工费、材料费、机械费、其他直接费、间接费、利润、税金以及材料价差及风险金等全部费用。将全部单价汇总后，即得出工程总造价。

3）投标报价程序

研究招标文件；调查投标环境；制订施工方案；投标计算；制订投标策略；编制正

式投标书。

3．投标文件的编制步骤

投标人在领取招标文件以后，就要进行投标文件的编制工作。

编制投标文件的一般步骤如下所述。

（1）熟悉招标文件、图纸、资料，对图纸、资料有不清楚、不理解的地方，可以用书面或口头方式向招标人询问、澄清。

（2）参加招标人施工现场情况介绍和答疑会。

（3）调查当地材料供应和价格情况。

（4）了解交通运输条件和有关事项。

（5）编制施工组织设计，复查、计算图纸工程量。

（6）编制或套用投标单价。

（7）计算取费标准或确定采用取费标准。

（8）计算投标报价。

（9）核对调整投标报价。

（10）确定投标报价。

4．施工投标文件的编制注意事项

（1）认真仔细研读招标文件。

（2）投标文件编制中，投标单位应依据招标文件和工程技术规范要求，并根据施工现场情况编制施工方案或施工组织设计。

（3）投标单位应根据招标文件要求编制投标文件和计算投标报价，投标报价要按招标文件中规定的各种因素和依据进行计算，应仔细核对，以保证投标报价的准确无误。同样，投标文件编制完成后应仔细整理、核对，按招标文件的规定进行密封和标识。

（4）投标单位必须使用招标文件中提供的表格格式，但表格可以按同样格式扩展。投标单位在填写投标文件的空格时，凡要求填写的空格都必须填写。

（5）投标文件的填写都要字迹清晰、端正，补充设计图纸要整洁，一般均要求用计算机打印。投标文件一般规定不允许涂改。如允许涂改，一定要按规定确认。

（6）投标单位应提供不少于投标须知中规定数额的投标保证金。

（7）投标文件的份数和签署。投标单位按招标文件所提供的表格格式，编制一份投标文件"正本"和投标须知所述份数的"副本"，并由投标单位法定代表人亲自签署并加盖法人单位公章和法定代表人印鉴。

（三）施工组织设计

1．施工组织设计的概念

施工组织设计是规划指导拟建工程投标、签订合同、施工准备到竣工验收全过程的全局性的技术经济文件。

2．施工组织设计的作用

施工组织设计作为一个全局性、综合性的技术经济文件，是沟通工程设计和施工之间的桥梁。它既体现拟建工程的设计和使用要求，又要符合工程施工的客观规律，对施工的全过程起着重要的规划和指导作用。主要作用如下所述。

（1）指导工程投标与签订工程承包合同，作为投标书的内容和合同文件的一部分。

（2）指导施工前的一次性准备和工程施工全过程的工作。

（3）作为项目管理的规划性文件，提出工程施工中进度控制、质量控制、成本控制、安全控制、现场管理等各项生产要素管理的目标及技术组织措施，提高综合效益。

3．施工组织设计的分类

根据施工组织设计阶段的不同可划分为两类：一类是投标前编制的施工组织设计，简称标前设计；另一类是签订工程承包合同后编制的施工组织设计，简称标后设计。按照施工组织设计的工程对象分类，施工组织设计可以分为三类：施工组织总设计、单位工程施工组织设计和分部（分项）工程施工组织设计。

1）施工组织总设计

施工组织总设计是以整个建设工程项目为对象［如一个工厂、一个机场、一个道路工程（包括桥梁）、一个居住小区等］而编制的。它是对整个建设工程项目施工的战略部署，是指导全局性施工的技术和经济纲要。

2）单位工程施工组织设计

单位工程施工组织设计是以单位工程（如一栋楼房、一个烟囱、一段道路、一座桥等）为对象编制的，在施工组织总设计的指导下，由直接组织施工的单位根据施工图设计进行编制，用以直接指导单位工程的施工活动，是施工单位编制分部（分项）工程施工组织设计和季、月、旬施工计划的依据。单位工程施工组织设计根据工程规模和技术复杂程度不同，其编制内容的深度和广度也有所不同。对于简单的工程，一般只编制施工方案，并附以施工进度计划和施工平面图。

3）分部（分项工程）施工组织设计

分部（分项）工程施工组织设计［也称为分部（分项）工程作业设计，或称分部（分项）工程施工设计］是针对某些特别重要的、技术复杂的，或采用新工艺、新技术施工的分部（分项）工程，如深基础、无黏结预应力混凝土、特大构件的吊装、大量土石方工程、定向爆破工程等为对象编制的，其内容具体、详细，可操作性强，是直接指导分部（分项）工程施工的依据。

4．施工组织设计的编制原则

施工组织设计的编制应遵循以下原则。

（1）严格遵守工期定额和合同规定的工程竣工及交付使用期限编制的原则。

（2）遵循科学程序进行编制的原则。建筑施工有其本来的客观规律，按照反映这种规律的程序组织施工，以保证各项施工活动相互促进、紧密衔接，避免不必要的重复工作。

（3）应用科学技术和先进方法进行编制的原则，如用流水作业法和网路计划技术安排进度计划。

（4）按照建筑产品施工规律进行编制的原则。从实际出发，做好人力、物力的综合平衡，组织均衡施工。

（5）实施目标管理原则。编制施工组织设计的过程，也是提出施工项目目标及实现办法的规划过程。因此，必须遵循目标管理原则，使目标分解得当、决策科学和实施有法。

（6）与施工项目管理相结合的原则。施工项目管理规划的内容应在施工组织设计的基础上进行扩展，使施工组织设计不仅服务于施工和施工准备，而且服务于经营管理和施工管理。

5．投标文件中施工组织设计的编制程序

投标文件中施工组织设计的编制程序如下所述。

（1）学习招标文件。

（2）进行调查研究。

（3）编制施工方案并选用主要机械。

（4）编制施工进度计划。

（5）确定开工日期竣工日期、总工期。

（6）绘制施工平面图。

（7）确定标价及主要材料用量。

（8）设计保证质量和工期的技术组织实施。

（9）提出合同谈判方案。

2.3 投标人资格审查

根据《工程建设项目施工招标投标办法》（七部委第 30 号令）第十七条，资格审查分为资格预审和资格后审。资格预审，是指在投标前对潜在投标人进行的资格审查。资格后审，是指在开标后对投标人进行的资格审查。进行资格预审的，一般不再进行资格后审。依法必须招标的工程项目，应按照九部委制定《标准资格预审文件》，结合招标项目的技术管理特点和需求，编制招标资格预审文件。

2.3.1 标准资格预审文件的组成

《标准资格预审文件》共包含封面格式和五章内容，相同序号标示的章、节、条、款、项、目，由招标人依据需要选择其一，形成一份完整的资格预审文件。文件各章规定的内容如下所述。

（一）资格预审公告

资格预审公告包括招标条件、项目概况与招标范围、申请人资格要求、资格预审方法、资格预审文件的获取、资格预审申请文件的递交、发布公告的媒介和联系方式等公告内容。

（二）申请人须知

申请人须知包括申请人须知前附表和正文。申请人须知前附表内招标人根据招标项目具体特点和实际需要编制，用于进一步明确正文中的未尽事宜。正文包括九部分内容：①总则，包含项目概况、资金来源和落实情况、招标范围、工作计划和质量要求、申请人资格要求、语言文字以及费用承担等内容；②资格预审文件，包括资格预审文件的组成、资格预审文件的澄清和修改等内容；③资格预审申请文件的编制，包括资格预审申请文件的组成、资格预审申请文件的编制要求以及资格预审申请文件的装订、签字；④资格预审申请文件的递交，包括资格预审申请文件的密封和标识以及资格预审申请文件的递交两部分；⑤资格预审申请文件的审查，包括审查委员会和资格审查两部分内容；⑥通知和确认；⑦申请人的资格改变；⑧纪律与监督；⑨需要补充的其他内容。

（三）资格审查方法

资格审查分为资格预审和资格后审两种。

1．资格预审

对于公开招标的项目，实行资格预审。资格预审是指招标人在投标前按照有关规定的程序和要求公布资格预审公告和资格预审文件，对获取资格预审文件并递交资格预审申请文件的申请人组织资格审查，确定合格投标人的方法。

2．资格后审

邀请招标的项目，实行资格后审。资格后审是指开标后由评标委员会对投标人资格进行审查的方法。采用资格后审方法的，按规定要求发布招标公告，并根据招标文件中规定的资格审查方法、因素和标准，在评标时审查确认满足投标资格条件的投标人。

资格预审和资格后审不同时使用，二者审查的时间是不同的，审查的内容是一致的。一般情况下，资格预审比较适合于具有单件性特点，且技术难度较大或投标文件编制费用较高，或潜在投标人数量较多的招标项目；资格后审适合于潜在投标人数量不多的通用性、标准化项目。通常情况下，资格预审多用于公开招标，资格后审多用于邀请招标。

（四）资格审查办法

资格审查分为合格制和有限数量制两种审查办法，招标人根据项目具体特点和实际需要选择适用。每种办法都包括简明说明、评审因素和标准的附表和正文。附表由招标人根据招标项目具体特点和实际需要编制和填写。正文包括四部分：①审查方法；②审查标准，包括初步审查标准、详细审查标准，以及评分标准（有限数量制）；③审查程序，包括初步审查、详细审查、资格预审申请文件的澄清，以及评分（有限数量制）；④审查结果。

（五）资格预审申请文件

资格预审申请文件的内容包括法定代表人身份证明或授权委托书、联合体协议书、申请人基本情况表、近年财务状况、近年完成的类似项目情况表、正在施工的和新承接的项目情况表、近年发生的诉讼及仲裁情况、其他资料等八个方面的内容要求。

2.3.2 资格预审公告

工程招标资格预审公告适用于公开招标，具有代替招标公告的功能，主要包括以下内容。

（一）招标条件

招标条件主要是简要介绍项目名称、审批机关、批文、业主、资金来源以及招标人情况。其中需要注意的是此处的信息必须与其他地方所公开的信息一致，如项目名称需要与预审文件封面一致，项目业主必须与相关核准文件载明的项目单位一致，招标人也应该与预审文件封面一致。

（二）项目概况与招标范围

项目概况简要介绍项目的建设地点、规模、计划工期等内容；招标范围主要针对本次招标的项目内容、标段划分及各标段的内容进行概括性的描述，使潜在投标人能够初步判断是否有兴趣参与投标竞争、是否有实力完成该项目。需要注意的是关于标段划分与工程实施技术紧密相连，不可分割的单位工程不得设立标段，也不得以不合理的标段设置或工期限制排斥潜在的投标人。

（三）对申请人的资格要求

招标人对申请人的资格要求应当限于招标人审查申请人是否具有独立订立合同的能力，是否具有相应的履约能力等。主要包括四个方面：申请人的资质、业绩、投标联合体要求和标段。其中需要注意的是，资质要求由招标人根据项目特点和实际需要，明确提出申请人应具有的最低资质。比如某项目为五层单体建筑，单跨跨度为21m，建筑面积为5 000m²，工程概算为1 000万元，按照施工企业总承包资质标准，规定申请人具有总承包资质等级三级即可。另外，对于联合体的要求主要是明确联合体成员在资质、财务、业绩、信誉等方面应满足的最低要求。

（四）资格预审方法

资格预审方法分为合格制和有限数量制两种。投标人数过多，申请人的投标成本加大，不符合节约原则；而人数过少又不能形成充分竞争。因此，由招标人结合项目特点和市场情况选择使用合格制和有限数量制。如无特殊情况，鼓励招标人采用合格制。

（五）资格预审文件的获取

主要向有意参与资格预审的主体告知与获取文件有关的时间、地点和费用。需要注意的是招标人在填写发售时间时应满足不少于5个工作日的要求，预审文件售价应当合理，不得以营利为目的。

（六）资格预审文件的递交

告知提交预审申请文件的截止时间以及预期未提交的后果。需要招标人注意的是，在填写具体的申请截止时间时，应当根据有关法律规定和项目具体特点合理确定提交时间。

2.3.3 资格审查办法

（一）合格制

1．审查方法

凡符合资格预审文件规定的初步审查标准和详细审查标准的申请人均通过资格预审，取得投标人资格。

合格制比较公平公正，有利于招标人获得最优方案；但可能会导致人数增多，从而增加招标成本。

2．审查标准

（1）初步审查标准

初步审查的因素一般包括：申请人的名称；申请函的签字盖章；申请文件的格式；联合体申请人；资格预审申请文件的证明材料以及其他审查因素等。审查标准应当具体明了，具有可操作性。比如申请人名称应当与营业执照、资质证书以及安全生产许可证等一致；申请函签字盖章应当有法定代表人或其委托代理人签字或加盖单位公章等。招标人应根据项目具体特点和实际需要，进一步删减、补充和细化。

（2）详细审查标准

详细审查因素主要包括申请人的营业执照、安全生产许可证、资质、财务、业绩、信誉、项目经理资格以及其他要求等方面的内容。审查标准主要是核对审查因素是否有效，或者是否与资格预审文件列明的对申请人的要求相一致。如申请人的资质等级、财务状况、类似项目业绩、信誉和项目经理资格应当与招标文件中的规定相一致。

3．审查程序

（1）初步审查

审查委员会依据资格预审文件规定的初步审查标准，对资格预审申请文件进行初步审查。只要有一项因素不符合审查标准的，就不能通过资格预审。审查委员会可以要求申请人提交营业执照副本、资质证书副本、安全生产许可证以及有关诉讼、仲裁等法律文书的原件，以便核验。

（2）详细审查

审查委员会依据资格预审文件详细评审标准，对通过初步审查的资格预审申请文件进行详细审查。有一项因素不符合审查标准的，就不能通过资格预审。

通过资格预审的申请人除应满足资格预审文件的初步审查标准和详细审查标准外，还不得存在下列任何一种形式：不按审查委员会要求提供澄清或说明；为项目前期准备提供设计或咨询服务（设计施工总承包除外）；为招标人不具备独立法人资格的附属机构或为本项目提供招标代理；为本项目的监理人、代建人等情形；以及最近三年内有骗取中标或严重违约或重大工程质量问题；在资格预审过程中弄虚作假、行贿或有其他违法违规行为等。

（3）资格预审申请文件的澄清

在审查过程中，审查委员会可以用书面形式要求申请人对所提交的资格预审申请文件中不明确的内容进行必要的澄清或说明。申请人的澄清或说明应采用书面形式，并不得改变资格预审申请文件的实质性内容。申请人的澄清和说明内容属于资格预审申请文件的组成部分。招标人和审查委员会不接受申请人主动提出的澄清或说明。

4．审查结果

（1）提交审查报告

审查委员会按照规定的程序对资格预审申请文件完成审查后，确定通过资格预审的申请人名单，并向招标人提交书面审查报告。书面报告主要包括：基本情况和数据表；资格审查委员会名单；澄清、说明、补正事项纪要；审查过程、未通过审查的情况说明、通过评审的申请人名单；以及其他需要说明的问题。

（2）重新进行资格预审或招标

通过资格预审详细审查的申请人数量不足 3 个的，招标人应分析具体原因，根据实际情况重新组织资格预审或不再组织资格预审而直接招标。

（二）有限数量制

1．审查方法

审查委员会依据资格预审文件中审查办法（有限数量制度）规定的审查标准和程序，对通过初步审查和详细审查的资格预审申请文件进行量化打分，按得分由高到低的顺序确定通过资格预审的申请人。通过资格预审的申请人不超过资格预审须知说明的数量。

2．审查标准

（1）初步和详细审查标准

有限数量制和合格制的选择，是招标人基于潜在投标人的多少以及是否需要对人数进行限制。因此在审查标准上，二者并无本质或重要区别，都是需要进行初步审查和详细审查。二者区别就在于有限数量制需要进行打分量化。

（2）评分标准

评分因素一般包括财务状况、申请人的类似项目业绩、信誉、认证体系、项目经理的业绩以及其他一些相关因素。审查委员会可以根据实际需要，设定每一项所占的分值及其区间。

3．审查程序

（1）审查及预审文件澄清

有限数量制与合格制在审查程序以及预审文件澄清两方面基本是相同的，初步审查和详细审查的因素、标准以及澄清的要求均可参照本节关于合格制审查办法的有关内容，此处不再赘述。

（2）评分

通过详细审查的申请人不少于 3 个且没有超过规定数量的，均通过资格预审，不再进行评分。通过详细审查的申请人数量超过规定数量的，审查委员会依据招标文件中的评分标准进行评分，按得分由高到低的顺序进行排序。

4．审查结果

（1）提交审查报告

审查委员会按照规定的程序对资格预审申请文件完成审查后，确定通过资格预审的申请人名单，并向招标人提交书面审查报告。

（2）重新进行资格预审或招标

通过详细审查申请人的数量不足 3 个的，招标人重新组织资格预审或不再组织资格预审而直接招标。

2.4　评标办法

评标办法是招标人根据项目的特点和要求，参照一定的评标因素和标准，对投标文件进行评价和比较的方法。常用的评标方法分为经评审的最低投标价法（以下简称"最低评标价法"）和综合评估法两种。

2.4.1　最低评标价法

最低评标价法一般适用于具有通用技术、性能标准或者招标人对其技术、性能标准没有特殊要求的招标项目。根据发改委 56 号令的规定，招标人编制施工招标文件时，应不加修改地引用《标准文件》规定的方法。评标办法前附表由招标人根据招标项目具体特点和实际需要编制，用于进一步明确未尽事宜，但务必与招标文件中其他章节相衔接，并不得与《标准文件》的内容相抵触，否则抵触内容视为无效。评标办法前附表见表 2-1。

表 2-1　经评审的最低评标价法评审因素与评审标准

	评审因素	评审标准
形式评审标准	投标人的名称	与营业执照、资质证书以及安全生产许可证等一致
	投标函的签字盖章	由法定代表人或其委托代理人签字或加盖单位章
	投标文件的格式	符合投标文件格式的要求
	联合体投标人	提交联合体协议书，并明确联合体牵头人
	投标报价的唯一性	只能有一个有效报价
	……	……
资格评审标准	营业执照	具备有效的营业执照
	安全生产许可证	具备有效的安全生产许可证
	资质等级	符合投标人须知规定

	评审因素	评审标准
资格评审标准	财务状况	符合投标人须知规定
	类似项目业绩	符合投标人须知规定
	信誉	符合投标人须知规定
	项目经理	符合投标人须知规定
	其他要求	符合投标人须知规定
	联合体投标人	符合投标人须知规定（如有）
响应性评审标准	投标报价	符合投标人须知规定
	投标内容	符合投标人须知规定
	工期	符合投标人须知规定
	工程质量	符合投标人须知规定
	投标有效期	符合投标人须知规定
	投标保证金	符合投标人须知规定
	权利义务	符合"合同条款及格式"规定
	已标价工程量清单	符合"工程量清单"给出的范围及数量
	技术标准和要求	符合"技术标准和要求"规定
施工组织设计评审标准	施工方案与技术措施	……
	质量管理体系与措施	……
	安全管理体系与措施	……
	环境保护管理体系与措施	……
	工程进度计划与措施	……
	资源配备计划	……
	技术负责人	……
	其他主要成员	……
	施工设备	……
	试验和检测仪器设备	……
详细评审标准	量化因素	量化标准
	单价遗漏	……
	不平衡报价	……
	……	……

（一）评标方法

1．评审比较的原则

最低评标价法是以投标报价为基数，考量其他因素形成评审价格，对投标文件进行评价的一种评标方法。

评标委员会对满足招标文件实质要求的投标文件，根据详细评审标准规定的量化因素及量化标准进行价格折算，按照经评审的投标价由低到高的顺序推荐中标候选人，或根据招标人授权直接确定中标人，但投标报价低于其成本的除外，并且中标人的投标应当能够满足招标文件的实质性要求。经评审的投标价相等时，投标报价低的优先，投标报价也相等的，由招标人自行确定。

2．最低评标价法的基本步骤

首先按照初步评审标准对投标文件进行初步评审，然后依据详细评审标准对通过初步审查的投标文件进行价格折算，确定其评审价格，再按照由低到高的顺序推荐 1~3 名中标候选人或根据招标人的授权直接确定中标人。

（二）评审标准

1．初步评审标准

根据《标准施工招标文件》的规定，投标初步评审为形式评审标准、资格评审标准、响应性评审标准、施工组织设计和项目管理机构评审标准四个方面。

1）形式评审标准

初步评审的因素一般包括：投标人的名称；投标函的签字盖章；投标文件的格式；联合体投标人；投标报价的唯一性；其他评审因素等。审查、评审标准应当具体明了，具有可操作性。比如申请人名称应当与营业执照、资质证书以及安全生产许可证等一致；申请函签字盖章应当由法定代表人或其委托代理人签字或加盖单位公章等。对应于前附表中规定的评审因素和评审标准是列举性的，并没有包括所有评审因素和标准，招标人应根据项目具体特点和实际需要，进一步删减、补充和细化。

2）资格评审标准

资格评审的因素一般包括营业执照、安全生产许可证、资质等级、财务状况、类似项目业绩、信誉、项目经理、其他要求、联合体投标人等。该部分内容分为以下两种情况。

（1）未进行资格预审的

评审标准须与投标人须知前附表中对投标人资质、财务、业绩、诚信、项目经理的要求以及其他要求一致，招标人要特别注意在投标人须知中补充和细化的要求，应在表 2-1 中体现出来。

（2）已进行资格预审的

评审标准须与资格预审文件资格审查办法详细审查标准保持一致。在递交资格预审申请文件后、投标截止时间前发生可能影响其资格条件或履约能力的新情况，应按照招标文件中投标人须知的规定提交更新或补充资料。

3）响应性评审标准

响应性评审的因素一般包括投标报价、投标内容、工期、工程质量、投标有效期、投标保证金、权利义务、已标价工程量清单、技术标准和要求等。

表 2-1 中所列评审因素已经考虑到了与招标文件中投标人须知等内容衔接。招标人可以依据招标项目的特点补充一些响应性评审因素和标准，例如，投标人有分包计划的，

其分包工作类别及工作量须符合招标文件要求。招标人允许偏离的最大范围和最高项数，应在响应性评审标准中规定，作为判定投标是否有效的依据。

4）施工组织设计和项目管理机构评审标准

施工组织设计和项目管理机构评审的因素一般包括施工方案与技术措施、质量管理体系与措施、安全管理体系与措施、环境保护管理体系与措施、工程进度计划与措施、资源配备计划、技术负责人、其他主要成员、施工设备、试验和检测仪器设备等。

针对不同项目特点，招标人可以对施工组织设计和项目管理机构的评审因素及其标准进行补充、修改和细化，如施工组织设计中可以增加对施工总平面图、施工总承包的管理协调能力等评审指标，项目管理机构中可以增加对项目经理的管理能力，如创优能力、创文明工地能力以及其他一些评审指标等。

2．详细评审标准

详细评审的因素一般包括单价遗漏、付款条件等。

详细评审标准对表 2-1 中规定的量化因素和量化标准是列举性的，并没有包括所有量化因素和标准，招标人应根据项目具体特点和实际需要，进一步删减、补充或细化。例如，增加算术性错误修正量化因素，即根据招标文件的规定对投标报价进行算术性错误修正。还可以增加投标报价的合理性量化因素，即根据本招标文件的规定对投标报价的合理性进行评审。除此之外，还可以增加合理化建议量化因素，即技术建议可能带来的实际经济效益，按预定的比例折算后，在投标价内减去该值。

（三）评标程序

1．初步评审

（1）对于未进行资格预审的，评标委员会可以要求投标人提交规定的有关证明以便核验。评标委员会依据上述标准对投标文件进行初步评审，有一项不符合评审标准的，应否决其投标。

对于已进行资格预审的，评标委员会依据评标办法中表 2-1 规定的评审标准对投标文件进行初步评审。有一项不符合评审标准的，应否决其投标。当投标人资格预审申请文件的内容发生重大变化时，评标委员会依据评标办法中表 2-1 规定的标准对其更新资料进行评审。

（2）投标报价有算术错误的，评标委员会按以下原则对投标报价进行修正，修正的价格经投标人书面确认后具有约束力。投标人不接受修正价格的，应当否决该投标人的投标。

① 投标文件中的大写金额与小写金额不一致的，以大写金额为准。

② 总价金额与依据单价计算出的结果不一致的，以单价金额为准修正总价，但单价金额小数点有明显错误的除外。

2．详细评审

（1）评标委员会依据本评标办法中详细评审标准规定的量化因素和标准进行价格折

算，计算出评标价，并编制价格比较一览表。

（2）评标委员会发现投标人的报价明显低于其他投标报价，或者在设有标底时明显低于标底，使得其投标报价可能低于其成本的，应当要求该投标人做出书面说明并提供相应的证明材料。投标人不能合理说明或者不能提供相应证明材料的，由评标委员会认定该投标人以低于成本报价竞标，否决其投标。

3. 投标文件的澄清和补正

（1）在评标过程中，评标委员会可以书面形式要求投标人对所提交的投标文件中不明确的内容进行书面澄清或说明，或者对细微偏差进行补正。评标委员会不接受投标人主动提出的澄清、说明或补正。

（2）澄清、说明和补正不得改变投标文件的实质性内容（算术性错误修正的除外）。投标人的书面澄清、说明和补正属于投标文件的组成部分。

（3）评标委员会对投标人提交的澄清、说明或补正有疑问的，可以要求投标人进一步澄清、说明或补正，直至满足评标委员会的要求。

4. 评标结果

（1）除授权评标委员会直接确定中标人外，还可以按照经评审的价格由低到高的顺序推荐中标候选人，但最低价不能低于成本价。

（2）评标委员会完成评标后，应当向招标人提交书面评标报告。

评标报告应当如实记载以下内容：基本情况和数据表；评标委员会成员名单；开标记录；符合要求的投标一览表；否决投标的情况说明；评标标准、评标方法或者评标因素一览表；经评审的价格一览表；经评审的投标人排序；推荐的中标候选人名单或根据招标人授权确定的中标人名单，签订合同前要处理的事宜；以及需要澄清、说明、补正事项纪要。

例：经评审的最低投标价法

某污水处理厂项目采用经评审的最低投标价法进行评标。共有 3 个投标人投标，且 3 个投标人均通过了初步评审，评标委员会对开标确认的投标报价进行详细评审。

评标办法规定，对提前竣工、污水处理成本偏差等因素进行价格折算：价格折算的办法如下所述。

该工程招标工期为 30 个月，承诺工期每提前 1 个月，给招标人带来的预期收益为 50 万元。污水处理成本比招标文件规定的标准高的，每高一个百分点投标报价增加 2%，每低一个百分点投标报价减少 1%。高于 10% 该投标将被否决。

投标人 A：投标报价为 4 850 万元，污水处理成本比规定标准高 2 个百分点，承诺的工期为 30 个月。

投标人 B：投标报价为 4 900 万元，污水处理成本比规定标准高 1 个百分点，承诺的工期为 29 个月。

投标人 C：投标报价为 5 000 万元，污水处理成本比规定标准低 2 个百分点，承诺的工期为 28 个月。

污水处理成本偏差因素的评标价格调整：

投标人 A：$4\,850 \times 2 \times 2\% = 194$（万元）；

投标人 B：$4\,900 \times 1 \times 2\% = 98$（万元）；

投标人 C：$5\,000 \times 2 \times (-1\%) = -100$（万元）。

提前竣工因素的评标价格调整：

投标人 A：$(30-30) \times 50 = 0$（万元）；

投标人 B：$(29-30) \times 50 = -50$（万元）；

投标人 C：$(28-30) \times 50 = -100$（万元）。

评标价格比较见表 2-2。

表 2-2　评标价格比较

项　　目	投标人 A	投标人 B	投标人 C
投标报价（万元）	4 850	4 900	5 000
污水处理成本偏差因素价格调整（万元）	194	98	−100
提前竣工因素导致评标价格调整（万元）	0	−50	−100
最终评标价（万元）	5 044	4 948	4 800
排序	3	2	1

经评审投标人 C 的投标价最低，评标委员会推荐其为中标候选人。

2.4.2　综合评估法

综合评估法是综合衡量价格、商务、技术等各项因素对招标文件的满足程度，按照统一的标准（分值或货币）量化后进行比较的方法。采用综合评估法，可以将这些因素折算为货币、分数或比例系数等，再做比较。

综合评估法一般适用于招标人对招标项目的技术、性能有专门要求的招标项目。与最低评标价法要求一样，招标人编制施工招标文件时，应按照标准施工招标文件的规定进行评标。评标办法前附表见表 2-3。

表 2-3　综合评估法评审因素与评审标准

	评审因素	评审标准
形式评审标准	投标人的名称	与营业执照、资质证书以及安全生产许可证一致
	投标函的签字盖章	由法定代表人或其委托代理人签字或加盖单位章
	投标文件的格式	符合投标文件格式的要求
	联合体投标人	提交联合体协议书，并明确联合体牵头人
	投标报价的唯一性	只能有一个有效报价
	……	……
资格评审标准	营业执照	具备有效的营业执照
	安全生产许可证	具备有效的安全生产许可证
	资质等级	符合投标人须知规定

续表

	评审因素	评审标准
资格评审标准	财务状况	符合投标人须知规定
	类似项目业绩	符合投标人须知规定
	信誉	符合投标人须知规定
	项目经理	符合投标人须知规定
	其他要求	符合投标人须知规定
	联合体投标人	符合投标人须知规定（如有）
响应性评审标准	投标报价	符合投标人须知规定
	投标内容	符合投标人须知规定
	工期	符合投标人须知规定
	工程质量	符合投标人须知规定
	投标有效期	符合投标人须知规定
	投标保证金	符合投标人须知规定
	权利义务	符合"合同条款及格式"规定
	已标价工程量清单	符合"工程量清单"给出的范围及数量
	技术标准和要求	符合"技术标准和要求"规定
	……	……
	条款内容	编列内容
	分值构成 （总分 100 分）	施工组织设计：_____分 项目管理机构：_____分 投标报价：_____分 其他评分因素：_____分
	评标基准价计算方法	
	投标报价的偏差率 计算公式	偏差率=100%×（投标人报价－评标基准价)/评标基准价
	内容完整性和编制水平	
施工组织设计评审标准	施工方案与技术措施	
	质量管理体系与措施	……
	安全管理体系与措施	……
	环境保护管理体系与措施	……
	工程进度计划与措施	……
	资源配备计划	……
	……	……
项目管理机构评分标准	项目经理任职资格与业绩	……
	其他主要人员	……
	……	……

续表

	评审因素	评审标准
投标报价 评分标准	偏差率	……
	……	……
其他因素 评分标准	……	……

（一）评标方法

评标委员会对满足招标文件实质性要求的投标文件，按照评标办法中表2-3所列的分值构成与评分标准规定的评分标准进行打分，并按得分由高到低顺序推荐中标候选人，或根据招标人授权直接确定中标人，但投标报价低于其成本的除外。综合评分相等时，以投标报价低的优先；投标报价也相等的，由招标人自行确定。

（二）评审标准

1. 初步评审标准

综合评估法与最低评标价法初步评审标准的参考因素与评审标准等方面基本相同，只是综合评估法初步评审标准包含形式评审标准、资格评审标准和响应性评审标准三部分。因此有关因素与标准可以参照，此处不再赘述。二者之间的区别主要在于综合评估法需要在评审的基础上按照一定的标准进行分值或货币量化。

2. 分值构成与评分标准

（1）分值构成

评标委员会根据项目实际情况和需要，将施工组织设计、项目管理机构、投标报价及其他评分因素分配一定的权重或分值及区间。比如以100分为满分，可以考虑施工组织设计分值为25分，项目管理机构10分，投标报价60分，其他评分因素为5分。

（2）评标基准价计算

评标基准价的计算方法在前文中有表述。招标人可依据招标项目的特点、行业管理规定给出评标基准价的计算方法。需要注意的是，招标人需要在表2-3中明确有效报价的含义，以及不可竞争费用的处理。

（3）投标报价的偏差率计算

投标报价的偏差率计算公式为

偏差率=100%×（投标人报价 － 评标基准价）/评标基准价

（4）评分标准

招标人应当明确施工组织设计、项目管理机构、投标报价和其他因素的评分因素、评分标准，以及各评分因素的权重。如某项目招标文件对施工方案与技术措施规定的评分标准为：施工方案先进，施工方法可行，技术措施针对工程质量、工期和施工安全生产有充分保障11～12分；施工方案先进，方法可行，技术措施对工程质量、工期和施工安全生产有保障8～10分；施工方案及施工方法可行，技术措施针对工程质量、工期和施工安全生产基本有保障 6～7 分；施工方案及施工方法基本可行，技术措施针对工程质量、工期和施工安全生产基本有保障 1～5 分。

招标人还可以依据项目特点及行业、地方管理规定，增加一些标准招标文件中已经明确的施工组织设计、项目管理机构及投标报价外的其他评审因素及评分标准，作为补充内容。

（三）评标程序

1．初步评审

（1）评标委员会依据规定的评审标准对投标文件进行初步评审。有一项不符合评审标准的，则该投标应当予以否决。

（2）投标报价有算术错误的，评标委员会按以下原则对投标报价进行修正，修正的价格经投标人书面确认后具有约束力。投标人不接受修正价格的，应当否决该投标人的投标。修正错误的原则与最低评标价法相同。

2．详细评审

（1）评标委员会按规定的量化因素和分值进行打分，并计算出综合评估得分：

① 按表 2-3 规定的评审因素和分值对施工组织设计计算出得分 A；

② 按表 2-3 规定的评审因素和分值对项目管理机构计算出得分 B；

③ 按表 2-3 规定的评审因素和分值对投标报价计算出得分 C；

④ 按表 2-3 规定的评审因素和分值对其他部分计算出得分 D。

（2）评分分值计算保留小数点后两位，小数点后第三位"四舍五入"。

（3）投标人得分=A+B+C+D。

（4）评标委员会发现投标人的报价明显低于其他投标报价，或者在设有标底时明显低于标底，使得其投标报价可能低于其成本的，应当要求该投标人做出书面说明并提供相应的证明材料。投标人不能合理说明或者不能提供相应证明材料的，由评标委员会认定该投标人以低于成本报价竞标的，应否决其投标。

3．投标文件的澄清和补正

该部分内容与经评审的最低投标价法一致，在此不再赘述。

4．评标结果

该部分内容与经评审的最低投标价法一致，在此不再赘述。

2.5　投标决策和策略

2.5.1　建设工程投标决策

（一）投标决策的含义

承包商通过投标获得工程项目，是市场经济条件下的必然；但对于承包商而言，并不是每标必投，应结合实际情况进行投标决策。投标决策包括三个方面：一是针对项目投标，根据项目的专业性等确定是否投标；二是倘若投标，确定投什么性质的标；三是在投标中，掌握如何采用以长制短、以优胜劣的策略和技巧。投标决策的正确与否，关系到能否中标和中标后的效益，关系到施工企业的发展前景。

（二）影响投标决策的因素

"知己知彼，百战不殆"，工程投标决策就是知己知彼的研究。这个"己"就是影响投标决策的主观因素，"彼"即影响投标决策的客观因素。

1．影响投标决策的主观因素

投标或者弃标，首先取决于投标单位的实力，其实力体现在以下几个方面。

（1）技术方面。主要包括专业技术人员及水平和能力；施工队伍的专业特长、施工经验；一定的专业技术设备；合作伙伴的水平、经验和能力。

（2）经济方面。主要包括周转资金；补充固定资产和机器设备的资金；各种担保能力；各种税款和保险的能力；抵御各种因素造成的风险能力以及国际工程承包中的资金垫付能力等。

（3）管理方面。包括管理人员及经验和能力；管理模式和管理水平；在工期、定额、人员、材料、质量、合同、奖罚等方面的管理措施和规章制度。

（4）信誉方面。承包商一定要有良好的信誉，这是投标中标的一条重要标准。要建立良好的信誉，就必须遵守法律法规，或按照国际惯例办事，同时认真履行合约，保证工程的施工安全、工期和质量。

2．影响投标决策的客观因素

（1）业主和监理工程师的情况。业主的合法地位、支付能力、履约信誉；监理工程师业务能力和职业道德素养等。

（2）竞争对手和竞争形势的分析。是否投标，应注意竞争对手的实力、优势及投标环境的优劣情况。另外，竞争对手的在建工程情况也十分重要。如果对手的在建工程即将完工，可能急于获得新承包项目，投标报价不会很高；如果对手的在建工程规模大、时间长，如仍参加投标，则标价可能很高。从总的竞争形势来看，大型工程的承包公司技术水平高，善于管理大型复杂工程，其适应性强，可以承包大型工程；中小型工程公司或当地的工程公司承包可能大，因为当地的中小型公司在当地有自己熟悉的材料、劳动力供应渠道，管理人员相对也比较少，有自己惯用的特殊施工方法等优势。

（3）政策法规的情况。对于国内工程承包，自然适用本国的法律法规，而且其法制环境基本相同，因为我国的法律法规具有统一或基本的特点。如果是国际工程承包，则有一个法律适用问题，法律适用的原则有以下五条：

① 强制适用工程所在地法的原则；

② 意思自治原则；

③ 最密切联系原则；

④ 适用国际惯例原则；

⑤ 国际法效力优于国内法效力的原则。

其中，所谓最密切联系原则是指由与投标合同有最密切联系的因素作为客观标志，并以此作为确定准据法的依据。至于最密切联系因素，在国际上主要有投标或合同签订地法律、合同履行法、法人国籍所属国的法律、债务人住所地法律、标的物所在地法律、管理合同争议的法院或仲裁机构所在地的法律等。事实上，多数国家是由以上因素中的一种为主，结合其他因素进行综合判断的。

（4）风险因素。包括由于政治、经济、自然、合同本身以及在工程实施中存在的不可预见事件而产生的经济损失。

（三）工程标的分类

1．按性质分工程标的的类型

按性质分，工程标的有风险标和保险标之分。

风险标，是指工程复杂、施工难度大、履行时间长、影响因素多，且在技术、设备、资金、时间或其他方面有较高要求的招标项目。

保险标，是指工程范围明确、难度不太复杂、工程量不大，且能精确计算、工期较短、设计较细、图纸完整、各项要求一般的招标项目。企业经济实力较弱，经不起打击的，往往投保险标。

2．按效益分工程标的的类型

按效益工程标的包括盈利标、保本标和亏损标。

盈利标，是指在招标工程既是本企业的强项，又是竞争对手的弱项；或在建设单位意见明确的情况下进行的投标。

保本标，是指既不能给承包商带来丰厚利润，也不会出现多大亏损的招标项目。

亏损标，是指当本企业已大量窝工，严重亏损，若中标后至少可使部分工人、机械运转，减少亏损；或者为在对手林立的竞争中夺得头标，不惜血本压低标价；或为打入新市场，取得拓宽市场的立足点而压低标价的情况下进行的投标。

（四）投标决策阶段的划分

投标决策可以分为两阶段进行，即投标决策的前期阶段和投标决策的后期阶段。

投标决策的前期阶段必须在购买投标人资格预审资料前后完成。决策的主要依据是招标公告，以及企业对招标工程和业主情况的调研和了解程度。如果是国际工程，还包括对工程所在国和工程所在地的调研和了解程度。前期阶段必须对投标与否作出论证。通常情况下，下列招标项目应放弃投标：

① 本施工企业主营和兼营能力之外的项目；

② 工程规模、技术要求超过本施工企业技术等级的项目；

③ 本施工企业生产任务饱满，而招标工程的盈利水平较低或风险较大的项目；

④ 本施工企业技术等级、信誉、施工水平明显不如竞争对手的项目。

如果决定投标，即进入投标决策的后期阶段。它是指从申报资格预审至投标报价（递送投标书）前完成的决策研究阶段。投标决策的后期阶段主要研究决定去投标，是投什么性质的标，以及在投标中采取何种投标策略。

2.5.2　建设工程投标策略与报价技巧

（一）投标策略

投标策略是指承包商在投标竞争中的指导思想与系统工作部署及其参与投标竞争的方式和手段。投标策略作为投标取胜的方式、手段和艺术，贯穿于投标竞争过程的始终，内容十分丰富。在投标与否、投标项目的选择、投标报价等方面，无不包含投标策略。常见的投标策略有以下几种。

1．增加建议方案

有时招标文件中规定，可以提一个建议方案，即可以修改原设计方案，提出投标者的方案。投标人这时应抓住机会，组织一批有经验的设计和施工工程师，对原招标文件的设计和施工方案仔细研究，提出更合理的方案以吸引业主，促成自己的方案中标。这种新的建议方案可以降低总造价或提前竣工或使工程运用更合理，但要注意的是对原招标方案一定也要报价，以供业主比较。增加建议方案时，不要将方案写得太具体，保留方案的技术关键，防止业主将此方案交给其他承包商，同时要强调的是，建议方案一定要比较成熟，或过去有实践经验，因为投标时间不长，如果仅为中标而匆忙提出一些没有把握的方案，可能引起后患。

2．突然降价法

报价是一件保密的工作，但是对手往往通过各种渠道、手段来刺探情况；因此在报价时可以采取迷惑对方的手法。即先按一般情况报价或表现出自己对该工程兴趣不大，到快投标截止时，再突然降价。如鲁布革水电站引水系统工程招标时，日本大成公司知道它的主要竞争对手是前田公司，因而在临近开标前把总报价突然降低8.04%，取得最低标，为以后中标打下基础。采用这种方法时，一定要在准备投标报价的过程中考虑好降价的幅度，在临近投标截止日期前，根据情报信息与分析判断，再做最后决策。

如果由于采用突然降价法而中标，因为开标只降总价，在签订合同后可采用不平衡报价的思想调整工程量表内的各项单价或价格，以期取得更高的效益。

3．先亏后盈法

有的承包商，为了打进某一地区，依靠国家、某财团或自身的雄厚资本实力，而采取一种不惜代价，只求中标的低价投标方案。应用这种手法的承包商必须有较好的资信条件，并且提出的施工方案也是先进可行，同时要加强对公司情况的宣传，否则即使低标价，也不一定被业主选中。

4．开口升级法

将工程中的一些风险大、花钱多的分项工程或工作抛开，仅在报价单中注明，由双方再度商讨决定。这样大大降低了报价，用最低价吸引业主，取得与业主商谈的机会，而在议价谈判和合同谈判中逐渐提高报价。

5. 无利润算标

缺乏竞争优势的承包商，在不得已的情况下，只好在算标中根本不考虑利润而去夺标。这种办法一般是处于以下条件时才采用。

（1）有可能在得标后，将大部分工程分包给索价较低的分包商。

（2）对于分期建设的项目，先以低价获得首期工程，而后赢得机会创造第二期工程中的竞争优势，并在以后的实施中赚得利润。

（3）在较长时间内，承包商没有在建的工程项目，如果再不得标，就难以维持生存。因此，虽然本工程无利可图，只要能有一定的管理费以维持公司的日常运转，就可设法渡过暂时困难，以图将来东山再起。

（二）报价技巧

报价技巧是指承包商在投标报价中采用的各种操作手法、技能或诀窍。报价技巧运用得当，报价既可被业主接受，中标后又能为承包商获得更多的利润。

1. 不平衡报价

不平衡报价，指在总价基本确定的前提下，如何调整内部各个子项的报价，以期既不影响总报价，又在中标后投标人可以获取较好的经济效益。但要注意避免畸高畸低现象，以免失去中标机会。通常采用的不平衡报价有下列几种情况。

（1）对能早期结账收回工程款的项目（如土方、基础等）的单价可报以较高价，以利于资金周转；对后期项目（如装饰、电气设备安装等）单价可适当降低。

（2）估计今后工程量可能增加的项目，其单价可提高；而工程量可能减少的项目，其单价可降低。

（3）图纸内容不明确或有错误，估计修改后工程量要增加的，其单价可提高；而工程内容不明确的，估计修改后工程量要减少的，其单价可降低。

（4）没有工程量而只需填报单价的项目（如疏浚工程中的开挖淤泥工作等），其单价宜高。这样，既不影响总的投标报价，又可多获利。

（5）对于暂定项目，其实施的可能性大的项目，价格可定高价；估计该工程不一定实施的可定低价。

2. 零星用工（计日工）

零星用工一般可稍高于工程单价表中的工资单价。这是因为零星用工不属于承包有效合同总价的范围，发生时实报实销，也可多获利。

3. 多方案报价法

多方案报价法是利用工程说明书或合同条款不够明确之处，以争取达到修改工程说明书和合同为目的的一种报价方法。当工程说明书或合同条款有些不够明确之处时，往往使投标人承担较大风险。为了减少风险就必须提高工程单价，增加"不可预见费"，但这样做又会因报价过高而增加被淘汰的可能性，多方案报价法就是为应对这种两难局面而出现的。具体做法是在标书上报两个价目单价：一是按原工程说明书合同条款报一个价；二是加以注解，"如工程说明书或合同条款可作某些改变时"，则可降低多少的费用，使报价成为最低，以吸引业主去修改说明书和合同条款。还有一种方法是对工程中一部分没有把握的工作，注明按成本加酬金的方法进行计价。但若规定合同计价方式不允许改动，此方法就不能使用。

4. 区别对待报价法

可适当提高报价情况：施工条件差的，如场地狭窄、地处闹市的工程；专业要求高的技术密集型工程，而本公司这方面有专长；总价低的小工程以及自己不愿意做而被邀请投标的工程；特殊的工程，如港口码头工程、地下开挖工程等；业主对工期要求急的；投标竞争对手少的；支付条件不理想的等。

应适当降低报价的情况：施工条件好的工程；工作简单、工程量大，一般公司都能做的工程，如一般房建工程；本公司急于打入某一市场、某一地区；公司任务不足，尤其是机械设备等无工地转移时；本公司在投标项目附近有工程，可以共享一些资源时；投标对手多，竞争激烈时；支付条件好的，如现汇支付工程等。

思 考 题

1. 施工标段的划分应考虑哪些因素？
2. 标准施工招标文件应包括哪些内容？
3. 投标文件有哪些内容？
4. 资格审查包括哪两种类型？它们有何区别？
5. 资格预审主要对申请人哪些方面进行资格审查？
6. 我国招标法规定的评标办法主要有哪几种？
7. 投标决策的内容有哪些？影响投标决策的因素有哪些？
8. 常用的投标策略有哪些？
9. 常用的报价技巧有哪些？

第3章 建设工程设计招标和设备材料采购招标

3.1 工程设计招标

3.1.1 工程设计招标概述

设计的优劣对工程项目建设的成败有着至关重要的影响。以招标方式委托设计任务，目的是让设计的技术和成果作为有价值的商品进入市场，打破地区、部门的界限并开展设计竞争，通过招标择优确定实施单位，达到拟建工程项目能够采用先进的技术和工艺、优化功能布局、降低工程造价、缩短建设周期和提高投资效益的目的。设计招标的特点是投标人将招标人对项目的设想变为可实施方案的竞争。

（一）工程设计招标依据

从事工程设计招标时，现行主要依据的法规、规章有：国务院 2000 年 9 月发布的《建设工程勘察设计管理条例》，国家发展和改革委员会、建设部、铁道部、交通部、信息产业部、水利部、中国民用航空总局和国家广播电影电视总局于 2003 年 6 月联合发布的《工程建设项目勘察设计招标投标办法》，以及建设部 2000 年 10 月发布的《建筑工程设计招标投标管理办法》。

此外，在建设工程以外的其他工程领域，也存在着部分规章性的规定，如交通运输部制定的《公路工程勘察设计招标投标管理办法》等，在涉及上述设计招标时，应重点参考相关领域的具体规定。

（二）工程设计的含义和阶段划分

建设工程设计是指根据建设工程的要求和地质勘察报告，对建设工程所需的技术、经济、资源、环境等条件进行综合分析、论证，编制建设工程设计文件的活动。根据设计条件和设计深度，建筑工程设计一般分为两个阶段：初步设计阶段和施工图设计阶段。复杂的建设工程设计一般分为三个阶段：初步设计阶段、技术设计阶段和施工图设计阶段。

（三）工程设计招标的发包范围

与工程设计的两个阶段相对应，工程设计招标一般分为初步设计招标和施工图设计招标。对计划复杂而又缺乏经验的项目，如被称为鸟巢的国家体育场，在必要时还要增加技术设计阶段。为了保证设计指导思想连续贯穿于设计的各个阶段，一般多采用技术设计招标或施工图设计招标，不单独进行初步设计招标，而是由中标的设计单位承担初步设计任务。招标人应依据工程项目的具体特点决定发包的工作范围，可以采用设计全过程总发包的一次性招标，也可以选择分单项或分专业的设计任务发包招标。另外，招标人可以依据工程建设项目的不同特点，实行勘察设计一次性总体招标。

（四）工程设计招标程序

设计招标不同于工程项目实施阶段的施工招标、材料供应招标和设备订购招标，其特点表现为设计任务是投标人通过自己的智力劳动，将招标人对建设项目的设想变为可实施的蓝图；而后者则是投标人按设计的明确要求完成规定的物质生产劳动。因此，设计招标文件对投标人所提出的要求不那么明确具体，只是简单介绍工程项目的实施条件，预期达到的技术经济指标、投资限额、进度要求等。投标人按规定分别报出工程项目的构思方案、实施计划和报价。招标人通过开标、评标程序对各方案进行比较选择后确定中标人。设计招标与其他招标在程序上的主要区别有如下几个方面。

1. 招标文件的内容不同

设计招标文件中仅提出设计依据、工程项目应达到的技术指标、项目限定的工作范围、项目所在地的基本资料、要求完成的时间等内容，而无具体的工作量。

2. 对投标书的编制要求不同

投标人的投标报价不是按规定的工程量清单填报报价后算出总价，而是首先提出设计构思和初步方案，并论述该方案的优点和实施计划，在此基础上进一步提出总价。

3. 开标形式不同

开标时不是由招标单位的主持人宣读投标书并按报价高低排定标价次序，而是由各投标人自己说明投标方案的基本构思和意图，以及其他实质性内容，而且不按报价高低排定次序。

4. 评标原则不同

评标时不过分追求投标价的高低，评标委员更多关注于所提供方案的技术先进性、所达到的技术指标、方案的合理性，以及对工程项目投资效应的影响力等方面的因素，以此做出一个综合判断。

3.1.2 工程设计招标管理

工程设计的招标阶段，涉及的主要环节包括在具备设计招标条件后发布招标公告，投标单位资格预审、编制、发放招标文件等，其中应重点关注以下几个问题。

（一）招标方式

建筑工程设计招标依法可以公开招标或者邀请招标。

1．公开招标

根据国务院批准的由原国家计委于 2000 年 5 月发布的《工程建设项目招标范围和规模标准规定》下列情形，除了依法获得有关部门批准可以不进行公开招标的，必须实行公开招标：

（1）对于单项合同估算价在 50 万元人民币以上的设计服务的采购；

（2）全部使用国有资金投资或者国有资金投资占控股或者主导地位的工程建设项目设计服务招标；

（3）国务院发展和改革部门确定的国家重点项目和省、自治区、直辖市人民政府确定的地方重点项目。

2．邀请招标

依法必须进行招标的项目，在下列情况下可以进行邀请招标：

（1）技术复杂、有特殊要求或者受自然环境限制，只有少量潜在投标人可供选择；

（2）采用公开招标方式的费用占项目合同金额的比例过大。

招标人采用邀请招标方式的，应保证有三个及以上具备承担招标项目设计能力，并具有相应资质的特定法人或者其他组织参加投标。

（二）对投标人的资格审查

1．资质审查

我国对从事建设工程设计活动的单位，实行资质管理制度，在工程设计招标过程中，招标人应初步审查投标人所持有的资质证书是否与招标文件的要求相一致，是否具备从事设计任务的资格。

根据原建设部颁布的《建设工程勘察设计资质管理规定》，工程设计资质分为工程设计综合资质、工程设计行业资质、工程设计专业资质和工程设计专项资质四类。其中工程设计综合资质只设甲级；工程设计行业资质、工程设计专业资质、工程设计专项资质设甲级、乙级。根据工程性质和技术特点，个别行业、专业、专项资质可以设丙级，建筑工程专业资质可以设丁级。

取得工程设计综合资质的企业，可以承接各行业、各等级的建设工程设计业务；取得工程设计行业资质的企业，可以承接相应行业相应等级的工程设计业务及本行业范围内同级别的相应专业、专项（设计施工一体化资质除外）工程设计业务；取得工程设计专业资质的企业，可以承接本专业相应等级的专业工程设计业务及同级别的相应专项工程设计业务（设计施工一体化资质除外）；取得工程设计专项资质的企业，可以承接本专项相应等级的专项工程设计业务。

建设工程设计单位应当在其资质等级许可的范围内承揽建设工程设计业务。禁止建设工程设计单位超越其资质等级许可的范围或者以其他建设工程设计单位的名义承揽建设工程设计业务。禁止建设工程设计单位允许其他单位或者个人以本单位的名义承揽建设工程设计业务。

2．能力和经验审查

判定投标人是否具备承担发包任务的能力，通常要进一步审查人员的技术力量。人员的技术力量主要考察设计负责人的资格和能力，以及各类设计人员的专业覆盖面、人员数量和各级职称人员的比例等是否满足完成工程设计的需要。

同类工程的设计经历是非常重要的内容，因此通过投标人报送的最近几年完成工程项目业绩表，评定他的设计能力与水平。侧重于考察已完成的设计项目与招标工程的规模、性质、形式是否相适应。

（三）设计招标文件的编制

设计招标文件是指导投标人正确编制投标文件的依据，招标人应当根据招标项目的特点和需要编制招标文件。设计招标文件应当包括下列内容：

（1）投标须知，包含所有对投标要求有关的事项；

（2）投标文件格式及主要合同条款；

（3）项目说明书，包括资金来源情况；

（4）设计范围，对设计进度、阶段和深度要求；

（5）设计依据的基础资料；

（6）设计费用支付方式，对未中标人是否给予补偿及补偿标准；

（7）投标报价要求；

（8）对投标人资格审查的标准；

（9）评标标准和方法；

（10）投标有效期；

（11）招标可能涉及的其他有关内容。

招标文件一经发出后，需要进行必要的澄清或者修改时，应当在提交投标文件截止日期 15 日前，书面通知所有招标文件收受人。

3.1.3　工程设计投标管理

设计投标管理阶段的主要环节包括现场勘察、答疑、投标人编制投标文件、开标、评标、中标、订立设计合同等，其中应重点关注以下两个问题。

（一）评标标准

工程设计投标的评比一般分为技术标和商务标两部分，评标委员会必须严格按照招标文件确定的评标标准和评标办法进行评审。评标委员会应当在符合城市规划、消防、节能、环保的前提下，按照投标文件的要求，对投标设计方案的经济、技术、功能和造型等进行比选、评价，确定符合招标文件要求的最优设计方案。通常，如果招标人不接受投标人技术标方案的投标书，即被淘汰，不再进行商务标的评审。虽然投标书的设计方案各异需要评审的内容很多，但大致可以归纳为以下五个方面。

1．设计方案的优劣

设计方案评审内容主要包括：设计指导思想是否正确；设计产品方案是否反映了国内外同类工程项目较先进的水平；总体布置的合理性，场地利用系数是否合理；工艺流程是否先进；设备选型的适用性；主要建筑物、构筑物的结构是否合理，造型是否美观大方并与周围环境相协调；"三废"治理方案是否有效；以及其他有关问题。

2．投入、产出经济效益比较

主要涉及以下几个方面：建筑标准是否合理；投资估算是否超过限制；先进的工艺流程可能带来的投资回报；实现该方案可能需要的外汇估算等。

3．设计进度快慢

评标投标书内的设计进度计划，看其能否满足招标人制订的项目建设总进度计划要求。大型复杂的工程项目为了缩短建设周期，初步设计完成后即进行施工招标，在施工阶段陆续提供施工图。此时应重点审查设计进度是否能满足施工进度要求，避免妨碍或延误施工的顺利进行。

4．设计资历和社会信誉

不设置资格预审的邀请招标，在评标时还应进行资格后审，作为评审比较条件之一。

5．报价的合理性

在方案水平相当的投标人之间再进行设计报价的比较，不仅评定总价，还应审查各分项收费的合理性。

例：某项工程设计的评分，见表3-1。

表3-1 某工程设计的评审要素与指标

序号	项目	标准分值（分）	评分标准	分值（分）	备注
1	强制性标准	10	完全符合招标文件要求及国家有关规范、标准、规定	9～10	
			基本符合招标文件要求及国家有关规范、标准、规定	1～8	
			不符合招标文件要求及国家有关规范、标准、规定	0	
2	设计说明的编制	15	有深度、包含设计任务书要求的所有内容	9～15	
			深度稍有欠缺、说明中缺少设计任务书要求的各别项目内容	2～8	
			深度严重不足、说明中缺少设计任务书要求的大多数项目内容	0～1	
3	平面布置	25	科学合理、符合规划部门所提各项要求指标	15～25	
			欠科学、欠合理、符合规划部门所提各项要求指标	1～14	
			不符合规划部门所提各项要求指标	0	
4	环境及绿化方案	10	科学合理、符合规划部门所提各项要求指标	6～10	
			欠科学、欠合理、符合规划部门所提各项要求指标	1～5	
			不符合规划部门所提各项要求指标	0	

续表

序号	项目	标准分值（分）	评分标准	分值（分）	备注
5	交通组织	10	科学、合理、完善	7～10	
			欠科学、欠合理、需完善	2～6	
			不科学、不合理	0～1	
6	结构设计	10	科学、合理，符合国家有关规范、标准、规定	6～10	
			欠科学、欠合理，符合国家有关规范、标准、规定	1～5	
			不符合国家有关规范、标准、规定	0	
7	使用功能及布局	15	科学、合理、完善	9～15	
			欠科学、欠合理、需完善	2～8	
			不科学、不合理	0～1	
8	其他方面（节能）	5	符合国家节能标准	5	
			不符合国家节能标准	0	

（二）评标方法的选择

鉴于工程项目设计招标的特点，工程建设项目设计招标评标方法通常采用综合评估法。一般由评标委员会对通过符合性初审的投标文件，按照招标文件中详细规定的投标技术文件、商务文件和经济文件的评价内容、因素和具体评分方法进行综合评估。

评标委员会应当在评标完成后，向招标人提出书面评标报告。采用公开招标方式的，评标委员会应当向招标人推荐 2～3 个中标候选方案。采用邀请招标方式的，评标委员会应当向招标人推荐 1～2 个中标候选方案。国有资金占控股或者主导地位的依法必须招标的项目，招标人应当确定排名第一的中标候选人为中标人。排名第一的中标候选人放弃中标、因不可抗力提出不能履行合同，不按照招标文件要求提交履约保证金，或者被查实存在影响中标结果的违法行为等情形，不符合中标条件时，招标人可以按照评标委员会提出的中标候选人名单排序，依次确定其他人为中标人，依次确定其他中标候选人与招标人预期差距较大，或者对招标人明显不利的，招标人可以重新招标。

3.2 材料设备采购招标

3.2.1 材料设备采购招标概述

建设工程项目所需材料设备的采购按标的物的特点可以区分为买卖合同和承揽合同两大类。采购大宗建筑材料或通用型批量生产的中小型设备属于买卖合同。由于标的物的规格、性能、主要技术参数均为通用指标，因此招标一般仅限于对投标人的商业信誉、报价和交货期限等方面的比较。而订购非批量生产的大型复杂机组设备、特殊用途的大型非标准部件则属于承揽合同，招标评选时要对投标人的商业信誉、加工制造能力、报价、交货期限和方式、安装（或安装指导）、调试、保修及操作人员培训等各方面条件进行全面比较。通常情况下，材料和通用型生产的中小型设备追求价格低，大型设备追求价格功能比最好。

结合工程实际，一般建筑工程中重要设备包括：电梯、配电设备（含电缆）、防火消防设备、锅炉暖通及空调设备、给排水设备、楼宇自动化设备。重要材料包括：建筑钢材、水泥、预拌混凝土、沥青、墙体材料、建筑门窗、建筑陶瓷、建筑石材、给排水、供气管材、用水器具、电线电缆及开关、苗木（树苗、树木）、路灯、交通设施等。

3.2.2　材料和通用型设备采购招标的主要内容

（一）采购招标条件

材料、通用型设备采购招标，应当具备下列条件后方可进行：

（1）项目法人已经依法成立；

（2）按照国家有关规定应当履行项目审批、核准或者备案手续的，已经审批、核准或者备案；

（3）有相应资金或者资金来源已经落实；

（4）能够提出货物的使用与技术要求。

（二）划分合同包的基本原则

建设工程所需的材料和中小型设备采购应按实际需要的时间安排招标，同类材料、设备通常为一次招标分期交货，不同设备材料可以分阶段采购。每次招标时，可依据设备材料的性质只发 1 个合同包或分成几个合同包同时招标。投标的基本单位是合同包，投标人可以投 1 个或其中的几个合同包，但不能仅对 1 个合同包中的某几项进行投标。如果采购钢材招标，将钢筋供应作为一个合同包，其中包括 Φ8、Φ20、Φ22 等型号，投标人不能仅投其中的某一项，而必须包括全部规格和数量供应的报价。划分采购包的原则是：有利于吸引较多的投标人参加竞争以达到降低货物价格，保证供货时间和质量的目的。主要考虑的因素包括如下内容。

1．有利于投标竞争

按照标的物预计金额的大小恰当地划分合同包。若 1 个合同包划分过大，中小供应商无力问津；反之，划分过小的话又对有实力的供货商缺少吸引力。

2．工程进度与供货时间的关系

分阶段招标的计划应以到货时间满足施工进度计划为条件，综合考虑分批次的交货时间、运输、仓储能力等因素。既不能延误施工的需要，也不应过早到货，以免支出过多保管费用及占用建设资金。

3．市场供应情况

项目建设需要大量建筑材料和设备，应合理预计市场价格的浮动影响，合理分阶段、分批采购。

4．资金计划

考虑建设资金的到位计划和周转计划，合理进行分次采购招标。但在安排招标时，招标人不得以不合理的合同包限制或者排斥潜在投标人或者投标人。依法必须进行招标的项目的招标人不得利用分解合同包的方式规避招标。

（三）通用型设备采购招标资格审查

在建设工程项目货物采购招标中，无论采用资格预审还是资格后审的审查方式，合格的投标人均应具有圆满履行合同的能力，只有通过资格审查的投标人才是合格的投标人。

通常情况下，对投标人资格的具体要求主要有以下几个方面。

（1）具有独立订立合同的能力。

（2）在专业技术、设备设施、人员组织、业绩经验等方面具有设计、制造、质量控制、经营管理的相应资格和能力。

（3）具有完善的质量保证体系。

（4）业绩良好。要求具有设计、制造与招标设备（或材料）相同或相近设备（或材料）的供货业绩及运行经验，在安装调试运行中未发现重大设备质量问题或已制定有效改进措施。

（5）有良好的银行信用和商业信誉等。

（四）评标

建设工程项目材料设备采购招标评标的特点是，不仅要看报价的高低，还要考虑招标人在货物运抵现场过程中可能要支付的其他费用，以及设备在评审预定的寿命期内可能投入的运营、管理费用的多少。如果投标人的设备报价较低但运营费用很高时，仍不符合以最合理价格采购的原则。材料设备采购评标，一般采用评标价法或综合评估法，也可以将二者结合使用。技术简单或技术规格、性能、制作工艺要求统一的设备材料，一般采用经评审的最低投标价法进行评标。技术复杂或技术规格、性能、技术要求难以统一的，一般采用综合评估法进行评标。

1．评标价法

评标价法是指以货币价格作为评价指标的评标价法，依据标的性质不同可以分为以下几类比较方法。

1）最低投标价法

采购简单商品、半成品、原材料，以及其他性能、质量相同或容易进行比较的货物时，仅以报价和运费作为比较要素，选择总价格最低者中标。

2）综合评标法

以投标价为基础，将评审各要素按预定方法换算成相应价格值，增加或减少到报价上形成评标价。采购机组、车辆等大型设备时，较多用这种方法。投标价之外还需考虑的因素通常包括如下内容。

（1）运输费用。招标人可能额外支付的运费、保险费和其他费用，如运输超大件设备时需要对道路加宽、桥梁加固所需支出的费用等。换算为评标价时，可按照运输部门（铁路、公路、水运）、保险公司，以及其他有关部门公布的取费标准，计算货物运抵最终目的地将要发生的费用。

（2）交货期。评标时以招标文件的"供货一览表"中规定的交货时间为标准。投标书中提出的交货期早于规定时间，一般不给予评标优惠。因为施工还不需要时的提前到货，不仅不会使招标人获得提前收益，反而要增加仓储保管费和设备保养费。

（3）付款条件。投标人应按招标文件中规定的付款条件报价，对不符合规定的投标，可视为非响应性而予以拒绝。在大型设备采购招标中，如果投标人在投标致函内提出了"若采用不同的付款条件（如增加预付款或前期阶段支付款）可以降低报价"的供选择方案时，评标时也可予以考虑。当要求的条件在可接受范围内，应将偏离要求给招标人增加的费用（资金利息等），按招标文件的规定的贴现率换算成评标时的净现值，加到投标致函中提出的更改报价上后作为评标价。如果投标书中提出可以减少招标文件说明的预付款金额，则招标人因迟支付部分可以少支付的利息，也应以贴现方式从投标价内扣减此值。

（4）零配件和售后服务。零配件以设备运行2年内各类易损备件的获取途径和价格作为评标要素。售后服务一般包括安装监督、设备调试、提供备件、负责维修、人员培训等工作，评价提供这些服务的可能性和价格。评标时如何对待这两笔费用，视招标文件中的规定区别对待。当这些费用已要求投标人包括在报价之内，评标时不再重复考虑；若要求投标人在报价之外单独填报，则应将其加到投标价上。如果招标文件对此没作任何要求，评标时应按投标书附件中由投标人填报的备件名称、数量计算可能需购置的总价格，以及由投标人自己安排的售后服务价格加到投标价上去。

（5）设备性能、生产能力。投标设备应具有招标文件技术规范中要求的生产效率。如果所提供设备的性能、生产能力等某些技术指标没有达到要求的基准参数，则当每种参数比基准参数降低1%时，应以投标设备实际生产效率成本为基础计算，在投标价上增加若干金额。将以上各项评审价格加到报价上去后，累计金额即为该标书的评标价。

3）以设备寿命周期成本为基础的评标价法

采购生产线、成套设备、车辆等运行期内各种费用较高的货物，评标时可预先确定一个统一的设备评审寿命期（短于实际寿命期），然后再根据投标书的实际情况在报价上加上该年限运行期间所发生的各项费用，再减去寿命期末设备的残值。计算各项费用和残值时，都应按招标文件规定的贴现率折算成净现值。

这种方法是在综合评标价的基础上，进一步加上一定运行年限内的费用作为评审价格。这些以贴现值计算的费用包括：

（1）估算寿命期内所需的燃料消耗费；

（2）估算寿命期内所需备件及维修费用；

（3）估算寿命期残值。

2．综合评估法

综合评估法是指按预先确定的评分标准，分别对各投标书的报价和各种服务进行评审记分。

（1）评审记分内容

主要内容包括：投标价格；运输费、保险费和其他费用的合理性；投标书中所报的交货期限；偏离招标文件规定的付款条件影响；备件价格和售后服务；设备的性能、质量、生产能力；技术服务和培训；其他有关内容。

（2）评审要素的分值分配

评审要素确定后，应根据采购标的物的性质、特点，以及各要素对总投资的影响程度划分权重和积分标准，既不能等同对待，也不应一概而论。表3-2是世界银行贷款项目通常采用的分配比例，供参考。

表3-2 世界银行贷款项目评审要素的分值

序号	评审要素	分值（分）
1	投标价	65～70
2	设备价格	0～10
3	技术性能、维修、运行费	0～10
4	售后服务	0～5
5	标准配件等	0～5
总计		100

国内建设工程项目货物（设备或材料）采购招标所考虑的评审要素及分值分配，同世界银行贷款项目所考虑的亦是大同小异。

例：北京某建设工程电梯采购及安装项目的招标，总计采购44部客、货用电梯，采用综合评估法进行评审，资格审查方式为资格后审，评审要素及分值情况见表3-3。

表3-3 某建设工程电梯采购及安装项目评审要素的分值

序号	评审要素	分值（分）
1	投标报价	55
2	备品、备件价格	5
3	产品的技术规格及性能	20
4	现场组织管理机构及人员情况	3
5	工程质量保证计划	5
6	企业供货业绩及运营经验	5
7	售后维修服务情况	4
8	企业财务状况及银行信用	3

综合评估法的好处是简便易行，评标考虑要素较为全面，可以将难以用金额表示的某些要素量化后加以比较。缺点是各评标委员独自给分，对评标人的水平和知识面要求高，否则主观随意性大。投标人提供的设备型号各异，难以合理确定不同技术性能的相关分值差异。

3.3 大型工程设备的采购招标

3.3.1 大型工程设备采购招标概述

大型工程设备一般为非标准产品，需要专门加工制作，不同厂家的设备各项技术指标有一定的差异，且技术复杂而市场需求量较小，一般没有现货，需要采购双方订立采购合同之后由投标人进行专门的加工制作。与一般的通用设备相比，大型工程设备采购招标中具有标的物数量少、金额大、质量和技术复杂、技术标准高、对投标人资质和能力条件要求高等方面的特征。

目前，我国大型工程设备采购招标依据的法律、法规和规章主要有《招投标法》《招标投标法实施条例》以及《工程建设项目货物招标投标管理办法》。由于大型工程设备招标投标主要涉及国际领域的采购招标，因此还有商务部 2004 年发布的《机电产品国际招标投标实施办法》和 2008 年发布的《机电产品采购国际竞争性招标文件》等规范性文件。

本节主要通过介绍机电产品的国际招标投标的基本方法，包括资格要求、招标文件的内容、评审的要素和量化比较等，作为大型工程设备采购招标的参照。

3.3.2 大型设备采购招标方式和基本程序

（一）招标方式

工程建设机电产品国际招标投标一般应采用公开招标的方式进行；根据法律、行政法规的规定，不适宜公开招标的，可以采取邀请招标，采用邀请招标方式的项目应当向商务部备案。工程建设机电产品国际招标采购应当采用国际招标的方式进行；已经明确采购产品的原产地在国内的，可以采用国内招标的方式进行。

（二）招标机构及投标人资格

承办机电产品国际招标的招标机构应取得机电产品国际招标代理资格。机电产品国际招标的投标人国别必须是中国或与中国有正常贸易往来的国家或地区，且不得与本次招标货物的设计、咨询机构有任何关联，必须在法律上和财务上独立、合法运作并独立于招标人和招标机构。

（三）程序

商务部指定专门的招标网站为机电产品国际招标业务提供网络服务。机电产品国际招标应当在招标网上完成招标项目建档、招标文件备案、招标公告或者投标邀请书发布、评审专家抽取、评标结果公示、质疑处理等招标业务的相关程序。

3.3.3 招标范围

（一）必须进行国际招标的机电产品范围

（1）国家规定进行国际招标采购的机电产品；

（2）基础设施项目公用事业项目中进行国际招标采购的机电产品；

（3）使用国有资金或国家融资资金进行国际招标采购的机电产品；

（4）使用国际组织或者外国政府贷款、援助资金（以下简称国外贷款）进行国际招标采购的机电产品；

（5）政府采购项下规定进行国际招标采购的机电产品；

（6）其他需要进行国际招标采购的机电产品。

（二）可以不进行国际招标机电产品范围

（1）国（境）外赠送或无偿援助的机电产品；

（2）供生产配套用的零件及部件；

（3）旧机电产品；

（4）一次采购产品合同估算价格在100万元人民币以下的；

（5）外商投资企业投资总额内进口的机电产品；

（6）供生产企业及科研机构研究开发用的样品样机；

（7）国务院确定的特殊产品或者特定行业以及为应对国家重大突发事件需要的机电产品；

（8）产品生产商优惠供货时，优惠金额超过产品合同估算价格50%的机电产品；

（9）供生产企业生产需要的专用模具；

（10）供产品维修用的零件及部件；

（11）根据法律、行政法规的规定，其他不适宜进行国际招标采购的机电产品。

3.3.4　招标文件

（一）招标文件的编制

招标人应依据我国《招标投标法》和《机电产品国际招标投标实施办法》，根据所需机电产品的商务和技术要求自行编制招标文件或委托招标机构、咨询服务机构编制招标文件。

招标文件一般包括八章，分两册。其中第一册分别为投标人须知、合同通用条款、合同格式和投标文件格式；第二册为投标邀请、投标资料表、合同专用条款和货物需求一览表及技术规格。招标人对招标文件中的重要商务和技术条款（参数）要加注星号（"*"），并注明若不满足任何一条带星号（"*"）的条款（参数）将导致其投标被否决。招标文件不得设立歧视性条款或不合理的要求排斥潜在的投标人。

投标人应认真阅读招标文件中所有的事项、格式、条款和技术规范等。投标人没有按照招标文件要求提交全部资料，或者投标人没有对招标文件在各方面都做出实质性响应是投标人的风险，并可能导致其投标被拒绝。

（二）招标文件的澄清

任何要求对招标文件进行澄清的潜在投标人，均应以书面形式通知招标机构和招标人。招标机构对投标截止日期5日以前收到的对招标文件的澄清要求均以书面形式予以答复，同时将书面答复发给每个购买招标文件的潜在投标人，答复中不得透露问题的来源。

投标人认为招标文件存在歧视性条款或不合理要求，应在规定时间内一次性全部提出。

（三）招标文件的修改

在投标截止日期前，无论出于何种原因，招标机构和招标人可主动或在解答潜在投标人提出的澄清问题时对招标文件进行修改。招标文件的修改是招标文件的组成部分，将以书面形式通知所有购买招标文件的潜在投标人，并对潜在投标人具有约束力。潜在投标人在收到上述通知后，应立即以书面形式向招标机构和招标人确认。

为使投标人准备投标时有充分时间对招标文件的修改部分进行研究，招标机构和招标人可适当延长投标截止日期。

3.3.5 评标

（一）初步评审

评标委员会将审查投标文件是否完整、总体编排是否有序、文件签署是否合格、投标人是否提交了投标保证金、有无计算上的错误等，审查每份投标文件是否实质上响应了招标文件的要求。

1. 可更正的错误

（1）算术错误将按以下方法更正：若单价计算的结果与总价不一致，以单价为准修改总价；若用文字表示的数值与用数字表示的数值不一致，以文字表示的数值为准。如果投标人不接受对其错误的更正，其投标将被拒。

（2）对于投标文件中不构成实质性偏差的不正规、不一致或不规则，评标委员会可以接受，但这种接受不能损害或影响任何投标人的相对排序。

2. 实质性响应

在详细评标之前，评标委员会要从商务和技术两个角度审查每份投标文件是否实质上响应了招标文件的要求。实质上没有响应招标文件要求的投标将被拒绝。投标人不得通过修正或撤销不合要求的偏离或保留从而使其投标成为实质性响应的投标。没有进行实质性响应的，将不再进行详细评审。

1）从商务角度，下列情况均视为没有实质性响应，其投标将被拒绝

（1）投标人未提交投标保证金或金额不足、保函有效期不足、投标保证金形式或投标保函出证银行不符合招标文件要求的。

（2）投标文件未按照要求逐页签字的。

（3）投标人及其制造商与招标人、招标机构有利害关系的。

（4）投标人的投标书或资格证明文件未提供或不符合招标文件要求的。

（5）投标文件无法定代表人签字，或签字人无法定代表人有效授权书的。

（6）投标人业绩不满足招标文件要求的。

（7）投标有效期不足的。

（8）投标文件符合招标文件中规定否决投标的其他商务条款。

2）从技术角度，下列投标也将被拒绝

（1）投标文件不满足招标文件技术规格中加注星号（"＊"）的主要参数要求或加注星号（"＊"）的主要参数无技术资料支持的；技术支持资料以制造商公开发布的印刷资料或检测机构出具的检测报告为准。若制造商公开发布的印刷资料与检测机构出具的检验报告不一致，以检测机构出具的检测报告为准。

（2）投标文件技术规格中一般参数超出允许偏离的最大范围或最高项数的。

（3）投标文件技术规格中的响应与事实不符或虚假投标的。

（4）投标人复制招标文件的技术规格相关部分内容作为其投标文件的一部分的。

（5）投标文件符合招标文件中规定否决投标的其他技术条款。

（二）详细评审

机电产品国际招标详细评审一般采用最低评标价法进行评标。因特殊原因，需要使用综合评价法（即打分法）进行评标的招标项目，其招标文件必须详细规定各项商务要求和技术参数的评分方法和标准，并通过招标网向商务部备案。所有评分方法和标准应当作为招标文件不可分割的一部分并对投标人公开。

（三）最低评标价法

当采用最低评标价法评标时，需要对投标价格进行评审和调整，将各种不同货币、不同价格术语、不同供货范围和不同技术水平的投标调整为统一标准下的评标价格进行比较。

1．量化因素

计算评标总价以货物到达招标人指定交货地点为依据。评标委员会在评标时，除考虑投标人的报价之外，还要按照招标文件的规定考虑量化以下因素。

（1）在中国境内所发生的内陆运输费、保险费以及其将货物运至最终目的地的伴随服务费用。

（2）投标文件申报的交货期。

（3）与合同条款规定的付款条件的偏差。

（4）所投货物零部件、备品备件和伴随服务的费用。

（5）在中国境内得到投标设备的备件和售后服务的可能性。

（6）投标设备在使用周期内预计的运营费和维护费。

（7）投标设备的性能和生产率。

（8）备选方案及其他额外的评标因素和标准。

2．量化方法

对选定的评标因素，可采用以下量化方法调整评标价格。

（1）运输费、保险费和其他费用

在中国境内所发生的内陆运输费、保险费及其他伴随服务的费用，按照有关机构发布的收费标准计算。

（2）根据投标文件申报的交货期调整

一般是提前交货不考虑降低评标价，但在可接受的推迟时间内其评标价在投标价的基础上增加某一百分比来考虑。

（3）根据付款条件的偏差来调整

投标人可提出替代的付款计划并说明采用该替代的付款计划投标价可以降低多少。评标委员会可以考虑中标的投标人的替代付款计划。

（4）零部件和备品备件的费用

运行周期内必需的备品备件的名称和数量清单附在技术规格中，按投标文件中所报的单价计算其总价，并计入投标价中。

（5）中国境内的备件供应和售后服务

招标人建立最起码的维修服务设施和零部件库房所需的费用，评标时应计入评价。

（6）投标设备的预计运行和维护费用

由于所采购的货物的运行和维护费用是设备使用周期成本的一个主要部分，这些费用将根据投标资料表或技术规格中规定的标准进行评价。

（7）投标设备的性能和生产率

投标人应响应技术规格中的规定，说明所提供的货物保证达到的性能和效率。一般高于标准的，不考虑降低评标价；低于标准性能或效率的，每降低一个百分点，投标价将增加一定的金额。

（8）备选方案及其他额外的评标因素和标准

一般情况下，只允许投标人有一个投标方案。如果允许有一个备选方案，备选方案的投标价格及评标价格均不得高于主方案。

3. 实例

某国外设备投标价格为 250 万美元到岸价（Cost Insurance and Freight，CIF），该设备进口关税为 10%，免征消费税，进口增值税为 17%，国内运费为 9.6 万元人民币，国内运输保险费率为货值的 2‰，不计其他杂费。评标中供货范围偏差调整为 3 万美元，商务偏差调整为 2%，技术偏差调整为 3%。开标当日中国人民银行公布的汇率中间值为：1 美元=6.4 元人民币。计算该设备的评标价。

解：评标价计算过程如下：

（1）计算投标价格调整额

供货范围偏差调整额为 3 万美元；

商务偏差调整额=250×2%=5（万美元）；

技术偏差调整额=250×3%=7.5（万美元）；

价格调整额=3+5+7.5=15.5（万美元）。

（2）计算进口环节税

进口关税=CIF 价格×进口关税税率=250×10%=25（万美元）；

增值税=（CIF 价格+进口关税+消费税）×增值税税率

　　　　=（250+25+0）×17%=46.75（万美元）；

进口环节税=进口关税+消费税+增值税=25+0+46.75=71.75（万美元）。

（3）计算国内保运费

国内运输费：9.6÷6.4=1.5（万美元）；

国内运输保险费：货值×2‰=（250+71.75）×2‰=0.6435（万美元）；

国内保运费=1.5+0.6435=2.1435（万美元）。

（4）计算评标价格

评标价格=CIF 价格+投标价格调整额+进口环节税+国内保运费
$\qquad$=250+15.5+71.75+2.1435=339.395（万美元）。

（四）综合评价法（打分法）

采用综合评价法时，一般价格权重不得低于 30%，技术权重不得高于 60%；综合得分最高者为推荐中标人。评标结果公示应包含各投标人的否决投标理由或在商务、技术、价格、服务及其他等大类评价项目的得分。对于已进行资格预审的招标项目，综合评价法不得再将资格预审的相关标准和要求作为评价内容。

1．价格打分

与最低评标价法一样，在进行价格打分之前，应首先对各项价格要素进行调整，调整后应使用投标价格为一个统一的尺度标准。

2．商务和技术因素打分

各项商务和技术因素都应采用客观评审的方法，应当明确规定各项评审因素评价分值的具体标准和计算方法。

投标人的投标文件不响应招标文件规定的重要商务和技术条款（参数），或重要技术条款（参数）未提供技术支持资料的，评标委员会不得要求其进行澄清或后补。

3．投标排序

评标委员会成员对投标人的投标文件独立打分，计算各投标人的商务、技术、服务及其他评价内容的分项得分进行排序。

思　考　题

1．工程设计招标的依据有哪些？

2．复杂的建设工程项目设计包括几个阶段？

3．设计招标与施工招标的区别有哪些？

4．哪些类型的建设工程项目设计招标必须采用公开招标？

5．工程设计资质如何划分？

6．设计招标文件的主要内容有哪些？

7．工程设计评标的标准一般包括哪些方面？

8. 材料、通用型设备采购招标，应当具备哪些条件后方可进行？

9. 通用型设备采购招标资格审查的主要内容有哪些？

10. 工程设备材料招标采购的评标办法有哪些？

11. 机电产品国际采购的特点有哪些？

12. 机电产品国际采购的评标办法有哪些？

第 4 章 建设工程合同概述

4.1 建设工程合同的相关概念

4.1.1 合同的概念

（一）概念

合同是指具有平等民事主体资格的当事人，为了达到一定目的，经过自愿、平等、协商一致而设立、变更、终止民事权利义务关系而达成的协议。合同有广义和狭义之分。广义的合同是指两个以上的民事主体之间，设立、变更、终止民事权利义务关系的协议。广义的合同除了民法中的债权合同之外，还包括物权合同、身份合同，以及行政法中的行政合同和劳动法中的劳动合同等。狭义的合同是指债权合同，即两个以上的民事主体之间设立、变更、终止债权债务关系的协议。我国《合同法》中所称的合同，是指狭义上的合同。

（二）特点

（1）合同是一种民事法律行为，因此《民法通则》中关于民事法律行为的规定除合同法另有规定外均适用于合同。

（2）合同是双方或多方当事人之间的民事法律行为，因此合同的成立除了当事人要有意思表示外还需要当事人达成合意。

（3）我国《合同法》中的合同仅指当事人设立、终止和变更财产权的双方法律行为，就身份关系而达成的协议不适用《合同法》的规定。

（4）合同是债的发生原因之一，因此合同在有效成立之后就按照当事人的合意在当事人之间产生了一定的债权债务关系。

（三）合同的分类

在市场经济活动中，交易的形式千差万别，合同的种类也各不相同。根据性质不同，合同有以下几种分类方法。

1）按照合同表现形式，合同可以分为书面合同、口头合同及默示合同。

（1）书面合同是指当事人以书面文字有形地表现内容的合同。传统的书面合同的形式为合同书和信件，随着科技的进步和发展，书面合同的形式也越来越多，如电报、电传、传真、电子数据交换以及电子邮件等已成为高效快速的书面合同的形式。书面合同有以下几个优点：一是它可以作为双方行为的证据，便于检查、管理和监督，有利于双方当事人按约执行，当发生合同纠纷时，有凭有据，举证方便；二是可以使合同内容更加详细、周密，当事人在将其意思表示通过文字表现出来时，往往会更加审慎，对合同内容的约定也更加全面、具体。

（2）口头合同是指当事人以口头语言的方式（如当面对话、电话联系等）达成协议而订立的合同。口头合同简便易行，迅速及时，但缺乏证据，当发生合同纠纷时，难以举证。因此，口头合同一般只适用于即时结清的情况。

（3）默示合同是指当事人并不直接用口头或者书面形式进行意思表示，而是通过实施某种行为或者以不作为的沉默方式进行意思表示而达成的合同。如房屋租赁合同约定的租赁期满后，双方并未通过口头或者书面形式延长租赁期限，但承租人继续交付租金，出租人依然接受租金，从双方的行为可以推断双方的合同仍然有效。建筑工程合同所涉及的内容特别复杂，合同履行期较长，为便于明确各自的权利和义务，减少履行困难和争议，《合同法》第二百七十条规定："建设工程合同应当采用书面形式。"

2）按照给付内容和性质的不同，合同可以分为转移财产合同、完成工作合同和提供服务合同。

（1）转移财产合同是指以转移财产权利（包括所有权、使用权和收益权）为内容的合同。此合同标的为物质。《合同法》规定的买卖合同，供电、水、气、热合同，赠予合同，借款合同，租赁合同和部分技术合同等均属于转移财产合同。

（2）完成工作合同是指当事人一方按照约定完成一定的工作并将工作成果交付给对方，另一方接受成果并给付报酬的合同。《合同法》规定的承揽合同、建筑工程合同均属于此类合同。

（3）提供服务合同是指依照约定，当事人一方提供一定方式的服务，另一方给付报酬的合同。《合同法》中规定的运输合同、行纪合同、居间合同和部分技术合同均属于此类合同。

3）按照当事人是否相互负有义务，合同可以分为双务合同和单务合同。

（1）双务合同是指当事人双方相互承担对待给付义务的合同。双方的义务具有对等关系，一方的义务即另一方的权利，一方承担义务的目的是获取对应的权利。《合同法》中规定的绝大多数合同如买卖合同、建筑工程合同、承揽合同和运输合同等均属于此类合同。

（2）单务合同是指只有一方当事人承担给付义务的合同。即双方当事人的权利义务关系并不对等，而是一方享有权利而另一方承担义务，不存在具有对待给付性质的权利义务关系。

4）按照当事人之间权利义务关系是否存在对价关系，合同可以分为有偿合同和无偿合同。

（1）有偿合同是指当事人一方享有合同约定的权利必须向对方当事人支付相应对价

的合同。如买卖合同、保险合同等。

（2）无偿合同是指当事人一方享有合同约定的权利无须向对方当事人支付相应对价的合同。如赠予合同等。

5）按照合同的成立是否以递交标的物为必要条件，合同可分为诺成合同和要物合同。

（1）诺成合同是指只要当事人双方意思表示达成一致即可成立的合同，它不以标的物的交付为成立的要件。我国《合同法》中规定的绝大多数合同都属于诺成合同。

（2）要物合同是指除了要求当事人双方意思表示达成一致外，还必须得实际交付标的物以后才能成立的合同。如承揽合同中的来料加工合同在双方达成协议后，还需要由供料方交付原材料或者半成品，合同才能成立。

6）按照相互之间的从属关系，合同可以分为主合同和从合同。

（1）主合同是指不以其他合同的存在为前提而独立存在和独立发生效力的合同，如买卖合同、借贷合同等。

（2）从合同又称附属合同，是指不具备独立性，以其他合同的存在为前提而成立并发生效力的合同。如在借贷合同与担保合同中，借贷合同属于主合同，因为它能够单独存在，并不因为担保合同不存在而失去法律效力；而担保合同则属于从合同，它仅仅是为了担保借贷合同的正常履行而存在的，如果借贷合同因为借贷双方履行完合同义务而宣告合同效力解除后，担保合同就因为失去存在条件而失去法律效力。主合同和从合同的关系为：主合同和从合同并存时，两者发生互补作用；主合同无效或者被撤销时，从合同也将失去法律效力；而从合同无效或者被撤销时一般不影响主合同的法律效力。

7）按照法律对合同形式是否有特别要求，合同可分为要式合同和不要式合同。

（1）要式合同是指法律规定必须采取特定形式的合同。《合同法》中规定："法律、行政法规规定采用书面形式的，应当采用书面形式。"

（2）不要式合同是指法律对形式未作出特别规定的合同。合同究竟采用何种形式，完全由双方当事人自己决定，可以采用口头形式，也可以采用书面形式、默示形式。

8）按照法律是否为某种合同确定一种特定名称，合同可分为有名合同和无名合同。

（1）有名合同又称为典型合同，是指法律确定了特定名称和规则的合同。如《合同法》分则中所规定的 15 种基本合同即为有名合同。

（2）无名合同又称非典型合同，是指法律没有确定一定的名称和相应规则的合同。

4.1.2　建设工程合同的概念

根据《合同法》第 269 条规定，建设工程合同是指承包人进行工程建设，发包人支付价款的合同。建设工程合同包括工程勘察、设计、施工合同。

事实上，建设工程合同还包括工程监理合同、工程材料设备采购合同以及工程建设相关的其他合同。这里应注意，建设工程合同并非指一个参建单位在某项目建设过程中签订的所有合同。以业主为例，业主单位如果要在现场办公，则要购买办公用品，或临时租用办公用房、交通工具等，需要签订相关合同，而这些合同并不是工程合同。

建设工程合同是一种诺成合同，合同订立生效后双方应当严格履行。同时建设工程合同也是一种双务、有偿合同，当事人双方在合同中都有各自的权利和义务，在享有权利的同时必须履行义务。建设工程合同的双方当事人分别称为承包人和发包人。"承包人"，是指在建设工程合同中负责工程的勘察、设计、施工任务的一方当事人，承包人最主要的义务是进行工程建设，即进行工程的勘察、设计、施工等工作。"发包人"，是指在建设工程合同中委托承包人进行工程的勘察、设计、施工任务的建设单位（或业主、项目法人），发包人最主要的义务是向承包人支付相应的价款。

由于建设工程合同涉及的工程量通常较大，履行周期长，当事人的权利、义务关系复杂，因此，《合同法》第270条明确规定，建设工程合同应当采用书面形式。

4.2 建设工程合同的种类和特征

4.2.1 建设工程合同的种类

建筑市场中的各方主体，包括建设单位、勘察设计单位、施工单位、咨询单位、监理单位、材料设备供应单位等。这些主体都要依靠合同确立相互之间的关系。在这些合同中，有些属于建设工程合同，有些则属于与建设工程相关的合同。建设工程合同可以从不同的角度进行分类。

（一）按合同签约的对象内容划分

1. 建设工程勘察、设计合同

建设工程勘察、设计合同是指业主（发包人）与勘察人、设计人为完成一定的勘察、设计任务，明确双方权利和义务的协议。

2. 建设工程施工合同

建设工程施工合同通常也称为建筑安装工程承包合同，是指建设单位（发包人）和施工单位（承包人），为了完成商定的或通过招标投标确定的建筑工程安装任务，明确双方权利和义务关系的书面协议。

3. 建设工程委托监理合同

建设工程委托监理合同又简称监理合同，是指工程建设单位聘请监理单位代其对工程项目进行管理，明确双方权利和义务的协议。建设单位称委托人（甲方）、监理单位称受委托人（乙方）。

4. 工程项目物资购销合同

工程项目物资购销合同是由建设单位或承建单位根据工程建设的需要，分别与有关物资、供销单位，为执行建设工程物资（包括设备、建材等）供应协作任务，明确双方权利和义务而签订的具有法律效力的书面协议。

5. 建设项目借款合同

建设项目借款合同是由建设单位与中国人民建设银行或其他金融机构，根据国家批准的投资计划、信贷计划，为保证项目贷款资金供应和项目投产后能及时收回贷款签订的明确双方权利义务关系的书面协议。

除以上合同外，还有运输合同、劳务合同、供电合同等。

（二）按合同签约各方的承包关系划分合同

1. 总包合同

总包合同是指建设单位（发包人）将工程项目建设全过程或其中某个阶段的全部工作，发包给一个承包单位总包，发包人与总包方签订的合同称为总包合同。总包合同签订后，总承包单位可以将若干专业性工作交给不同的专业承包单位去完成，并统一协调和监督它们的工作。在一般情况下，建设单位仅同总承包单位发生法律关系，而不同各专业承包单位发生法律关系。

2. 分包合同

分包合同即总承包人与发包人签订了总包合同之后，将若干专业性工作分包给不同的专业承包单位去完成，总包方分别与几个分包方签订的分包合同。对于大型工程项目，有时也可由发包人直接与每个承包人签订合同，而不采取总包形式。这时每个承包人都是处于同样地位，各自独立完成本单位所承包的任务，并直接向发包人负责。

（三）按承包合同的不同计价方法划分

1. 总价合同

所谓总价合同，是指根据合同规定的工程施工内容和有关条件，业主应付给承包商的款额是一个规定的金额，即明确的总价。总价合同也称作总价包干合同，即根据施工招标时的要求和条件，当施工内容和有关条件不发生变化时，业主付给承包商的价款总额就不发生变化。总价合同又分固定总价合同和变动总价合同两种。

（1）固定总价合同俗称"闭口合同"或"包死合同"。所谓"固定"，是指这种价款一经约定，除业主增减工程量和设计变更外，一律不允许调整。所谓"总价"，是指承包单位完成合同约定范围内工程量以及为完成该工程量而实施的全部工作的总价款。由于固定总价合同具有易于结算、量与价的风险主要由承包商承担以及承包商索赔机会少等优点，因此，近年来很多工程项目都以此形式为合同约定。

（2）变动总价合同又称为可调总价合同，合同价格是以图纸及规定、规范为基础，按照时价进行计算，得到包括全部工程任务和内容的暂定合同价格。它是一种相对固定的价格，在合同执行过程中，由于通货膨胀等原因而使所使用的工料成本增加时，可按照合同约定对合同总价进行相应的调整。当然，一般由于设计变更、工程量变化和其他工程条件变化所引起的费用变化也可以进行调整。因此，通货膨胀等不可预见因素的风险由业主承担，对承包商而言，其风险相对较小，但对业主而言，不利其进行投资控制，超出投资的风险就增大了。

2. 单价合同

单价合同是承包人在投标时，按招投标文件就分部分项工程所列出的工程量表确定各分部分项工程费用的合同类型。这类合同的适用范围比较宽，其风险可以得到合理的分摊，并且能鼓励承包商通过提高工效等手段节约成本，提高利润。这类合同能够成立的关键在于双方对单价和工程量技术方法的确认。在合同履行中需要注意的问题则是双方对实际工程量计量的确认。单价合同也可以分为固定单价合同和可调单价合同。

（1）固定单价合同。这也是经常采用的合同形式，特别是在设计或其他建设条件（如地质条件）还不太落实的情况下（计算条件应明确），而以后又需增加工程内容或工程量时。可以按单价适当追加合同内容。在每月（或每阶段）工程结算时，根据实际完成的工程量结算，在工程全部完成时以竣工图的工程量最终结算工程总价款。

（2）可调单价合同。合同单价可调，一般是在工程招标文件中规定。在合同中签订的单价，根据合同约定的条款，如在工程实施过程中物价发生变化等，可做调整。有的工程在招标或签约时，因某些不确定因素而在合同中暂定某些分部分项工程的单价，在工程结算时，再根据实际情况和合同约定合同单价进行调整，确定实际结算单价。可以将工程设计和施工同时发包，承包商在没有施工图纸的情况下报价，显然这种报价要求报价方有较高的水平和经验。

3. 成本加酬金合同

1）成本加酬金合同的含义

成本加酬金合同也称为成本补偿合同，这是与固定总价合同正好相反的合同，工程施工的最终合同价格将按照工程的实际成本再加上一定的酬金进行计算。在合同签订时，工程的实际成本往往不能确定，只能确定酬金的取值比例或者计算原则。

采用这种合同，承包商不承担任何价格变化或工程量变化的风险，这些风险主要由业主承担，对业主的投资控制很不利。而承包商则往往缺乏控制成本的积极性，常常不仅不愿意控制成本，甚至还会期望提高成本以提高自己的经济效益，因此这种合同容易被那些不道德或不称职的承包商滥用，从而损害工程的整体效益。

2）成本加酬金合同的适用条件和特点

成本加酬金合同通常用于如下情况。

（1）工程特别复杂，工程技术、结构方案不能预先确定，或者尽管可以确定工程技术和结构方案，但是不可能进行竞争性的招标活动并以总价合同或单价合同的形式确定承包商，如研究开发性质的工程项目。

（2）时间特别紧迫，如抢险、救灾工程，来不及进行详细的计划和商谈。

对业主而言，这种合同形式也有一定优点，如下所述。

（1）可以通过分段施工缩短工期，而不必等待所有施工图完成才开始招标和施工。

（2）可以减少承包商的对立情绪，承包商对工程变更和不可预见条件的反应会比较积极和快捷。

（3）可以利用承包商的施工技术专家，帮助改进或弥补设计中的不足。

（4）业主可以根据自身力量和需要，较深入地介入和控制工程施工和管理。

（5）也可以通过确定最大保证价格约束工程成本不超过某一限值，从而转移一部分风险。

对承包商来说，这种合同比固定总价的风险低，利润比较有保证，因而比较有积极性。其缺点是合同的不确定性。由于设计未完成，无法准确确定合同的工程内容、工程量以及合同的终止时间，有时难以对工程计划进行合理安排。

3）成本加酬金合同的形式

（1）成本加固定费用合同。

根据双方讨论同意的工程规模、估计工期、技术要求、工作性质及复杂性、所涉及的风险等来考虑确定一笔固定数目的报酬金额作为管理费及利润，对人工、材料、机械台班等直接成本则实报实销。如果设计变更或增加新项目，当直接费超过原估算成本的一定比例（如 10%）时，固定的报酬也要增加。在工程总成本一开始估计不准，可能变化不大的情况下，可采用此合同形式，有时可分几个阶段谈判付给固定报酬。这种方式虽然不能鼓励承包商降低成本，但为了尽快得到酬金，承包商会尽力缩短工期。有时也可在固定费用之外根据工程质量、工期和节约成本等因素，给承包商另加奖金，以鼓励承包商积极工作。

（2）成本加固定比例费用合同。

工程成本中直接费用加一定比例的报酬费，报酬部分的比例在签订合同时由双方确定。这种方式的报酬费用总额随成本加大而增加，不利于缩短工期和降低成本。一般在工程初期很难描述工作范围和性质，或工期紧迫，无法按常规编制招标文件招标时采用。

（3）成本加奖金合同。

奖金是根据报价书中的成本估算指标制定的，在合同中对这个估算指标规定一个底点和顶点，分别为工程成本估算的 60%～75% 和 110%～135%。承包商在估算指标的顶点以下完成工程则可得到奖金，超过顶点则要对超出部分支付罚款。如果成本在底点之下，则可加大酬金值或酬金百分比。采用这种方式通常规定，当实际成本超过顶点对承包商罚款时，最大罚款限额不超过原先商定的最高酬金值。

在招标时，当图纸、规范等准备不充分，不能据以确定合同价格，而仅能制定一个估算指标时可采用这种形式。

（4）最大成本加费用合同。

在工程成本总价合同基础上加固定酬金费用的方式，即当设计深度达到可以报总价的深度，投标人报一个工程成本总价和一个固定的酬金（包括各项管理费、风险费和利润）。如果实际成本超过合同中规定的工程成本总价，由承包商承担所有的额外费用，若实施过程中节约了成本，节约的部分归业主，或者由业主与承包商共享，在合同中要确定节约分成比例。在非代理型（风险型）CM 模式的合同中就采用这种方式。

4）成本加酬金合同的应用

当实行施工总承包管理模式或 CM 模式时，业主与施工总承包管理单位或 CM 单位的合同一般采用成本加酬金合同。

在国际上，许多项目管理合同、咨询服务合同等也多采用成本加酬金合同方式。

在施工承包合同中采用成本加酬金计价方式时，业主与承包商应该注意以下问题。

（1）必须有一个明确的如何向承包商支付酬金的条款，包括支付时间和金额百分比。如果发生变更和其他变化，酬金支付如何调整。

（2）应该列出工程费用清单，要规定一套详细的工程现场有关的数据记录、信息存储甚至记账的格式和方法，以便对工地实际发生的人工、机械和材料消耗等数据认真而及时地记录。

（3）应该保留有关工程实际成本的发票或付款的账单、表明款额已经支付的记录或证明等，以便业主进行审核和结算。

4.2.2　建设工程合同的特征

（一）合同主体的严格性

建设工程合同主体一般是法人。发包人一般是经过批准进行工程项目建设的法人，必须有国家批准建设项目，落实的投资计划，并且应当具备相应的协调能力。承包人则必须具备法人资格，而且应当具备相应的从事勘察设计、施工、监理等资质。无营业执照或无承包资质的单位不能作为建设工程合同的主体，资质等级低的单位不能越级承包建设工程。

（二）合同标的的特殊性

建设工程合同的标的是各类建筑产品。建筑产品是不动产，其基础部分与大地相连，不能移动。这就决定了每个建设工程合同的标的都是特殊的，相互间具有不可替代性，这还决定了承包人工作的流动性。建筑物所在地就是勘察、设计、施工生产的场地，施工队伍、施工机械必须围绕建筑产品不断移动。另外，建筑产品的类别庞杂，其外观、结构、使用目的、使用人都各不相同，这就要求每一个建筑产品都需单独设计和施工（即使可重复利用标准设计或重复使用图纸，也应采取必要的修改设计才能施工），即建筑产品是单体性生产，这也决定了建设工程合同标的的特殊性。

（三）合同履行期限的长期性

建设工程由于结构复杂、体积大、建筑材料类型多、工作量大，使得合同履行期限都较长（与一般工业产品的生产相比）。建设工程合同的订立和履行一般都需要较长的准备期。在合同的履行过程中，还可能因为不可抗力、工程变更、材料供应不及时等原因而导致合同期限顺延。所有这些情况，决定了建设工程合同的履行期限具有长期性。

（四）计划和程序的严格性

由于工程建设对国家的经济发展、公民的工作和生活都有重大的影响，因此，国家对建设工程的计划和程序都有严格的管理制度。订立建设工程合同必须以国家批准的投资计划为前提，即使是国家投资以外的、以其他方式筹集的投资也要受到当年的贷款规模和批准限额的限制，纳入当年投资规模的平衡，并经过严格的审批程序。建设工程合同的订立和履行还必须符合国家关于工程建设程序的规定。

（五）合同形式的特殊要求

我国《合同法》对合同形式确立了以不要式为主的原则，即在一般情况下对合同形式采用书面形式还是口头形式没有限制。但是，考虑到建设工程的重要性和复杂性，在建设过程中经常会发生影响合同履行的纠纷，因此，《合同法》要求建设工程合同应当采用书面形式，即采用要式合同。

4.3　建设工程中的主要合同关系

工程建设是一个极为复杂的社会生产过程，它分别经历可行性研究、勘察、设计、工程施工和运行等阶段；有土建、水电、机械设备、通信等专业设计和施工活动；需要各种材料、设备、资金和劳动力的供应。由于现代的社会化大生产和专业化分工，一个稍大一点的工程，其参加单位就有十几个、几十个，甚至成百上千个，它们之间形成各式各样的经济关系。由于工程中维系这种关系的纽带是合同，所以就有各式各样的合同。工程项目的建设过程实质上又是一系列经济合同的签订和履行过程。

在一个工程中，相关的合同可能有几份、几十份、几百份，甚至几千份，形成一个复杂的合同网络。在这个网络中，业主和承包商是两个最主要的节点。

4.3.1　业主的主要合同关系

业主作为工程或服务的买方，是工程的所有者，他可能是政府、企业、其他投资者、几个企业的组合、政府与企业的组合（例如，合资项目、BOT项目的业主）。业主投资一个项目，通常委派一个代理人（或代表）以业主的身份进行工程的经营管理。

业主根据对工程的需求，确定工程项目的整体目标。这个目标是所有相关工程合同的核心。要实现工程目标，业主必须将建筑工程的勘察设计、各专业工程施工、设备和材料供应等工作委托出去，必须与有关单位签订如下合同。

1. 咨询（监理）合同

咨询（监理）合同即业主与咨询（监理）公司签订的合同。咨询（监理）公司负责工程的可行性研究、设计监理、招标和施工阶段监理等某一项或几项工作。

2. 勘察设计合同

勘察设计合同即业主与勘察设计单位签订的合同。勘察设计单位负责工程的地质勘察和技术设计工作。

3. 供应合同

当由业主负责提供的工程材料和设备时，业主与有关材料和设备供应单位签订供应（采购）合同。

4. 工程施工合同

即业主与工程承包商签订的工程施工合同。一个或几个承包商分别承包土建、机械安装、电器安装、装饰、通信等工程施工。

5. 贷款合同

贷款合同即业主与金融机构签订的合同。后者向业主提供资金保证按照资金来源的不同，可能有贷款合同、合资合同或 BOT 合同等。

按照工程承包方式和范围的不同，业主可能订立几十份合同。例如，将工程分专业、分阶段委托，将材料和设备供应分别委托，也可能将上述委托以形式合并，如把土建和安装委托给一个承包商，把整个设备供应委托给一个成套设备供应企业。当然，业主还可以与一个承包商订立一个总承包合同，由承包商负责整个工程的设计、供应、施工，甚至管理等工作。因此，一份合同的工程范围和内容会有很大区别。

4.3.2 承包商的主要合同关系

承包商是工程施工的具体实施者，是工程承包合同的执行者。承包商通过投标接受业主的委托，签订工程总承包合同。承包商要完成承包合同的责任，包括由工程量表所确定的工程范围的施工、竣工和保修，为完成这些工程提供劳动力、施工设备、材料，有时也包括技术设计。任何承包商也可能不具备所有的专业工程的施工能力、材料和设备的生产和供应能力，但他同样可以将许多专业工作委托出去。所以，承包商常常又有自己复杂的合同关系。

1. 分包合同

对于一些大的工程，承包商常常必须与其他承包商合作才能完成总承包合同责任。承包商把从业主那里承接到的工程中的某些分项工程或工作分包给另一承包商来完成，则与其要签订分包合同。

承包商在承包合同下可能订立许多分包合同，而分包商仅完成总承包商分包给自己的工程，向总承包商负责，与业主无合同关系。总承包商仍向业主担负全部工程责任，负责工程的管理和所属各分包商工作之间的协调，以及各分包商之间合同责任界面的划分，同时承担协调失误造成损失的责任，向业主承担工程风险。

在投标书中，承包商必须附上拟定的分包商的名单，供业主审查。如果在工程施工中重新委托分包商，必须经过监理工程师的批准。

2. 供应合同

承包商为工程所进行的必要的材料与设备的采购和供应，必须与供应商签订供应合同。

3. 运输合同

这是承包商为解决材料和设备的运输问题而与运输单位签订的合同。

4. 加工合同

即承包商将建筑构配件、特殊构件加工任务委托给加工承揽单位而签订的合同。

5．租赁合同

在建设工程中，承包商需要许多施工设备、运输设备、周转材料。当有些设备、周转材料在现场使用率较低，或自己购置需要大量资金投入而自己又不具备这个经济实力时，可以采用租赁方式，与租赁单位签订租赁合同。

6．劳务供应合同

建筑产品往往要花费大量的人力、物力和财力。承包商不可能全部采用固定工来完成该项工程，为了满足任务的临时需要，往往要与劳务供应商签订劳务供应合同，由劳务供应商向工程提供劳务。

7．保险合同

承包商按施工合同要求对工程进行保险，与保险公司签订保险合同。承包商的这些合同都与工程承包合同相关，都是为了履行承包合同而签订的。此外，在许多大型工程中，尤其是在业主要求总承包的工程中，承包商经常是几个企业的联营，即联营承包（最常见的是设备供应商、土建承包商、安装承包商、勘察设计单位的联合投标）。而且承包商之间还需订立联营合同。

4.3.3 其他情况的合同关系

在实际运行过程中，还有可能存在以下情况。

（1）各供应单位或分包商也可能把自己所承揽的工作分包出去，则其要签订各种形式的分包合同。

（2）承包商有时也承担工程（部分工程）的设计（如设计施工总承包），如其要进行委托，则须与设计单位签订设计合同。

（3）如果工程付款条件苛刻，要求承包商带资承包，其经济实力有限，则其要与金融单位签订借（贷）款合同。

（4）在许多大型和特大型工程中，尤其是在业主要求全包的工程中，几个建筑企业经常组成联合体，进行联合投标，共同承接工程，他们之间需要订立联营合同。

4.4 建设工程合同的内容

合同的内容由合同双方当事人约定。不同种类的合同其内容不一，繁简程度差别很大。签订一个完备周全的合同，是实现合同目的、维护双方合法权益、减少合同争执的最基本的要求。按照我们《合同法》规定，建设工程合同的主要内容通常包括如下几方面。

（一）合同当事人

合同当事人指签订合同的各方，是合同权利和义务的主体。当事人是平等主体的自然人、法人和其他经济组织，应当是具有相应的民事权利和民事行为能力的。

例如，建设工程承包合同的当事人是发包人与承包人，而作为承包人，不仅需要其具有相应的民事权利能力（营业执照、安全生产许可证），而且还应具有相应的民事行为能力（与该工程的专业类别、规模相应的资质证书）。

（二）合同的标的

标的是合同当事人的权利、义务共指的对象，是合同必须具备的条款，是合同最本质的特征。无标的或是标的不明确，合同是不能成立的，也是无法履行的。合同通常是按照标的物分类的，它可能是实物（如生产资料、生活资料、动产、不动产等）、行为（如工程承包）、服务性工作（如劳务、加工）、智力成果（如专利、商标、专有技术）等。

例如，工程施工合同的标的是完成工程的施工任务，勘察设计合同的标的是勘察设计成果，工程项目管理合同的标的是项目管理服务。

（三）标的的数量和质量

标的的数量和质量共同定义标的的具体特征。没有标的数量和质量的定义，合同是无法生效和履行的，发生纠纷也不易分清责任。

标的的数量一般以度量衡作为计量单位，以数字作为衡量标的的尺度。如工程施工合同标的的数量由工程范围说明和工程量表定义。

标的的质量是指质量标准、功能、技术要求、服务条件等，对工程承包合同而言，标的的质量由规范定义。

（四）合同价款或酬金

合同价款或酬金即为取得标的（物品、劳务或服务）的一方向对方支付的代价，作为对方完成合同义务的补偿，如勘察设计合同中的勘察设计费，施工合同中的工程价款。合同中应写明价款数量、结算程序等。

（五）合同期限

履行的地点和方式。合同期限指从合同生效到合同结束的时间。履行地点指合同标的物所在地，如工程承包合同的履行地点就是工程规划和设计文件所规定的工程所在地。履行的方式指当事人完成合同规定义务的具体方法，包括标的的交付方式和价款的结算方式等。

（六）违约责任

违约责任即合同一方或双方因过失不能履行或不能完全履行合同责任，侵犯了另一方权利时所负的责任。违约责任是合同的关键条款之一，没有规定违约责任，则合同对双方难以形成法律约束力，难以确保圆满的履行合同，发生争执也难免会有争议，为使争议发生后能够有一个双方都能接受的解决办法，应在合同中对此作出规定。

（七）解决争议的方法

解决争议的方法是指合同当事人解决合同纠纷的手段、地点。合同订立、履行中一旦产生争执，合同双方是通过协商、仲裁还是通过诉讼解决其争议，有利于合同争议的管辖和尽快解决，并最终从程序上保障了当事人的实质性权益。

4.5 建设工程合同签订和实施的基本原则

（一）合同第一性原则

在市场经济中，合同作为当事人双方经过协商达成一致的协议，签订合同是双方的民事行为。在合同所定义的经济活动中，合同是第一位的，作为双方的最高行为准则，合同限定和调整着双方的义务和权利。任何工程问题和争执首先都要按合同来解决。合同一经签订，则成为一个法律文件。双方按合同内容承担相应的法律责任，享有相应的法律权利。所以合同双方都必须用合同规范自己的行为，并用合同保护自己的权利。

（二）合同平等、自愿原则

合同平等、自愿原则是市场经济运行的基本原则之一，也是一般国家的法律准则，如我国的《合同法》规定："合同当事人的法律地位平等。"无论当事人是什么身份，其在合同关系中互相之间的地位是平等的，都是独立的，享有平等的主体资格。合同平等、自愿原则体现在如下几点。

（1）合同签订前，当事双方在平等的条件下进行商讨。双方自由表达意见，自己决定签订合同与否，自己对自己的行为负责。任何人不得对对方进行胁迫，利用权力、暴力或其他手段签订违背对方意愿的合同。合同的内容必须是双方真实意思的表示。

（2）合同内容自由。合同的形式、内容、范围由双方商定；合同的签订、修改、变更、补充、解除，以及合同争执的解决等均由当事人自愿约定，只要双方一致同意即可，他人不得随便干预。

合同平等、自愿原则意味着：在市场经济中，合同双方各自对自己的行为负责，不允许他人干预合法合同的签订和实施；合同双方享受着法律赋予的平等权利，自主地签订合同；所有合同问题，包括签订、修改、补充、解除，只要双方协商一致，就具有法律效力；从另一个角度讲，必须由双方协商一致，才具有法律效力。

（三）合同的法律原则

合同的法律原则体现在如下几点。

（1）合同不能违反法律。

（2）合同平等、自愿原则受合同法律原则的限制，所以工程实施和合同管理必须在法律所限定的范围内进行，超越这个范围，触犯法律，会导致合同无效，经济活动失败，甚至会带来承担法律责任的后果。

（3）法律保护合法合同的签订和实施。

（四）诚实信用原则

合同法规定："当事人行使权利、履行义务应当遵循诚实信用原则。"合同的签订和顺利实施是基于承包商、业主、监理工程师密切协作、密切配合、互相信任的基础之上。

在工程施工中，合同双方只有互相信任才能够紧密合作、有条不紊地工作，这样可以从总体上减少双方心理上的互相提防和由此产生的不必要的互相制约措施和障碍，使工程更为顺利地实施，降低风险和减少误解，减少工程花费。

（五）公平合理原则

合同法规定："当事人应当遵循公平原则确定各方的权利和义务。"

公平原则的体现在如下几点。

（1）承包商提供的工程或服务与业主支付的价格之间应体现公平，这种公平通常以当时的市场价格为依据。

（2）合同中的责任和权利应平衡，任何一方有一项责任则必须有相应的权利；反之，有权利就必须有相应的责任。在合同中应防止有单方面权利或单方面义务条款。

（3）风险的分担应公平合理。

（4）工程合同应体现出工程惯例。工程惯例指工程中通常采用的做法，一般比较公平合理，如果合同中的规定或条款严重违反惯例，往往就违反了公平合理原则。

（5）在合同执行中，对合同双方公平地解释合同，统一地使用法律尺度来约束合同双方。

思 考 题

1. 合同的基本概念是什么？
2. 合同有哪些特点？
3. 建设工程合同包括哪些类型合同？
4. 建设工程合同有哪些特点？
5. 业主的主要合同关系有哪些？
6. 承包商的主要合同关系有哪些？
7. 建设工程合同主要包括哪些内容？
8. 建设工程合同签订和实施的原则有哪些？

第 5 章　建设工程合同的法律基础

5.1　合同的订立

5.1.1　合同的订立和成立

合同的订立是指缔约人作出意思表示并达成合意的行为和过程。合同成立是指合同订立过程的完成，即合同当事人经过平等协商对合同基本内容达成一致意见，合同订立阶段宣告结束，它是合同当事人合意的结果。合同作为当事人从建立到终止权利义务关系的一个动态过程，始于合同的订立，终结于适当履行或者承担责任。任何一个合同的签订都需要当事人双方进行一次或者多次的协商，最终达成一致意见，而签订合同则意味着合同的成立。合同成立是合同订立的重要组成部分。合同的成立必须具备以下条件。

（一）订约主体存在双方或者多方当事人

所谓订约主体即缔约人，是指参与合同谈判并且订立合同的人。作为缔约人，他必须具有相应的民事权利能力和民事行为能力，有以下几种情况。

1. 自然人的缔约能力

自然人能否成为缔约人，要根据其民事行为能力来确定。具有完全行为能力的自然人可以订立一切法律允许自然人作为合同当事人的合同。限制行为能力的自然人只能订立一些与自己的年龄、智力、精神状态相适应的合同，其他合同只能由其法定代理人代为订立或者经法定代理人同意后订立。无行为能力的自然人通常不能成为合同当事人，如果要订立合同，一般只能由其法定代理人代为订立。

2. 法人和其他组织的缔约能力

法人和其他组织一般都具有行为能力，但是他们的行为能力是有限制的，因为法律往往对法人和其他组织规定了各自的经营和活动范围。因此，法人和其他组织在订立合同时要考虑到自身的行为能力。超越经营或者活动范围订立的合同，有可能不能产生法律效力。

3．代理人的缔约能力

当事人除了自己订立合同外，还可以委托他人代订合同。在委托他人代理时，应当向代理人进行委托授权，即出具授权委托书。在委托书中注明代理人的姓名（或名称）、代理事项、代理的权限范围、代理权的有效期限、被代理人的签名盖章等内容。如果代理人超越代理权限或者无权代理，则所订立的合同可能无法产生法律效力。

（二）对主要条款达成合意

合同成立的根本标志在于合同当事人的意思表示一致。但是在实际交易活动中常常因为相距较远，时间紧迫，不可能就合同的每一项具体条款进行仔细磋商；或者因为当事人缺乏合同知识而造成的合同规定的某些条款不明确或者缺少某些具体条款。《合同法》规定，当事人就合同的标的、数量、质量等主要条款协商一致，合同就可以成立。

《合同法》第 13 条规定："当事人订立合同，采取要约、承诺方式。"依此规定，合同的订立包括要约和承诺两个阶段，当事人为要约和承诺的意思表示均为合同订立的程序。

5.1.2　要约

（一）要约概念

要约又称为发盘、出盘、发价或报价等。根据《合同法》第 14 条规定，"要约是希望和他人订立合同的意思表示"。可见，要约是一方当事人以缔结合同为目的，向对方当事人所作的意思表示。发出要约的人称为要约人，接受要约的人则称为受要约人、相对人和承诺人。

要约的主要构成要件如下所述。

1．要约是由具有订约能力的特定人作出的意思表示

我国《合同法》第 9 条规定："当事人订立合同，应当具有相应的民事权利能力和民事行为能力。"

2．要约必须具有订立合同的意图

根据《合同法》第 14 条，要约是希望和他人订立合同的意思表示，要约中必须表明要约经受要约人承诺，要约人即受该意思表示约束。

3．要约必须向要约人希望与其缔结合同的受要约人发出

要约人向谁发出要约也就是希望与谁订立合同，要约只有向要约人希望与其缔结合同的受要约人发出才能够唤起受要约人的承诺。要约原则上应向一个或数个特定人发出，即受要约人原则上应当特定。

4．要约的内容必须具体确定

根据我国《合同法》第 14 条，要约的内容必须具体确定。所谓"具体"，是指要约的内容必须具有足以使合同成立的主要条款；所谓"确定"，是指要约的内容必须明确，而不能含糊不清，使受要约人不能理解要约人的真实意图。

（二）要约的法律效力

要约的法律效力又称要约的拘束力。我国《合同法》第16条规定："要约到达受要约人时生效。"可见，我国法律采纳了到达主义。另外要约的期限问题完全由要约人决定，如果要约人没有确定，则只能以要约的具体情况来确定合理期限：以口头形式发出。

（三）要约邀请

要约邀请又称为要约引诱，是指希望他人向自己发出要约的意思表示，其目的在于邀请对方向自己发出要约。如寄送的价目表、拍卖公告、招标公告、商业广告等为要约邀请。在工程建设中，工程招标即要约邀请，投标报价属于要约，中标函则是承诺。要约邀请是当事人订立合同的预备行为，它既不能因相对人的承诺而成立合同，也不能因自己作出某种承诺而约束要约人。要约与要约邀请两者之间主要有以下区别。

（1）要约是当事人自己主动愿意订立合同的意思表示；而要约邀请则是当事人希望对方向自己提出订立合同的意思表示。

（2）要约中含有当事人表示愿意接受要约约束的意旨，要约人将自己置于一旦对方承诺，合同即宣告成立的无可选择的地位；而要约邀请则不含有当事人表示愿意承担约束的意旨，要约邀请人希望将自己置于一种可以选择是否接受对方要约的地位。

（四）要约撤回与撤销

1. 要约撤回

要约的撤回是指在要约发生法律效力之前，要约人取消要约的行为。根据要约的形式拘束力，任何一项要约都可以撤回，只要撤回的通知先于或者与要约同时到达受约人，都能产生撤回的法律效力。允许要约人撤回要约，是尊重要约人的意志和利益。由于撤回是在要约到达受约人之前作出的，所以此时要约并未生效，撤回要约也不会影响到受约人的利益。

2. 要约撤销

要约的撤销是指在要约生效后，要约人取消要约，使其丧失法律效力的行为。在要约到达后、受要约人作出承诺之前，可能会因为各种原因如要约本身存在缺陷和错误、发生了不可抗力、外部环境发生变化等，促使要约人撤销其要约。允许撤销要约是为了保护要约人的利益，减少不必要的损失和浪费。但是，《合同法》第十九条规定，有下列情形之一的，要约不得撤销：

（1）要约人确定了承诺期限或者以其他形式明示要约不可撤销；

（2）受要约人有理由认为要约是不可撤销的，并已经为履行合同作了准备工作。

（五）要约消灭

要约的消灭又称为要约失效，即要约丧失了法律约束力，不再对要约人和受要约人产生约束。要约消灭后，受要约人也丧失了承诺的效力，即使向要约人发出承诺，合同也不能成立。《合同法》第二十条规定，有下列情形之一的，要约失效：

（1）受要约人拒绝要约。

（2）要约人撤回或者撤销要约。

（3）承诺期限届满，承诺人未作出承诺。

（4）承诺对要约的内容作出实质性变更。

5.1.3　承诺

（一）承诺概念

承诺，是指受要约人同意接受要约的条件以缔结合同的意思表示。承诺的法律效力在于一经承诺并送达于要约人，合同便告成立。承诺必须具备以下条件，才能产生法律效力。

（1）承诺必须由受要约人向要约人作出。

（2）承诺必须在规定的期限内到达要约人。

（3）承诺的内容必须与要约的内容一致。

（4）承诺的方式符合要约的要求。

（5）承诺必须标明受要约人的缔约意图。

（二）承诺方式

承诺原则上应采取通知方式，但根据交易习惯或者要约表明可以通过行为（如意思实现）作出承诺的除外。承诺不需要通知的，则根据交易习惯或者要约的要求以行为作出，一旦受要约人作出承诺的行为，即可使承诺生效。

（三）承诺生效时间

承诺生效时间以承诺通知到达要约人时为准。但是，承诺必须在承诺期限内作出。分为以下几种情况。

1. 承诺必须在要约确定的期限内作出。

2. 如果要约没有确定承诺期限，承诺应当按照下列规定到达。

（1）要约以对话方式作出的，应及时作出承诺的意思表示。

（2）要约以非对话方式作出的，承诺应当在合理期限内到达要约人。

5.1.4　缔约过失责任

（一）概念

缔约过失责任是一种合同前的责任，指在合同订立过程中，一方当事人违反诚实信用原则的要求，因自己的过失而引起合同不成立、无效或者被撤销而给对方能够造成损失时应承担的损害赔偿责任。

（二）特点

1. 缔约过失责任是缔结合同过程中产生的民事责任

缔约过失责任始于要约生效，止于合同成立，是在缔结合同过程中产生的。判断是否适用缔约过失责任，关键看缔约方在此阶段有无违反先合同义务而致相对方信赖利益的损失，即合同效力是否在合同成立之前就存在缔约上的瑕疵。以此作为一个评判缔约过失责任的一个重要标准，具有重要的实践意义。如要约邀请，不属于缔约阶段，应不发生缔约过失责任。

2．缔约过失责任是以民法的诚实信用原则为基础的民事责任

缔约过失责任是违反义务的法律后果。这种义务不是合同义务，而是先合同义务。所谓先合同义务，又称先契约义务，是当事人在缔约过程中依诚实信用原则所应承担的必要的注意义务。这一特点也得到绝大多数学者的认同。根据诚实信用原则，缔约当事人在缔约的过程中负有一定的附随义务（亦即有些学者所称先契约义务），如互相协作、互相照顾、互相保护、互相告知、互相忠诚、不得隐瞒瑕疵、不得欺诈等义务。应该说，依诚实信用原则所产生的先合同义务，是缔约过失责任的本质所在。只有当缔约人一方违背了其应负有的这些义务并破坏了缔约关系时，才能由其承担缔约过失责任。

3．补偿性

缔约过失责任的补偿性，是指缔约过失责任旨在弥补或补偿缔约过失行为所造成的财产损害后果。我国《合同法》第 42 条，将损害赔偿作为缔约过失责任的救济方式，就是缔约过失责任补偿性的法律体现。缔约过失责任补偿性是民法意义上平等、等价原则的具体体现，也是市场交易关系在法律上的内在要求。

（三）类型

根据我国《合同法》规定，缔约过失责任存在的四种情形：（1）假借订立合同，恶意进行磋商；（2）故意隐瞒与订立合同有关的重要事实或者提供虚假情况；（3）泄露或不正当地使用商业秘密；（4）有其他违背诚实信用原则的行为。

5.2　合同的效力

合同的效力问题始终是合同法的核心问题。合同的效力决定着合同当事人的权利义务，从而决定能否使合同顺利履行以及能否保障当事人依法享有的法律救济。我国《合同法》第 8 条规定："依法成立的合同，对当事人具有法律约束力。"一般认为，这是《合同法》对合同效力的简单概括。合同的效力，又称合同的法律效力，是指已经成立的合同具有的法律约束力。　所谓法律约束力，是指当事人应当按照合同的约定履行自己的义务，不得擅自变更或解除合同。否则，承担违约责任。

5.2.1　合同生效

（一）合同生效概念

合同的成立只是意味着当事人之间已经就合同的内容达成了意思表示一致，但是合同能否产生法律效力还要看它是否符合法律规定。合同的生效是指已经成立的合同因符合法律规定而受到法律保护，并能够产生当事人所预想的法律后果。《合同法》规定，依法成立的合同，自成立时生效。如果合同违反法律规定，即使合同已经成立，而且可能当事人之间还进行了合同的履行，该合同及当事人的履行行为也不会受到法律保护，甚至还可能受到法律的制裁。

（二）合同生效与合同成立的联系与区别

（1）合同的生效以合同的成立为前提条件，合同没有成立，自然不可能生效。因此，考察合同是否生效，首先必须考虑合同是否成立。

（2）合同的成立侧重于合同当事人订约时的意思表示一致，合同即告成立；而合同的生效则侧重于合同是否违背法律和行政法规的规定，如果违背法律的规定，即使合同成立，该合同也不能产生法律效力。

（3）合同的成立侧重考虑承诺与要约是否一致，只要承诺与要约一致，合同即成立。而合同生效则侧重于考虑要约和承诺是否真正是当事人真实的意思表示，如果不是当事人的真实意思表示，而是受另一方威胁、蒙骗，那么即使从形式上要约与承诺一致，合同成立，但因当事人意思表示不真实，则该合同不能产生法律效力。

（三）合同生效的时间

（1）依法成立的合同自合同成立时起生效。即依法成立的合同，其生效时间一般与合同的成立时间相同。

（2）法律、行政法规规定应当办理批准、登记等手续生效的，则在当事人办理了相关手续后合同生效。在没有办理手续之前，合同虽已成立，但还不能生效。

（四）合同生效的要件

合同生效应当具备以下要件。

（1）合同当事人具有相应的民事权利能力和民事行为能力。

（2）合同当事人的意思表示真实。

（3）合同不违反法律或者损害社会公共利益。

5.2.2　无效合同

（一）无效合同概念

无效合同是指合同无效，是自始无效、确定无效和当然无效。自始无效是从合同成立时就无效；确定无效是确定无疑地无效，这与效力待定合同的效力由权利人确定不同；当然无效是指合同无效不以任何人主张和法院、仲裁机构的确定为要件。

（二）无效合同类型

按照《合同法》规定，如果出现以下几种情况，则合同无效。

1. 一方以欺诈、胁迫的手段订立合同，损害国家利益

欺诈是指一方当事人故意告知对方虚假情况，或者故意隐瞒真实情况，诱使对方当事人作出错误的意思表示的行为。欺诈行为具有以下构成要件：欺诈方有欺诈的故意；欺诈方实施欺诈的行为；相对人因受到欺诈而作出错误的意思表示。胁迫是指以将来发生的损害或以直接加以损害相威胁，使对方产生恐惧并因此而订立合同。胁迫行为具有以下构成要件：胁迫人具有胁迫的故意；胁迫人实施了胁迫行为；受胁迫人产生了恐惧而作出了不真实的意思表示。

2. 恶意串通，损害国家、集体或者第三人利益

恶意串通的合同是指明知合同违反了法律规定，或者会损害国家、集体或他人利益，合同当事人还是非法串通在一起，共同订立某种合同，造成国家、集体或者第三人利益的损害。

3. 以合法的形式掩盖非法的目的

即采用法律允许的合同类型，掩盖其非法的合同目的。如签订赠予合同以转移非法财产等。这种行为必然导致市场经济秩序混乱，因此是无效合同。

4. 损害社会公共利益

《合同法》规定，当事人订立的合同，不得损害社会公共利益，因此，当事人订立的合同首先必须符合社会公共利益。否则，只能是无效合同。

5. 违反法律、行政法规的强制性规定

所谓法律的强制性规定，是指规范义务性要求十分明确，而且行为人必须履行，不允许以任何方式加以变更或者违反的法律规定。

5.2.3 可撤销合同

（一）可撤销合同概念和特征

可撤销合同是指因当事人在订立合同的过程中意思表示不真实，经过撤销人请求，由人民法院或者仲裁机构变更合同的内容，或者撤销合同，从而使合同自始消灭的合同。可撤销合同具有以下特点。

（1）可撤销合同是当事人意思表示不真实的合同。

（2）可撤销合同在未被撤销之前，仍然是有效合同。

（3）对可撤销合同的撤销，必须由撤销人请求人民法院或者仲裁机构作出。

（4）当事人可以撤销合同，也可以变更合同的内容，甚至可以维持原合同保持不变。

（二）可撤销合同的法律规定

《合同法》第五十四条规定："下列合同，当事人一方有权请求人民法院或者仲裁机构变更或者撤销。

（1）因重大误解订立的。

（2）在订立合同时显失公平的。

一方以欺诈、胁迫的手段或者乘人之危，使对方在违背真实意思的情况下订立的合

同，受损害方有权请求人民法院或者仲裁机构变更或者撤销。

当事人请求变更的，人民法院或者仲裁机构不得撤销。"

5.2.4 效力待定合同

（一）效力待定合同概念

所谓效力待定合同，是指合同虽然已经成立，但因其不完全符合有关生效要件的规定，因此其效力能否发生，尚未确定，一般须经权利人确认才能生效的合同。

（二）效力待定合同类型

效力待定合同有下列五种类型。

（1）无民事行为能力人所订立之合同。

（2）限制民事行为能力人依法不能独立订立的合同。

（3）无代理权人以被代理人名义缔结的合同。

（4）法定代表人、负责人超越权限订立的合同。

（5）无处分权人处分他人财产订立的合同。

5.3 合同的履行

5.3.1 合同履行的含义和基本原则

（一）含义

合同履行，是指合同各方当事人按照合同的规定，全面履行各自的义务，实现各自的权利，使各方的目的得以实现的行为。合同依法成立，当事人就应当按照合同的约定，全部履行自己的义务。签订合同的目的在于履行，通过合同的履行而取得某种权益。合同的履行以有效的合同为前提和依据，因为无效合同从订立之时起就没有法律效力，不存在合同履行的问题。合同履行是该合同具有法律约束力的首要表现。建设工程合同的目的也是履行，因此，合同订立后同样应当严格履行各自的义务。

（二）合同履行的基本原则

1. 全面履行原则

当事人应当按照约定全面履行自己的义务。即按合同约定的标的、价款、数量、质量、地点、期限、方式等全面履行各自的义务。按照约定履行自己的义务，既包括全面履行义务，也包括正确适当履行合同义务。建设工程合同订立后，双方应当严格履行各自的义务，不按期支付预付款、工程款，不按照约定时间开工、竣工，都是违约行为。

合同有明确约定的，应当依约履行。但是，合同约定不明确并不意味着合同无须全面履行或约定不明确部分可以不履行。

合同生效后，当事人就质量、价款或报酬、履行地点等内容没有约定或者约定不明的，可以补充协议。不能达成补充协议的，按照合同有关条款或者交易习惯确定。按照合同有关条款或者交易习惯确定，一般只能适用于部分常见条款欠缺或者不明确的情况，因为只有这些内容才能形成一定的交易习惯。如果按照上述办法仍不能确定合同如何履行的，适用下列规定进行履行。

（1）质量要求不明的，按国家标准、行业标准履行，没有国家、行业标准的，按通常标准或者符合合同且合同目的的特定标准履行。作为建设工程合同中的标准，大多是强制性的国家标准，因此，当事人的约定不能低于国家标准。

（2）价款或报酬不明的，按订立合同的履行地的市场价格履行；依法应当执行政府定价或政府指导价的，按规定履行。在建设工程施工合同中，合同履行地是不变的，肯定是工程所在地。因此，约定不明确的，应当执行工程所在地的市场价格。

（3）履行地点不明确的，给付货币的，在接收货币一方所在地履行；交付不动产的，在不动产所在地履行；其他标的在履行义务一方所在地履行。

（4）履行期限不明确的，债务人可以随时履行，债权人也可以随时要求履行，但应当给对方必要的准备时间。

（5）履行方式不明确的，按照有利于实现合同目的方式履行。

（6）履行费用的负担不明确的，由履行义务一方承担。

合同在履行中既可能是按照市场行情约定价格，也可能执行政府定价或政府指导价。如果是按照市场行情约定价格履行，则市场行情的波动不影响合同价，合同仍执行原价格。

如果执行政府定价或政府指导价的，在合同约定的交付期限内政府价格调整时，按照交付时的价格计价。逾期交付标的物的，遇价格上涨时按原价格执行；遇价格下降时，按新价格执行。逾期提取标的物或者逾期付款的，遇价格上涨时，按新价格执行；遇价格下降时，按原价格执行。

2．诚实信用原则

当事人应当遵循诚实信用原则，根据合同的性质、目的和交易习惯履行通知、协助、保密等义务。当事人首先要保证自己全面履行合同约定的义务，并为对方履行义务创造必要的条件。当事人双方应关心合同履行情况，发现问题应及时协商解决。一方当事人在履行过程中发现困难，另一方当事人应在法律允许的范围内给予帮助。在合同履行过程中应信守商业道德，保守商业秘密。

5.3.2　约定不明的合同的履行

（一）合同补缺的一般规定

合同生效后，当事人就质量、价款或者报酬、履行地点等内容没有约定或者约定不明确的，可以协议补充；不能达成补充协议的，按照合同有关条款或者交易习惯确定。

（二）补充规定

当一般步骤无法补缺时，适用补充规定。

（1）质量没有约定或者约定不明确的，按照国家标准、行业标准履行；没有国家标准、行业标准的，按照通常标准或者符合合同目的的特定标准履行。所谓的通常标准，是指在同类的交易中，产品应当达到的质量标准；符合合同目的的特定标准是指根据合同的目的、产品的性能、产品的用途等因素确定质量标准。

（2）价款或报酬没有约定或者约定不明确的，按照订立合同时履行地的市场价格履行；依法执行政府定价或者政府指导价的，按照规定执行。

（3）履行地点没有约定或者约定不明确的，给付货币的，在接受货币一方所在地履行；交付不动产的，在不动产所在地履行；其他标的，在履行义务一方所在地履行。

（4）履行期限没有约定或者约定不明确的，债务人可以随时履行，债权人也可以随时要求履行，但应当给对方必要的准备时间。

（5）履行费用没有约定或约定不明确的由履行义务的一方负担。

5.3.3　合同履行中的抗辩权

抗辩权是指双务合同的履行中，双方都应当履行自己的债务，一方不履行或者可能不履行时，另一方可以据此拒绝对方的履行要求。

（一）先履行抗辩权

先履行抗辩权，又称不安抗辩权，是指合同中约定了履行的顺序，合同成立后发生了应当后履行合同一方财务恶化的情况，应当先履行合同一方在对方未履行或者提供担保前有权拒绝先为履行。设立不安抗辩权的目的在于，预防合同成立后情况发生变化而损害合同另一方的利益。

应当先履行债务的当事人，有确切证据证明对方有下列情形之一的，可以中止履行：

（1）经营状况严重恶化；

（2）转移财产、抽逃资金，以逃避债务；

（3）丧失商业信誉；

（4）有丧失或者可能丧失履行债务能力的其他情形。

（二）同时履行抗辩权

当事人互负债务，没有先后履行顺序的，应当同时履行。同时履行抗辩权包括：一方在对方履行之前有权拒绝其履行要求；一方在对方履行债务不符合约定时，有权拒绝其相应的履行要求。如施工合同中期付款时，对承包人施工质量不合格部分，发包人有权拒付该部分的工程款；如果发包人拖欠工程款，则承包人可以放慢施工进度，甚至停止施工。产生的后果，由违约方承担。

同时履行抗辩权的适用条件是：

（1）由同一双务合同产生互负的对价给付债务；

（2）合同中未约定履行的顺序；

（3）对方当事人没有履行债务或者没有正确履行债务；

（4）对方的给付是可能履行的义务。所谓对价给付，是指一方履行的义务和对方履行的义务之间具有互为条件、互为牵连的关系并且在价格上基本相等。

（三）后履行抗辩权

后履行抗辩权同样包括两种情况：当事人互负债务，有先后履行的顺序，应当先履行的一方未履行时，后履行的一方有权拒绝其相应的履行要求；应当先履行的一方履行债务不符合规定的，后履行的一方也有权拒绝其相应的履行要求。如材料供应合同按照约定应由供货方先行交付订购材料后，采购方再付款结算，若合同履行过程中供货方交付的材料质量不符合约定的标准，采购方有权拒绝付款。

后履行抗辩权应满足的条件为：

（1）由同一双务合同产生互负的对价给付债务；

（2）合同中约定了履行的顺序；

（3）应当先履行的合同当事人没有履行债务或者没有正确履行债务；

（4）应当先履行的对价给付是可能履行的义务。

5.4 合同的变更、转让和终止

5.4.1 合同变更

（一）合同变更的概念

合同变更是指合同依法订立后，在尚未履行或尚未完全履行时，当事人依法经过协商，对合同的内容进行修订或调整并达成协议。合同变更时，当事人应当通过协商，对原合同的部分内容条款作出修改、补充或增加的条款。例如，对原合同中规定的标的数量、质量、履行期限、地点和方式、违约责任、解决争议的方法等作出变更。当事人对合同内容变更取得一致意见时方为有效。

（二）合同变更的条件

我国《合同法》第七十七条规定："当事人协商一致，可以变更合同。法律、行政法规规定变更合同应当办理批准、登记等手续的，依照其规定。"我国《合同法》第七十八条规定："当事人对合同变更的内容约定不明确的，推定为未变更。"可见，合同变更需要满足以下条件。

（1）原合同已生效。如果原合同未生效或者根本没有合同，就根本谈不上变更合同的问题。

（2）原合同未履行或者未完全履行。

（3）当事人需要协商一致，即对变更的内容协商一致。合同的订立需要协商一致，变更也需要协商一致。

（4）当事人对变更合同的内容约定明确。只有内容约定明确才能断定当事人变更的真实意思，才便于履行。如果变更的内容不明确，则无法断定当事人的意思，这种变更也就不能否定原合同的效力，所以只能推定为未变更。

（5）遵守法定程序。这是针对那些以批准、登记等手续为生效条件的合同而言的。其生效应经批准、登记，其变更也必须办理批准、登记等手续才能生效。

5.4.2　合同转让

（一）合同转让的概念

合同转让是指合同成立后，当事人依法可以将合同中的全部权利、部分权利或者合同中的全部义务、部分义务转让或转移给第三人的法律行为。合同转让分为权利转让或义务转让。

（二）合同转让的条件

1．必须有合法有效的合同关系存在为前提，如果合同不存在或被宣告无效，被依法撤销、解除、转让的行为属无效行为，转让人应对善意的受让人所遭受的损失承担损害赔偿责任。

2．必须由转让人与受让人之间达成协议，该协议应该是平等协商的，而且应当符合民事法律行为的有效要件，否则该转让行为属无效行为或可撤销行为。

3．转让符合法律规定的程序，合同转让人应征得对方同意并尽通知义务。对于按照法律规定由国家批准成立的合同，转让合同应经原批准机关批准，否则转让行为无效。出现以下情形时，合同不得转让。

（1）根据合同性质不得转让的，合同如果是规定特定权利和义务关系的合同或者是特定主体的合同，则合同不得转让。

（2）按照当事人约定不得转让，如果双方当事人在订立合同时在合同中约定合同不得转让，则该约定对双方当事人都有约束力。

（3）依照法律规定不得转让。如果该合同成立是由国家机关批准成立的，则该合同的转让也必须经原合同批准机关批准，如果批准机关不予批准，该合同不能转让。

5.4.3　合同终止

（一）合同终止的概念

合同终止，又称合同的消灭，指当事人之间根据合同确定的权利义务在客观上不复存在，据此合同不再对双方具有约束力。合同权利义务的终止包括合同的债务已经履行、合同解除、合同撤销等。

合同终止是随着一定法律事实发生而发生的，与合同中止不同之处在于，合同中止只是在法定的特殊情况下，当事人暂时停止履行合同，当这种特殊情况消失后，当事人仍然承担继续履行的义务；而合同终止是合同关系的消灭，不可能恢复。

（二）合同终止的条件

按照《合同法》第九十一条规定："有下列情形之一的，合同的权利义务终止：

（1）债务已经按照约定履行；

（2）合同解除；

（3）债务相互抵销；

（4）债务人依法将标的物提存；

（5）债权人免除债务；

（6）债权债务同归于一人；

（7）法律规定或者当事人约定终止的其他情形。"

5.5　违约责任

（一）违约责任的概念和条件

1．违约责任的概念

违约责任是指当事人任何一方不能履行或者履行合同不符合约定而应当承担的法律责任。

违约行为的表现形式包括不履行和不适当履行。不履行是指当事人不能履行或者拒绝履行合同义务。不能履行合同的当事人一般也应承担违约责任。不适当履行则包括不履行以外的其他所有违约情况。当事人一方不履行合同义务，或履行合同义务不符合约定的，应当承担继续履行、采取补救措施或者赔偿损失等违约责任。当事人双方都违反合同的，应各自承担相应的责任。

对于预期违约的，当事人也应当承担违约责任。当事人一方明确表示或者以自己的行为表明不履行合同的义务，对方可以在履行期限届满之前要求其承担违约责任。这是我国《合同法》严格责任原则的重要体现。

2．违约责任的条件

当事人承担违约责任的条件，是指当事人承担违约责任应当具备的要件，在这个问题上争论最多的是应当采用过错原则还是严格责任原则。过错责任原则要求违约人承担违约责任的前提是违约人必须有过错。而严格责任原则不要求以违约人有过错为承担违约责任的前提，只要违约人有违约行为就应当承担违约责任。

我国《合同法》采用了严格责任原则，只要当事人有违约行为，即当事人不履行合同义务或者履行合同义务不符合约定的条件，就应当承担违约责任。但对缔约过失、无效合同和可撤销合同依然适用过错原则。

当然，违反合同而承担的违约责任是以合同有效为前提的。无效合同从订立之时起就没有法律效力，所以谈不上违约责任问题。但对部分无效合同中有效条款的不履行，仍应承担违约责任。所以，当事人承担违约责任的前提，必须是违反了有效的合同或合同条款的有效部分。

（二）违约责任的分类

违约责任主要可分为以下四种。

1．预期违约

预期违约是指合同履行期限之前，一方当事人无正当理由而明确表示其在履行期内将不履行合同所约定的义务，或其以行为表明其在履行期内将不可能履行合同所约定的义务。《合同法》第一百零八条规定："当事人一方明确表示或者以自己的行为表明不履行合同义务的，对方可以在履行期限届满之前要求其承担违约责任。"

预期违约包括明示违约和默示违约。

（1）明示违约是指合同履行期限前，一方当事人无正当理由，明确地向另一方当事人表示其不履行合同所约定的义务。

（2）默示违约是指履行期限前，一方当事人以自己的行为表示其将在履行期内不履行合同所约定的义务；且另一方有足够的证据证明一方将不履行合同，而另一方也不愿意提供必要的担保。

2. 实际违约

实际违约是指履行期限内，当事人不履行或不完全履行合同的义务。其表现形式主要有如下几种。

（1）拒绝履行。《合同法》第一百零七条规定："当事人一方不履行合同义务或者履行合同义务不符合约定的，应当承担继续履行、采取补救措施或者赔偿损失等违约责任。"

（2）迟延履行。迟延履行指合同当事人的履行违反了履行期限的规定。《合同法》第九十四条第（三）款规定："当事人一方迟延履行主要债务，经催告后在合理期限内仍未履行，当事人可以解除合同。"

（3）不适当履行。不适当履行指当事人交付的标的物不符合合同规定的质量要求。《合同法》第一百一十一条规定："质量不符合约定的，应当按照当事人的约定承担违约责任。对违约责任没有约定或者约定不明确，依照本法第六十一条的规定仍不能确定的，受损害方根据标的的性质以及损失的大小，可以合理选择要求对方承担修理、更换、重作、退货、减少价款或者报酬等违约责任。"《合同法》第六十一条规定："合同生效后，当事人就质量、价款或者报酬、履行地点等内容没有约定或者约定不明确的，可以协议补充；不能达成补充协议，按照合同有关条款或者交易习惯确定。"

3. 双方违约

双方违约指合同当事人双方都违反了合同约定的所应尽的义务。《合同法》第一百二十条规定："当事人双方都违反合同的，应当各自承担相应的责任。"

4. 第三人违约

第三人违约指合同成立后，由于第三人行为所造成的违约。《合同法》第一百二十一条规定："当事人一方因第三人的原因造成违约的，应当向对方承担违约责任。当事人一方和第三人之间的纠纷，依照法律规定或者按照约定解决。"

（三）违约责任的承担方式

合同违约责任的承担方式主要有：继续履行、采取补救措施、赔偿损失、支付违约金和定金等。

1. 继续履行

继续履行是指违反合同的当事人不论是否承担了赔偿金或者承担了其他形式的违

约责任，都必须根据对方的要求，在自己能够履行的条件下，对合同未履行的部分继续履行。因为订立合同的目的就是通过履行实现当事人的目的，从立法的角度，应当鼓励和要求合同的实际履行。承担赔偿金或者违约金责任不能免除当事人的履约责任。

特别是金钱债务，违约方必须继续履行，因为金钱是一般等价物，没有别的方式可以替代履行。《合同法》第一百零九条规定："当事人一方未支付价款或者报酬的，对方可以要求其支付价款或者报酬。"

《合同法》第一百一十条规定：当事人一方不履行非金钱债务或者履行非金钱债务不符合约定的，对方可以要求履行，但有下列情形之一的除外：

（1）法律上或者事实上不能履行；

（2）债务的标的不适于强制履行或者履行费用过高；

（3）债权人在合理期限内未要求履行。

当事人就迟延履行约定违约金的，违约方支付违约金后，还应当履行债务，这也是承担继续履行违约责任的方式。如施工合同中约定了延期竣工的违约金，承包人没有按照约定期限完成施工任务，承包人应当支付延期竣工的违约金，但发包人仍然有权要求承包人继续施工。

2. 采取补救措施

所谓的补救措施，主要是指《民法通则》和《合同法》中所确定的，在当事人违反合同的事实发生后，为防止损失发生或者扩大，而由违反合同一方依照法律规定或者约定采取的修理、更换、重新制作、退货、减少价格或者报酬等措施，以给权利人弥补或者挽回损失的责任形式。

采取补救措施的责任形式，主要发生在质量不符合约定的情况下。建设工程合同中，采取补救措施是施工单位承担违约责任常用的方法。

采取补救措施的违约责任在应用时应把握以下问题：第一，对于质量不合格的违约责任有约定的，从其约定；没有约定或约定不明的，双方当事人可再协商确定；如果不能通过协商达成违约责任的补充协议的，则按照合同有关条款或者交易习惯确定。以上方法都不能确定违约责任时，可适用《合同法》的规定，即质量要求不明确的，按照国家标准、行业标准履行；没有国家标准、行业标准的，按照通常标准或者符合合同目的的特定标准履行。但是，由于建设工程中的质量标准往往都是强制性的，因此，当事人不能约定低于国家标准、行业标准的质量标准。第二，在确定具体的补救措施时，应根据建设项目性质以及损失的大小，选择适当的补救方式。

3. 赔偿损失

赔偿损失是指合同一方由于违约而给另一方造成损失，依据法律的规定和合同的约定所应承担的赔偿损失责任。《合同法》第一百零七条及第一百一十二条都对损害赔偿责任作出了明确规定。如《合同法》第一百一十二条规定："当事人一方不履行合同义务或者履行合同义务不符合约定的，在履行义务或者采取补救措施后，对方还有其他损失的，应当赔偿损失。"对于赔偿损失责任的赔偿额度，《合同法》第一百一十三条规定：

"当事人一方不履行合同义务或者履行合同义务不符合约定，给对方造成损失的，损失额应当相当于因违约所造成的损失，包括合同履行后可以获得的利益，但不得超过违反合同一方订立合同时预见或者应当预见到的因违反合同可能造成的损失。"经营者对消费者提供商品或者服务有欺诈行为的，依照《中华人民共和国消费者权益保护法》的规定承担损害赔偿责任。

《合同法》第一百一十九条规定："当事人一方违约后，对方应当采取适当措施防止损失的扩大；没有采取适当措施致使损失扩大的，不得就扩大的损失要求赔偿。当事人因防止损失扩大而支出的合理费用，由违约方承担。"

4．支付违约金

所谓违约金，是指合同当事人双方在合同中约定的，在合同履行中，由于一方违约而向另一方的给付。《合同法》第一百一十四条规定："当事人可以约定一方违约时应当根据违约情况向对方支付一定数额的违约金，也可以约定因违约产生的损失赔偿额的计算方法。约定的违约金低于造成的损失的，当事人可以请求人民法院或者仲裁机构予以增加；约定的违约金过分高于造成的损失的，当事人可以请求人民法院或者仲裁机构予以适当减少。当事人迟延履行约定违约金的，违约方支付违约金后，还应当履行债务。"

5．定金

所谓定金，是指为保证合同的履行，合同当事人在合同中约定，一方预先给付另一方一定数量的金钱或其他替代物。《合同法》第一百一十五条规定："当事人可以依照《中华人民共和国担保法》约定一方向对方给付定金作为债权的担保。债务人履行债务后，定金应当抵作价款或者收回。给付定金的一方不履行约定的债务的，无权要求返还定金；收受定金的一方不履行约定的债务的，应当双倍返还定金。"

关于定金与违约金的选择，《合同法》第一百一十六条规定："当事人既约定违约金，又约定定金的，一方违约时，对方可以选择适用违约金或者定金条款。"

（四）免责事由

合同生效后，当事人不履行合同或者履行合同不符合合同约定的，都应承担违约责任。但如果是由于发生了某种非常情况或者意外事件使合同不能按约定履行时，就应当作为例外来处理。《合同法》规定："只有发生不可抗力时才能部分或者全部免除当事人的违约责任。"

《合同法》第一百一十七条第二款规定："本法所称不可抗力，是指不能预见、不能避免并不能克服的客观情况。"根据这一规定，不可抗力的构成条件如下所述。

（1）不可预见性。不可抗力事件必须是有关当事人在订立合同时，对这个事件是否发生不能预见到。在正常情况下，对于一般合同当事人能否预见到某一事件的发生，可以从两个方面来考察：一是客观方面，即凡正常人能预见到的或具有专业知识的一般水平的人能预见到的，合同当事人就应该预见到；二是主观方面，即根据合同当事人的主观条件来判断对事件的预见性。

（2）不可避免性。合同生效后，当事人对可能出现的意外情况尽管采取了及时合理的措施，但是客观上并不能阻止这一意外情况的发生，这就是事件发生的不可避免性。

（3）不可克服性。不可克服性是指合同的当事人对于意外情况发生导致合同不能履行这一后果克服不了。如果某一意外情况发生而对合同履行产生不利影响，但只要通过当事人努力能够将不利影响克服，则这一意外情况就不能构成不可抗力。

（4）履行期间性。不可抗力作为免责理由时，其发生必须是在合同订立后、履行期限届满前。当事人迟延履行后发生不可抗力的，不能免除责任。

因不可抗力不能履行合同的一方当事人负有通知义务和提供证明的义务。

5.6　合同争议的解决

（一）概念

合同争议也称合同纠纷，是指合同当事人对合同规定的权利和义务产生了不同的理解。合同争议的解决方式有和解、调解、仲裁、诉讼四种。在这解决争议的方式中，和解与调解的结果没有强制执行的法律效力，要靠当事人的自觉履行。此时的和解与调解是狭义的，它不包括仲裁和诉讼程序中在仲裁庭和法院主持下的和解和调解。这两种情况下的和解和调解属于法定程序，其解决方法仍有强制执行的法律效力。

（二）解决合同争议的方法

1．和解

和解是指争议的合同当事人依据有关的法律规定和合同约定，在自愿友好、互相沟通、互相谅解的基础上，经过谈判和磋商，自愿对争议事项达成协议，从而解决合同争议的一种方式。合同发生纠纷时，当事人应首先考虑通过和解解决纠纷。事实上，在合同的履行过程中，绝大多数纠纷都可以通过和解解决。和解的特点在于无须第三者介入，简便易行，能及时解决争议，并有利于双方的协作和合同的继续履行。但由于和解必须以双方自愿为前提，因此，当双方分歧严重及一方或双方不愿协商解决争议时，和解方式往往受到局限。

2．调解

调解是指合同当事人对合同所约定的权利、义务发生争议，不能达成和解协议时，在经济合同管理机关或有关机关、团体等的主持下，通过对当事人进行说服教育，促使双方互相作出适当的让步，平息争端，自愿达成协议，以求解决经济合同纠纷的方法。调解解决合同争议可以不伤和气，使双方当事人互相谅解，有利于促进合作。调解以公平、合理、自愿为原则，在实践中，依调解人的不同，合同的调解有民间调解、仲裁机构调解和法庭调解三种。

合同纠纷的调解往往是当事人经过和解仍不能解决纠纷后采取的方式，因此与和解相比，它面临的纠纷要大一些。与诉讼、仲裁相比，仍具有与和解相似的优点：它能够较经济、较及时地解决纠纷；有利于消除合同当事人的对立情绪，维护双方的长期合作关系。但这种方式受当事人自愿的局限，如果当事人不愿调解，或调解不成时，则应及时采取仲裁或诉讼以最终解决合同争议。

3. 仲裁

仲裁是指发生争议的双方当事人根据其在争议发生前或争议发生后所达成的协议，自愿将该争议提交中立的第三者进行裁判的争议解决制度和方式。它具有自愿性、专业性、灵活性、保密性、快捷性、经济性和独立性等特点。这种争议解决方式必须是自愿的，因此，必须有仲裁协议。如果当事人之间有仲裁协议，争议发生后又无法通过和解和调解解决，则应及时将争议提交仲裁机构仲裁。

（1）仲裁的原则

① 自愿原则

解决合同争议是否选择仲裁方式以及选择仲裁机构本身并无强制力。当事人采用仲裁方式解决纠纷，应当贯彻双方自愿原则，达成仲裁协议。如有一方不同意进行仲裁的，仲裁机构即无权受理合同纠纷。

② 公平合理原则

仲裁的公平合理是仲裁制度的生命力所在。这一原则要求仲裁机构要充分收集证据，听取纠纷双方的意见。同时，仲裁应当根据事实，符合法律规定。

③ 仲裁依法独立进行原则

仲裁机构是独立的组织，相互间也无隶属关系。仲裁依法独立进行，不受行政机关、社会团体和个人的干涉。

④ 一裁终局原则

由于仲裁是当事人基于对仲裁机构的信任作出的选择，因此其裁决是立即生效的。裁决作出后，当事人就同一纠纷再申请仲裁或者向人民法院起诉的，仲裁委员会或者人民法院不予受理。

（2）仲裁委员会

仲裁委员会可以在直辖市和省、自治区人民政府所在地的市设立，也可以根据需要在其他设区的市设立，不按行政区划层层设立。

仲裁委员会由主任 1 人、副主任 2～4 人、委员 7～11 人组成，仲裁委员会应当从公道正派的人员中聘任仲裁员。

仲裁委员会独立于行政机关，与行政机关没有隶属关系。仲裁委员会之间也没有隶属关系。

（3）仲裁规则

仲裁规则可以由仲裁机构制定，某些内容甚至也可以允许当事人自行约定。但是，仲裁规则不得违反仲裁法中对程序方面的强制性规定。一般来说，仲裁规则由仲裁委员会自己制定，涉外仲裁机构的仲裁规则由中国国际商会制定。

（4）仲裁协议

仲裁协议是指双方当事人自愿把他们之间已经发生或者将来可能发生的合同纠纷及其他财产性权益争议提交仲裁解决的协议。请求仲裁必须是双方当事人共同的意思表示，必须是双方协商一致的基础上真实意思的表示。

仲裁协议应以书面形式作出。仲裁协议的内容包括：

① 请求仲裁的意思表示；

② 仲裁事项；

③ 选定的仲裁委员会。

在以上3项内容中，选定的仲裁委员会具有特别重要的意义。因为仲裁没有法定管辖，如果当事人不约定明确的仲裁委员会，仲裁将无法操作，仲裁协议将是无效的。至于请求仲裁的意思表示和仲裁事项则可以通过默示的方式来体现。可以认为在合同中选定仲裁委员会就是希望通过仲裁解决争议，同时，合同范围内的争议就是仲裁事项。

（5）仲裁庭的组成

仲裁庭可以由3名仲裁员或1名仲裁员组成。由3名仲裁员组成的，设首席仲裁员。仲裁庭分合议仲裁庭和独任仲裁庭。

（6）开庭和裁决

① 开庭

仲裁应当开庭进行。当事人协议不开庭的，仲裁庭可以根据仲裁申请书、答辩书以及其他材料作出裁决，仲裁不公开进行。当事人协议公开的，可以公开进行，但涉及国家秘密的除外。

② 证据

当事人应当对自己的主张提供证据。仲裁庭对专门性问题认为需要鉴定的，可以交由当事人约定的鉴定部门鉴定，也可以由仲裁庭指定的鉴定部门鉴定。建设工程合同纠纷往往涉及工程质量、工程造价等专门性的问题，一般需要进行鉴定。

③ 辩论

当事人在仲裁过程中有权进行辩论。辩论终结时，首席仲裁员或者独任仲裁员应当征询当事人的最后意见。

④ 裁决

裁决应当按照多数仲裁员的意见作出，少数仲裁员的不同意见可以记入笔录。仲裁庭不能形成多数意见时，裁决应当按照首席仲裁员的意见作出。仲裁庭仲裁纠纷时，其中一部分事实已经清楚，可以就该部分先行裁决。对裁决书中的文字、计算错误或者仲裁庭已经裁决但在裁决书中遗漏的事项，仲裁庭应当补正；当事人自收到裁决书之日起30日内，可以请求仲裁补正。

裁决书自作出之日起发生法律效力。

4. 诉讼

诉讼作为一种合同争议解决方法，是指人民法院在当事人和其他诉讼参与人的参加下，审理和解决民事案件的活动，以及在这种活动中产生的各种民事关系的总和。

如果当事人没有在合同中约定通过仲裁解决争议，则只能通过诉讼作为解决争议的最终方式。人民法院审理民事案件，依照法律规定实行合议、回避、公开审判和两审终审制度。

（1）诉讼管辖

诉讼管辖是指各级人民法院之间和同级人民法院之间受理第一审民事案件的分工和权限。

一般情况下基层人民法院管辖第一审民事案件。中级人民法院管辖以下案件：重大涉外案件、在本辖区有重大影响的案件、最高人民法院确定由中级人民法院管辖的案件。在建设工程合同纠纷中，判断是否在本辖区有重大影响的依据主要是合同争议的标的额。由于建设工程合同纠纷争议的标的额往往较大，因此，往往由中级人民法院受理一审诉讼，有时甚至由高级人民法院受理一审诉讼。

（2）诉讼中的证据

证据有下列几种：书证、物证、视听资料、证人证言、当事人的陈述、鉴定结论、勘验笔录。

当事人对自己提出的主张，有责任提供证据，证据应当在法庭上出示，并由当事人互相质证。书证应当提交原件，物证应当提交原物。提交原件或者原物确有困难的，可以提交复制品、照片、副本、节录本。人民法院对视听资料应当辨别真伪，并结合本案的其他证据，审查确定能否作为认定事实的根据。

人民法院对专门性问题认为需要鉴定的，应当交由法定鉴定部门鉴定；没有法定鉴定部门的，由人民法院指定的鉴定部门鉴定。鉴定部门和鉴定人应当提出书面鉴定结论，在鉴定书上签名或者盖章。与仲裁中的情况相似，建设工程合同纠纷往往涉及工程质量、工程造价等专门性的问题，在诉讼中一般也需要进行鉴定。

（3）诉讼程序

我国民事诉讼法将审判程序分为第一审普通程序、简易程序、第二审程序、特别程序。第一审普通程序是人民法院审理民事案件通常所适用的程序。它包括起诉与受理、审理前的准备、开庭审理几个阶段，其中，开庭审理又分为准备开庭、法庭调查、法庭辩论、评议和宣判。

需要指出的是，仲裁和诉讼这两种争议解决的方式只能选择其中一种，当事人可以根据实际情况选择仲裁或诉讼。

思　考　题

1．什么叫合同订立和合同成立？

2．合同成立的条件有哪些？

3．什么叫邀约和承诺？其构成要件有哪些？

4．要约和要约邀请有哪些区别？

5．什么叫缔约过失责任？缔约过失责任的特点有哪些？根据我国《合同法》，缔约过失责任包括哪些情形？

6．什么叫合同生效？合同生效需要具备哪几个要件？

7．合同生效和合同成立有哪些区别和联系？

8．根据我国《合同法》，在哪些情况下合同无效？

9．什么叫效力待定合同、无效合同和可撤销合同？它们相互之间有哪些区别？

10．合同履行的原则有哪些？

11．合同履行中有哪些抗辩权？各自的适用条件有哪些？

12．什么叫合同变更？合同变更的条件有哪些？

13．什么叫合同转让？合同转让的条件有哪些？

14．什么叫合同终止？合同终止的条件有哪些？

15．什么叫违约责任？违约责任有哪些类型？违约责任的承担方式有哪些？

16．合同的免责事由是什么？

17．合同争议的解决都有哪些方式？

第6章 建设工程施工合同

6.1 建设工程施工合同概述

6.1.1 建设工程施工合同的概念和特点

（一）建设工程施工合同的概念

建设工程施工合同，是指工程发包人与承包人为完成特定的建筑、安装工程的施工任务，签订的确定双方权利和义务的协议，简称施工合同，也称建筑安装承包合同。建筑是指对工程进行建造的行为，安装主要是指与工程有关的线路、管道、设备等设施的装配。

建设工程施工合同的当事人是发包人和承包人，双方是平等的民事主体。发包人是指具有工程发包主体资格和支付工程价款能力的当事人以及取得该当事人资格的合法继承人，可以是建设工程的业主，也可以是取得工程总承包资格的总承包人，对合同范围内的工程实施建设时，发包人必须具备组织协调能力。承包人应是具备工程施工承包相应资质和法人资格的，并被发包人接受的合同当事人及其合法继承人，也称施工单位。

（二）建设工程施工合同的特点

1. 合同标的的特殊性

施工合同的标的是特定建筑产品，它不同于一般工业产品。其具有以下特性：首先是固定性。建筑产品属于不动产，其基础部分与大地相连，不能移动，这就决定了每个施工合同的标的都是特殊的，相互间具有不可替代性，同时也决定了施工生产的流动性，施工人员、施工机械必须围绕建筑产品移动。其次，由于建筑产品各有其特定的功能要求，其实物形态千差万别，种类繁多，这就形成了建筑产品生产的单件性，即每项工程都有单独的设计和施工方案，即使有的建筑工程可重复采用相同的设计图纸，但因建筑场地不同也必须进行一定的设计修改。

2. 合同履行期限的长期性

建筑物的施工结构复杂、体积大、建筑材料类型多、工作量大，因此与一般工业产品的生产相比工期都较长。而合同履行期限肯定要长于施工工期，因为工程建设的施工应当在合同签订后才开始，且需加上合同签订后到正式开工前的一个较长的施工准备时间和工程全部竣工验收后办理竣工结算及保修期的时间。在工程施工过程中，还可能因为不可抗力、工程变更、材料供应不及时等原因导致工期顺延。所有这些情况，决定了施工合同的履行期限具有长期性。

3．合同内容的多样性和复杂性

虽然施工合同的当事人只有两方，但其涉及的主体却有多种。与大多数合同相比，施工合同的履行期限长，标的额大，涉及的法律关系（包括劳动关系、保险关系、运输关系等）具有多样性和复杂性，这就要求施工合同的内容尽量详尽、具体、明确和完整。施工合同除了应当具备合同的一般内容外，还应对安全施工、专利技术使用、发现地下障碍物和文物、工程分包、不可抗力、工程设计变更、材料设备的供应、运输、验收等内容作出规定，所有这些都决定了施工合同的内容具有多样性和复杂性。

4．合同监督的严格性

由于施工合同的履行对国家的经济发展、公民的工作和生活都有重大影响，因此，国家对施工合同的监督是十分严格的。具体表现在以下几个方面。

（1）对合同主体监督的严格性。建设工程施工合同的主体一般只能是法人，发包人一般只能是经过批准进行工程项目建设的法人。发包人必须有国家批准的建设工程并落实投资计划，并应当具备一定的协调能力。承包人必须具备法人资格，而且应当具备相应的从事施工的资质；没有资质或者超越资质承揽工程都是违法行为。

（2）对合同订立监督的严格性。订立建设工程施工合同必须以国家批准的投资计划为前提，即使是国家投资以外的、以其他方式筹集的投资也要受到当年的贷款规模和批准限额的限制，纳入到当年投资规模计划，并经严格程序审批。建设工程施工合同的订立，还必须符合国家关于建设程序的规定。另外，考虑到建设工程的重要性和复杂性，在施工过程中经常会发生影响合同履行的纠纷，因此，《合同法》要求建设工程施工合同应当采用书面形式。

（3）对合同履行监督的严格性。在施工合同的履行过程中，除了合同当事人应当对合同进行严格管理外，工商行政管理机构、金融机构、建设行政主管部门等都要对建设工程施工合同的履行进行严格监督。

6.1.2　建设工程施工合同的作用

（一）明确发包人和承包人在施工中的权利和义务

建设工程施工合同一经签订，即具有法律效力。建设工程施工合同明确了发包人和承包人在工程施工中的权利和义务，是双方在履行合同中的行为准则，双方都应以建设工程施工合同作为行为的依据。双方应当认真履行各自的义务，任何一方无权随意变更或解除建设工程施工合同；任何一方违反合同规定的内容，都必须承担相应的法律责任。如果不订立建设工程施工合同，将无法规范双方的行为，也无法明确各自在施工中所享受的权利和承担的义务。

（二）有利于对建设工程施工合同的管理

合同当事人对工程施工的管理应当以建设工程施工合同为依据。同时，有关的国家机关、金融机构对工程施工的监督和管理，建设工程施工合同也是其重要依据。不订立施工合同将给建设工程施工管理带来很大的困难。

（三）有利于建筑市场的培育和发展

在计划经济条件下，行政手段是施工管理的主要方法；在市场经济条件下，合同是维系市场运转的主要因素。因此，培育和发展建筑市场，首先要培育合同意识。推行建筑监督制度、实行招标投标制度等，都是以签订建设工程施工合同为基础的。因此，不建立建设工程施工合同管理制度，建筑市场的培育和发展将无从谈起。

（四）建设工程施工合同是进行监理的依据和推行监理制度的需要

建设监理制度是工程建设管理专业化、社会化的结果。在这一制度中，行政干涉的作用被淡化了，建设单位、施工单位、监理单位三者之间的关系是通过工程建设监理合同和施工合同来确定的，监理单位对工程建设进行监理是以订立建设工程施工合同为前提和基础的。

6.1.3　建设工程施工合同的订立

（一）订立施工合同应具备的条件

订立施工合同应具备如下五点条件。

（1）初步设计已经批准。

（2）工程项目已经列入年度建设计划。

（3）有能够满足施工需要的设计文件和有关技术资料。

（4）建设资金和主要建筑材料设备来源已经落实。

（5）招投标工程的中标通知书已经下达。

（二）建设工程施工合同订立应当遵循的原则

（1）遵守国家法律、法规和国家计划原则。订立施工合同，不仅要遵循国家法律、法规，也应遵守国家的建设计划和其他计划。建设工程施工对经济发展、社会生活有多方面的影响，国家有许多强制性的管理规定，施工合同当事人都必须遵守。

（2）平等、自愿、公平的原则。施工合同当事人双方都具有平等的法律地位，任何一方都不得强迫对方接受不平等的合同条件。当事人有权决定是否订立施工合同和施工合同的内容，合同内容应当是双方当事人真实意思的体现。合同的内容应当是公平的，不能损害一方的利益。对于显失公平的施工合同，当事人一方有权申请人民法院或者仲裁机构予以变更或者撤销。

（3）诚实信用原则。诚实信用原则要求在订立施工合同时要诚实，不得有欺诈行为，合同当事人应当如实将自身情况和工程情况介绍给对方；在履行合同时，合同当事人应严守信用，认真履行义务。

（三）订立施工合同的程序

施工合同的订立也应经过要约和承诺两个阶段。承发包双方将协商一致的内容以书面形式确立施工合同。订立方式有两种：直接发包和间接发包。如果没有特殊情况，工程建设的施工都应通过招标投标确定施工企业。

中标通知书发出后，中标的施工企业应当与建设单位及时签订合同。依据《工程建设施工招标投标管理办法》的规定，中标通知书发出 30 天内，中标单位应与建设单位依据招标文件、投标书等签订工程承发包合同（施工合同）。签订合同的必须是中标的施工企业，投标书中已确定的合同条款在签订时不得更改，合同价应与中标价相一致。如果中标施工企业拒绝与建设单位签订合同，则建设单位将不再返还其投标保证金（如果是由银行等金融机构出具投标担保的，则投标保函出具者应当承担相应的保证责任），建设行政主管部门或其授权机构还可给予一定的行政处罚。

（四）施工合同文件的组成

《建设工程施工合同（示范文本）》规定了施工合同文件的组成。

（1）双方签署的合同协议书。

（2）中标通知书。

（3）投标书及其附件。

（4）本合同专用条款。专用条款是结合具体工程实际，经双方协商达成一致的条款。其条款号与通用条款相同，是对通用条款相关内容的具体化、补充或修改。

（5）本合同通用条款。通用条款是根据法律、法规和规章的规定及建设工程施工的需要制定的，通用于建设工程施工的条款。它代表我国的工程施工惯例。

（6）本工程所适用的标准、规范及有关技术文件。在专用条款中约定如下内容。

① 适用我国国家标准、规范的名称。

② 没有国家标准、规范但有行业标准、规范的，则约定适用行业标准、规范的名称。

③ 没有国家和行业标准、规范的，则约定适用工程所在地的地方标准；规范。发包人应按专用条款约定的时间向承包人提供一式两份约定的标准、规范。

④ 国内没有相应标准、规范时，应由发包人按专用条款约定的时间向承包人提出施工技术要求，承包人按约定的时间和要求提出施工工艺，经发包人认可后执行。

⑤ 若工程使用国外标准、规范时，发包人应负责提供中文译本。所发生的购买、翻译标准、规范或制定施工工艺的费用由发包人承担。

（7）图纸。指由发包人提供或承包人提供经工程师批准，满足承包人施工需要的所有图纸（包括配套说明和有关资料）。

发包人应按专用条款约定的日期和套数，向承包人提供图纸。若发包人对工程有保密要求，应在专用条款中提出，保密措施费用由发包人承担。承包人履行规定的保密义务。承包人未经发包人同意，不得将本工程图纸转给第三人。承包人应在施工现场保留一套完整图纸，供工程师及有关人员使用。

（8）工程量清单。

（9）工程报价单或预算书。

合同履行中双方有关工程的洽商、变更等书面协议或文件也作为合同的组成部分。

上述合同文件应能相互解释，互为说明。当合同文件出现含糊不清或不相一致时，由双方协商解决。双方也可以提请负责监理的工程师作出解释。如仍不一致，可以按合同争执的规定处理。本合同正本两份，具有同等效力，由合同双方分别保存一份。副本份数，由双方根据需要在专用条款内约定。

6.2 《建设工程施工合同（示范文本）》简介

6.2.1 《建设工程施工合同（示范文本）》概述

为了指导建设工程施工合同当事人的签约行为，维护合同当事人的合法权益，依据《中华人民共和国合同法》《中华人民共和国建筑法》《中华人民共和国招标投标法》以及相关法律法规，住房城乡建设部、国家工商行政管理总局对《建设工程施工合同（示范文本）》（GF—1999-0201）进行了修订，制定了《建设工程施工合同（示范文本）》（GF—2013-0201）。

《示范文本》为非强制性使用文本。《示范文本》适用于房屋建筑工程、土木工程、线路管道和设备安装工程、装修工程等建设工程的施工承发包活动，合同当事人可结合建设工程具体情况，根据《示范文本》订立合同，并按照法律法规规定和合同约定承担相应的法律责任及合同权利义务。

6.2.2 《建设工程施工合同（示范文本）》的组成

2013 版《示范文本》由合同协议书、通用合同条款和专用合同条款三部分组成，并包括了 11 个附件。

（一）合同协议书

《示范文本》合同协议书主要包括：工程概况、合同工期、质量标准、签约合同价和合同价格形式、项目经理、合同文件构成、承诺，以及合同生效条件等重要内容，集中约定了合同当事人基本的合同权利义务。

（二）通用合同条款

通用合同条款是合同当事人根据《建筑法》《合同法》等法律法规的规定，就工程建设的实施及相关事项，对合同当事人的权利义务作出的原则性约定。通用合同条款共计 20 条，具体条款分别为：一般约定、发包人、承包人、监理人、工程质量、安全文明施工与环境保护、工期和进度、材料与设备、试验与检验、变更、价格调整、合同价格、计量与支付、验收和工程试车、竣工结算、缺陷责任与保修、违约、不可抗力、保险、索赔和争议解决。前述条款安排既考虑了现行法律规范对工程建设的有关要求，也考虑了建设工程施工管理的特殊需要。

（三）专用合同条款

专用合同条款是对通用合同条款原则性约定的细化、完善、补充、修改或另行约定的条款。合同当事人可以根据不同建设工程的特点及具体情况，通过双方的谈判、协商对相应的专用合同条款进行修改补充。专用合同条款的编号应与相应的通用合同条款的编号一致。

（四）附件

《示范文本》包括了 11 个附件，分别为协议书附件：承包人承揽工程项目一览表；专用合同条款附件：发包人供应材料设备一览表、工程质量保修书、主要建设工程文件目录、承包人用于本工程施工的机械设备表、承包人主要施工管理人员表、分包人主要施工管理人员表、履约担保格式、预付款担保格式、支付担保格式、暂估价一览表。

6.3 建设工程施工合同的主要内容

本节介绍《建设工程施工合同示范文本》（GF—2013-0201）中通用条款的主要内容。

6.3.1 一般约定

（一）词语定义与解释

通用条款赋予了合同协议书、通用合同条款、专用合同条款中列出的下列词语的含义。

1. 合同文件

（1）合同：是指根据法律规定和合同当事人约定具有约束力的文件，构成合同的文件包括合同协议书、中标通知书（如果有）、投标函及其附录（如果有）、专用合同条款及其附件、通用合同条款、技术标准和要求、图纸、已标价工程量清单或预算书以及其他合同文件。

（2）合同协议书：是指构成合同的由发包人和承包人共同签署的称为"合同协议书"的书面文件。

（3）中标通知书：是指构成合同的由发包人通知承包人中标的书面文件。

（4）投标函：是指构成合同的由承包人填写并签署的用于投标的称为"投标函"的文件。

（5）投标函附录：是指构成合同的附在投标函后的称为"投标函附录"的文件。

（6）技术标准和要求：是指构成合同的施工应当遵守的或指导施工的国家、行业或地方的技术标准和要求，以及合同约定的技术标准和要求。

（7）图纸：是指构成合同的图纸，包括由发包人按照合同约定提供或经发包人批准的设计文件、施工图、鸟瞰图及模型等，以及在合同履行过程中形成的图纸文件。图纸应当按照法律规定审查合格。

（8）已标价工程量清单：是指构成合同的由承包人按照规定的格式和要求填写并标明价格的工程量清单，包括说明和表格。

（9）预算书：是指构成合同的由承包人按照发包人规定的格式和要求编制的工程预算文件。

（10）其他合同文件：是指经合同当事人约定的与工程施工有关的具有合同约束力的文件或书面协议。合同当事人可以在专用合同条款中进行约定。

2．合同当事人及其他相关方

（1）合同当事人：是指发包人和（或）承包人。

（2）发包人：是指与承包人签订合同协议书的当事人及取得该当事人资格的合法继承人。

（3）承包人：是指与发包人签订合同协议书的，具有相应工程施工承包资质的当事人及取得该当事人资格的合法继承人。

（4）监理人：是指在专用合同条款中指明的，受发包人委托按照法律规定进行工程监督管理的法人或其他组织。

（5）设计人：是指在专用合同条款中指明的，受发包人委托负责工程设计并具备相应工程设计资质的法人或其他组织。

（6）分包人：是指按照法律规定和合同约定，分包部分工程或工作，并与承包人签订分包合同的具有相应资质的法人。

（7）发包人代表：是指由发包人任命并派驻施工现场在发包人授权范围内行使发包人权利的人。

（8）项目经理：是指由承包人任命并派驻施工现场，在承包人授权范围内负责合同履行，且按照法律规定具有相应资格的项目负责人。

（9）总监理工程师：是指由监理人任命并派驻施工现场进行工程监理的总负责人。

3．工程和设备

（1）工程：是指与合同协议书中工程承包范围对应的永久工程和（或）临时工程。

（2）永久工程：是指按合同约定建造并移交给发包人的工程，包括工程设备。

（3）临时工程：是指为完成合同约定的永久工程所修建的各类临时性工程，不包括施工设备。

（4）单位工程：是指在合同协议书中指明的，具备独立施工条件并能形成独立使用功能的永久工程。

（5）工程设备：是指构成永久工程的机电设备、金属结构设备、仪器及其他类似的设备和装置。

（6）施工设备：是指为完成合同约定的各项工作所需的设备、器具和其他物品，但不包括工程设备、临时工程和材料。

（7）施工现场：是指用于工程施工的场所，以及在专用合同条款中指明作为施工场所组成部分的其他场所，包括永久占地和临时占地。

（8）临时设施：是指为完成合同约定的各项工作所服务的临时性生产和生活设施。

（9）永久占地：是指专用合同条款中指明为实施工程需永久占用的土地。

（10）临时占地：是指专用合同条款中指明为实施工程需要临时占用的土地。

4．日期和期限

（1）开工日期：包括计划开工日期和实际开工日期。计划开工日期是指合同协议书约定的开工日期；实际开工日期是指监理人按照该通用条款〔开工通知〕约定发出的符合法律规定的开工通知中载明的开工日期。

（2）竣工日期：包括计划竣工日期和实际竣工日期。计划竣工日期是指合同协议书约定的竣工日期；实际竣工日期按照该通用条款〔竣工日期〕的约定确定。

（3）工期：是指在合同协议书约定的承包人完成工程所需的期限，包括按照合同约定所作的期限变更。

（4）缺陷责任期：是指承包人按照合同约定承担缺陷修复义务，且发包人预留质量保证金的期限，自工程实际竣工日期起计算。

（5）保修期：是指承包人按照合同约定对工程承担保修责任的期限，从工程竣工验收合格之日起计算。

（6）基准日期：招标发包的工程以投标截止日前 28 天的日期为基准日期，直接发包的工程以合同签订日前 28 天的日期为基准日期。

（7）天：除特别指明外，均指日历天。合同中按天计算时间的，开始当天不计入，从次日开始计算，期限最后一天的截止时间为当天 24:00。

5．合同价格和费用

（1）签约合同价：是指发包人和承包人在合同协议书中确定的总金额，包括安全文明施工费、暂估价及暂列金额等。

（2）合同价格：是指发包人用于支付承包人按照合同约定完成承包范围内全部工作的金额，包括合同履行过程中按合同约定发生的价格变化。

（3）费用：是指为履行合同所发生的或将要发生的所有必需的开支，包括管理费和应分摊的其他费用，但不包括利润。

（4）暂估价：是指发包人在工程量清单或预算书中提供的用于支付必然发生但暂时不能确定价格的材料、工程设备的单价、专业工程以及服务工作的金额。

（5）暂列金额：是指发包人在工程量清单或预算书中暂定并包括在合同价格中的一笔款项，用于工程合同签订时尚未确定或者不可预见的所需材料、工程设备、服务的采购，施工中可能发生的工程变更、合同约定调整因素出现时的合同价格调整以及发生的索赔、现场签证确认等的费用。

（6）计日工：是指合同履行过程中，承包人完成发包人提出的零星工作或需要采用计日工计价的变更工作时，按合同中约定的单价计价的一种方式。

（7）质量保证金：是指按照通用条款〔质量保证金〕约定承包人用于保证其在缺陷责任期内履行缺陷修补义务的担保。

（8）总价项目：是指在现行国家、行业以及地方的计量规则中无工程量计算规则，在已标价工程量清单或预算书中以总价或以费率形式计算的项目。

6．其他

书面形式：是指合同文件、信函、电报、传真等可以有形地表现所载内容的形式。

（二）标准和规范

（1）适用于工程的国家标准、行业标准、工程所在地的地方性标准，以及相应的规范、规程等，合同当事人有特别要求的，应在专用合同条款中约定。

（2）发包人要求使用国外标准、规范的，发包人负责提供原文版本和中文译本，并在专用合同条款中约定提供标准规范的名称、份数和时间。

（3）发包人对工程的技术标准、功能要求高于或严于现行国家、行业或地方标准的，应当在专用合同条款中予以明确。除专用合同条款另有约定外，应视为承包人在签订合同前已充分预见前述技术标准和功能要求的复杂程度，签约合同价中已包含由此产生的费用。

（三）合同文件的优先顺序

组成合同的各项文件应互相解释，互为说明。除专用合同条款另有约定外，解释合同文件的优先顺序如下：

（1）合同协议书；

（2）中标通知书（如果有）；

（3）投标函及其附录（如果有）；

（4）专用合同条款及其附件；

（5）通用合同条款；

（6）技术标准和要求；

（7）图纸；

（8）已标价工程量清单或预算书；

（9）其他合同文件。

上述各项合同文件包括合同当事人就该项合同文件所作出的补充和修改，属于同一类内容的文件，应以最新签署的合同为准。

在合同订立及履行过程中形成的与合同有关的文件均构成合同文件组成部分，并根据其性质确定优先解释顺序。

（四）图纸和承包人文件

1．图纸的提供和交底

发包人应按照专用合同条款约定的期限、数量和内容向承包人免费提供图纸，并组织承包人、监理人和设计人进行图纸会审和设计交底。发包人至迟不得晚于该通用条款〔开工通知〕载明的开工日期前 14 天向承包人提供图纸。

因发包人未按合同约定提供图纸导致承包人费用增加和（或）工期延误的，按照该通用条款〔因发包人原因导致工期延误〕约定执行。

2. 图纸的错误

承包人在收到发包人提供的图纸后，发现图纸存在差错、遗漏或缺陷的，应及时通知监理人。监理人接到该通知后，应附具相关意见并立即报送发包人，发包人应在收到监理人报送的通知后的合理时间内作出决定。合理时间是指发包人在收到监理人的报送通知后，尽其努力且不懈怠地完成图纸修改补充所需的时间。

3. 图纸的修改和补充

图纸需要修改和补充的，应经图纸原设计人及审批部门同意，并由监理人在工程或工程相应部位施工前将修改后的图纸或补充图纸提交给承包人，承包人应按修改或补充后的图纸施工。

4. 承包人文件

承包人应按照专用合同条款的约定提供应当由其编制的与工程施工有关的文件，并按照专用合同条款约定的期限、数量和形式提交监理人，并由监理人报送发包人。

除专用合同条款另有约定外，监理人应在收到承包人文件后7天内审查完毕，监理人对承包人文件有异议的，承包人应予以修改，并重新报送监理人。监理人的审查并不减轻或免除承包人根据合同约定应当承担的责任。

5. 图纸和承包人文件的保管

除专用合同条款另有约定外，承包人应在施工现场另外保存一套完整的图纸和承包人文件，供发包人、监理人及有关人员进行工程检查时使用。

（五）联络

（1）与合同有关的通知、批准、证明、证书、指示、指令、要求、请求、同意、意见、确定和决定等，均应采用书面形式，并应在合同约定的期限内送达接收人和送达地点。

（2）发包人和承包人应在专用合同条款中约定各自的送达接收人和送达地点。任何一方合同当事人指定的接收人或送达地点发生变动的，应提前3天以书面形式通知对方。

（3）发包人和承包人应当及时签收另一方送达至送达地点和指定接收人的来往信函。拒不签收的，由此增加的费用和（或）延误的工期由拒绝接收一方承担。

（六）严禁贿赂

合同当事人不得以贿赂或变相贿赂的方式，牟取非法利益或损害对方权益。因一方合同当事人的贿赂造成对方损失的，应赔偿损失，并承担相应的法律责任。

承包人不得与监理人或发包人聘请的第三方串通损害发包人利益。未经发包人书面同意，承包人不得为监理人提供合同约定以外的通信设备、交通工具及其他任何形式的利益，不得向监理人支付报酬。

（七）化石、文物

在施工现场发掘的所有文物、古迹以及具有地质研究或考古价值的其他遗迹、化石、钱币或物品属于国家所有。一旦发现上述文物，承包人应采取合理有效的保护措施，防止任何人员移动或损坏上述物品，并立即报告有关政府行政管理部门，同时通知监理人。

发包人、监理人和承包人应按有关政府行政管理部门要求采取妥善的保护措施，由此增加的费用和（或）延误的工期由发包人承担。

承包人发现文物后不及时报告或隐瞒不报，致使文物丢失或损坏的，应赔偿损失，并承担相应的法律责任。

（八）交通运输

1．出入现场的权利

除专用合同条款另有约定外，发包人应根据施工需要，负责取得出入施工现场所需的批准手续和全部权利，以及取得因施工所需修建道路、桥梁及其他基础设施的权利，并承担相关手续费用和建设费用。承包人应协助发包人办理修建场内外道路、桥梁，以及其他基础设施的手续。

承包人应在订立合同前查勘施工现场，并根据工程规模及技术参数合理预见工程施工所需的进出施工现场的方式、手段、路径等。因承包人未合理预见所增加的费用和（或）延误的工期由承包人承担。

2．场外交通

发包人应提供场外交通设施的技术参数和具体条件，承包人应遵守有关交通法规，严格按照道路和桥梁的限制荷载行驶，执行有关道路限速、限行、禁止超载的规定，并配合交通管理部门的监督和检查。场外交通设施无法满足工程施工需要的，由发包人负责完善并承担相关费用。

3．场内交通

发包人应提供场内交通设施的技术参数和具体条件，并应按照专用合同条款的约定向承包人免费提供满足工程施工所需的场内道路和交通设施。因承包人的原因而造成上述道路或交通设施损坏的，承包人负责修复并承担由此增加的费用。

除发包人按照合同约定提供的场内道路和交通设施外，承包人负责修建、维修、养护和管理施工所需的其他场内临时道路和交通设施。发包人和监理人可以为实现合同目的使用承包人修建的场内临时道路和交通设施。

场外交通和场内交通的边界由合同当事人在专用合同条款中约定。

4．超大件和超重件的运输

由承包人负责运输的超大件或超重件，应由承包人负责向交通管理部门办理申请手续，发包人给予协助。运输超大件或超重件所需的道路和桥梁临时加固改造费用和其他有关费用，由承包人承担，但专用合同条款另有约定的除外。

5．道路和桥梁的损坏责任

因承包人运输造成施工场地内外公共道路和桥梁损坏的，由承包人承担修复损坏的全部费用和可能引起的赔偿。

以上各项内容适用于水路运输和航空运输，其中"道路"一词的含义包括河道、航线、船闸、机场、码头、堤防，以及水路或航空运输中其他相似结构物。

（九）知识产权

（1）除专用合同条款另有约定外，发包人提供给承包人的图纸、发包人为实施工程自行编制或委托编制的技术规范，以及反映发包人要求的或其他类似性质的文件的著作权属于发包人，承包人可以为实现合同目的而复制、使用此类文件，但不能用于与合同无关的其他事项。未经发包人书面同意，承包人不得为了合同以外的目的而复制、使用上述文件或将之提供给任何第三方。

（2）除专用合同条款另有约定外，承包人为实施工程所编制的文件，除署名权以外的著作权属于发包人，承包人可因实施工程的运行、调试、维修、改造等目的而复制、使用此类文件，但不能用于与合同无关的其他事项。未经发包人书面同意，承包人不得为了合同以外的目的而复制、使用上述文件或将之提供给任何第三方。

（3）合同当事人保证在履行合同过程中不侵犯对方及第三方的知识产权。承包人在使用材料、施工设备、工程设备或采用施工工艺时，因侵犯他人的专利权或其他知识产权所引起的责任，由承包人承担；因发包人提供的材料、施工设备、工程设备或施工工艺导致侵权的，由发包人承担责任。

（4）除专用合同条款另有约定外，承包人在合同签订前和签订时已确定采用的专利、专有技术、技术秘密的使用费已包含在签约合同价中。

（十）保密

除法律规定或合同另有约定外，未经发包人同意，承包人不得将发包人提供的图纸、文件以及声明需要保密的资料信息等商业秘密泄露给第三方。

除法律规定或合同另有约定外，未经承包人同意，发包人不得将承包人提供的技术秘密及声明需要保密的资料信息等商业秘密泄露给第三方。

（十一）工程量清单错误的修正

除专用合同条款另有约定外，发包人提供的工程量清单，应被认为是准确的和完整的。出现下列情形之一时，发包人应予以修正，并相应调整合同价格：

（1）工程量清单存在缺项、漏项的；

（2）工程量清单偏差超出专用合同条款约定的工程量偏差范围的；

（3）未按照国家现行计量规范强制性规定计量的。

6.3.2　发包人主要工作

（一）获得许可或批准

发包人应遵守法律，并办理法律规定由其办理的许可、批准或备案，包括但不限于建设用地规划许可证、建设工程规划许可证、建设工程施工许可证、施工所需临时用水、临时用电、中断道路交通、临时占用土地等许可和批准。发包人应协助承包人办理法律规定的有关施工证件和批件。

因发包人原因未能及时办理完毕前述许可、批准或备案，由发包人承担由此增加的费用和（或）延误的工期，并支付承包人合理的利润。

（二）派驻发包人代表

发包人应在专用合同条款中明确其派驻施工现场的发包人代表的姓名、职务、联系方式及授权范围等事项。发包人代表在发包人的授权范围内，负责处理合同履行过程中与发包人有关的具体事宜。发包人代表在授权范围内的行为由发包人承担法律责任。发包人更换发包人代表的，应提前7天书面通知承包人。

发包人代表不能按照合同约定履行其职责及义务，并导致合同无法继续正常履行的，承包人可以要求发包人撤换发包人代表。

不属于法定必须监理的工程，监理人的职权可以由发包人代表或发包人指定的其他人员行使。

（三）派驻发包人人员

发包人应要求在施工现场的发包人人员遵守法律及有关安全、质量、环境保护、文明施工等规定，并保障承包人免于承受因发包人人员未遵守上述要求给承包人造成的损失和责任。

发包人人员包括发包人代表及其他由发包人派驻施工现场的人员。

（四）提供施工现场、施工条件和基础资料

1．提供施工现场

除专用合同条款另有约定外，发包人应最迟于开工日期7天前向承包人移交施工现场。

2．提供施工条件

除专用合同条款另有约定外，发包人应负责提供施工所需要的条件，包括：

（1）将施工用水、电力、通信线路等施工所必需的条件接至施工现场内；

（2）保证向承包人提供正常施工所需要的进入施工现场的交通条件；

（3）协调处理施工现场周围地下管线和邻近建筑物、构筑物、古树名木的保护工作，并承担相关费用；

（4）按照专用合同条款约定应提供的其他设施和条件。

3．提供基础资料

发包人应当在移交施工现场前向承包人提供施工现场及工程施工所必需的毗邻区域内供水、排水、供电、供气、供热、通信、广播电视等地下管线资料，气象和水文观测资料，地质勘察资料，相邻建筑物、构筑物和地下工程等有关基础资料，并对所提供资料的真实性、准确性和完整性负责。

按照法律规定确需在开工后方能提供的基础资料，发包人应尽其努力及时地在相应工程施工前的合理期限内提供，合理期限应以不影响承包人的正常施工为限。

4．逾期提供的责任

因发包人原因未能按合同约定及时向承包人提供施工现场、施工条件、基础资料的，由发包人承担由此增加的费用和（或）延误的工期。

（五）资金来源证明及支付担保

除专用合同条款另有约定外，发包人应在收到承包人要求提供资金来源证明的书面通知后 28 天内，向承包人提供能够按照合同约定支付合同价款的相应资金来源证明。

除专用合同条款另有约定外，发包人要求承包人提供履约担保的，发包人应当向承包人提供支付担保。支付担保可以采用银行保函或担保公司担保等形式，具体由合同当事人在专用合同条款中约定。

（六）支付合同价款

发包人应按合同约定向承包人及时支付合同价款。

（七）组织竣工验收

发包人应按合同约定及时组织竣工验收。

（八）现场统一管理协议

发包人应与承包人、由发包人直接发包的专业工程的承包人签订施工现场统一管理协议，明确各方的权利义务。施工现场统一管理协议作为专用合同条款的附件。

6.3.3 承包人义务和主要工作

（一）承包人的一般义务

承包人在履行合同过程中应遵守法律和工程建设标准规范，并履行以下义务。

（1）办理法律规定应由承包人办理的许可和批准，并将办理结果书面报送发包人留存。

（2）按法律规定和合同约定完成工程，并在保修期内承担保修义务。

（3）按法律规定和合同约定采取施工安全和环境保护措施，办理工伤保险，确保工程及人员、材料、设备和设施的安全。

（4）按合同约定的工作内容和施工进度要求，编制施工组织设计和施工措施计划，并对所有施工作业和施工方法的完备性和安全可靠性负责。

（5）在进行合同约定的各项工作时，不得侵害发包人与他人使用公用道路、水源、市政管网等公共设施的权利，避免对邻近的公共设施产生干扰。承包人占用或使用他人的施工场地，影响他人作业或生活的，应承担相应责任。

（6）按照该通用条款〔环境保护〕约定负责施工场地及其周边环境与生态的保护工作。

（7）按照该通用条款〔安全文明施工〕约定采取施工安全措施，确保工程及其人员、材料、设备和设施的安全，防止因工程施工造成的人身伤害和财产损失。

（8）将发包人按合同约定支付的各项价款专用于合同工程，且应及时支付其雇用人员工资，并及时向分包人支付合同价款。

（9）按照法律规定和合同约定编制竣工资料，完成竣工资料立卷及归档，并按专用合同条款约定的竣工资料的套数、内容、时间等要求移交给发包人。

（10）应履行的其他义务。

（二）项目经理

1．项目经理的任命

项目经理应为合同当事人所确认的人选，并在专用合同条款中明确项目经理的姓名、职称、注册执业证书编号、联系方式及授权范围等事项，项目经理经承包人授权后代表承包人负责履行合同。项目经理应是承包人正式聘用的员工，承包人应向发包人提交项目经理与承包人之间的劳动合同，以及承包人为项目经理缴纳社会保险的有效证明。承包人不提交上述文件的，项目经理无权履行职责，发包人有权要求更换项目经理，由此增加的费用和（或）延误的工期均由承包人承担。

2．项目经理的常驻施工现场职责

项目经理应常驻施工现场，且每月在施工现场时间不得少于专用合同条款约定的天数。项目经理不得同时担任其他项目的项目经理。项目经理确需离开施工现场时，应事先通知监理人，并取得发包人的书面同意。项目经理的通知中应当载明临时代行其职责的人员的注册执业资格、管理经验等资料，该人员应具备履行相应职责的能力。

承包人违反上述约定的，应按照专用合同条款的约定，承担违约责任。

3．紧急情况下的项目经理职责

项目经理按合同约定组织工程实施。在紧急情况下为确保施工安全和人员安全，在无法与发包人代表和总监理工程师及时取得联系时，项目经理有权采取必要的措施保证与工程有关的人身、财产和工程的安全，但应在 48 小时内向发包人代表和总监理工程师提交书面报告。

4．项目经理的更换

承包人需要更换项目经理的，应提前 14 天书面通知发包人和监理人，并征得发包人书面同意。通知中应当载明继任项目经理的注册执业资格、管理经验等资料，继任项目经理继续履行前任项目经理约定的职责。未经发包人书面同意，承包人不得擅自更换项目经理。承包人擅自更换项目经理的，应按照专用合同条款的约定承担违约责任。

发包人有权书面通知承包人更换其认为不称职的项目经理，通知中应当载明要求更换的理由。承包人应在接到更换通知后 14 天内向发包人提出书面的改进报告。发包人收到改进报告后仍要求更换的，承包人应在接到第二次更换通知的 28 天内进行更换，并将新任命的项目经理的注册执业资格、管理经验等资料书面通知发包人。继任项目经

理继续履行前任项目经理约定的职责。承包人无正当理由拒绝更换项目经理的，应按照专用合同条款的约定承担违约责任。

5．项目经理的授权

项目经理因特殊情况授权其下属人员履行其某项工作职责的，该下属人员应具备履行相应职责的能力，并应提前7天将上述人员的姓名和授权范围书面通知监理人，并征得发包人书面同意。

（三）承包人人员

1．承包人提交人员名单和信息

除专用合同条款另有约定外，承包人应在接到开工通知后7天内，向监理人提交承包人项目管理机构及施工现场人员安排的报告，其内容应包括合同管理、施工、技术、材料、质量、安全、财务等主要施工管理人员名单及其岗位、注册执业资格等，以及各工种技术工人的安排情况，并同时提交主要施工管理人员与承包人之间的劳动关系证明和缴纳社会保险的有效证明。

2．承包人更换主要施工管理人员

承包人派驻到施工现场的主要施工管理人员应相对稳定。施工过程中如有变动，承包人应及时向监理人提交施工现场人员变动情况的报告。承包人更换主要施工管理人员时，应提前7天书面通知监理人，并征得发包人书面同意。通知中应当载明继任人员的注册执业资格、管理经验等资料。特殊工种作业人员均应持有相应的资格证明，监理人可以随时检查。

3．发包人要求撤换主要施工管理人员

发包人对于承包人主要施工管理人员的资格或能力有异议的，承包人应提供资料证明被质疑人员有能力完成其岗位工作或不存在发包人所质疑的情形。发包人要求撤换不能按照合同约定履行职责及义务的主要施工管理人员的，承包人应当撤换。承包人无正当理由拒绝撤换的，应按照专用合同条款的约定承担违约责任。

4．主要施工管理人员应常驻现场

除专用合同条款另有约定外，承包人的主要施工管理人员离开施工现场每月累计不超过5天的，应报监理人同意；离开施工现场每月累计超过5天的，应通知监理人，并征得发包人书面同意。主要施工管理人员离开施工现场前应指定一名有经验的人员临时代行其职责，该人员应具备履行相应职责的资格和能力，且应征得监理人或发包人的同意。

承包人擅自更换主要施工管理人员，或前述人员未经监理人或发包人同意擅自离开施工现场的，应按照专用合同条款约定承担违约责任。

（四）承包人现场查勘

承包人应对基于发包人按照该通用条款〔提供基础资料〕提交的基础资料所做出的解释和推断负责，但因基础资料存在错误、遗漏导致承包人解释或推断失实的，由发包人承担责任。

承包人应对施工现场和施工条件进行查勘，并充分了解工程所在地的气象条件、交通条件、风俗习惯以及其他与完成合同工作有关的其他资料。因承包人未能充分查勘、了解前述情况或未能充分估计前述情况所可能产生后果的，承包人承担由此增加的费用和（或）延误的工期。

（五）分包的相关约定

1．分包的一般约定

承包人不得将其承包的全部工程转包给第三人，或将其承包的全部工程肢解后以分包的名义转包给第三人。承包人不得将工程主体结构、关键性工作及专用合同条款中禁止分包的专业工程分包给第三人，主体结构、关键性工作的范围由合同当事人按照法律规定在专用合同条款中予以明确。

承包人不得以劳务分包的名义转包或违法分包工程。

2．分包的确定

承包人应按专用合同条款的约定进行分包，确定分包人。已标价工程量清单或预算书中给定暂估价的专业工程，按照该通用条款〔暂估价〕确定分包人。按照合同约定进行分包的，承包人应确保分包人具有相应的资质和能力。工程分包不减轻或免除承包人的责任和义务，承包人和分包人就分包工程向发包人承担连带责任。除合同另有约定外，承包人应在分包合同签订后 7 天内向发包人和监理人提交分包合同副本。

3．分包管理

承包人应向监理人提交分包人的主要施工管理人员表，并对分包人的施工人员进行实名制管理，包括但不限于进出场管理、登记造册以及各种证照的办理。

4．分包合同价款

（1）除该通用条款〔暂估价〕目约定的情况或专用合同条款另有约定外，分包合同价款由承包人与分包人结算，未经承包人同意，发包人不得向分包人支付分包工程价款。

（2）生效法律文书要求发包人向分包人支付分包合同价款的，发包人有权从应付承包人工程款中扣除该部分款项。

5．分包合同权益的转让

分包人在分包合同项下的义务持续到缺陷责任期届满以后的，发包人有权在缺陷责任期届满前，要求承包人将其在分包合同项下的权益转让给发包人，承包人应当转让。除转让合同另有约定外，转让合同生效后，由分包人向发包人履行义务。

（六）工程照管与成品、半成品保护

（1）除专用合同条款另有约定外，自发包人向承包人移交施工现场之日起，承包人应负责照管工程及工程相关的材料、工程设备，直到颁发工程接收证书之日止。

（2）在承包人负责照管期间，因承包人原因造成工程、材料、工程设备损坏的，由

承包人负责修复或更换，并承担由此增加的费用和（或）延误的工期。

（3）对合同内分期完成的成品和半成品，在工程接收证书颁发前，由承包人承担保护责任。因承包人原因造成成品或半成品损坏的，由承包人负责修复或更换，并承担由此增加的费用和（或）延误的工期。

（七）履约担保

发包人需要承包人提供履约担保的，由合同当事人在专用合同条款中约定履约担保的方式、金额及期限等。履约担保可以采用银行保函或担保公司担保等形式，具体由合同当事人在专用合同条款中约定。

因承包人原因导致工期延长的，继续提供履约担保所增加的费用由承包人承担；非因承包人原因导致工期延长的，继续提供履约担保所增加的费用由发包人承担。

（八）联合体

（1）联合体各方应共同与发包人签订合同协议书。联合体各方应为履行合同向发包人承担连带责任。

（2）联合体协议经发包人确认后作为合同附件。在履行合同过程中，未经发包人同意，不得修改联合体协议。

（3）联合体牵头人负责与发包人和监理人联系，并接受指示，负责组织联合体各成员全面履行合同。

6.3.4 监理人的一般规定和主要工作

（一）监理人的一般规定

工程实行监理的，发包人和承包人应在专用合同条款中明确监理人的监理内容及监理权限等事项。监理人应当根据发包人授权及法律规定，代表发包人对工程施工相关事项进行检查、查验、审核、验收，并签发相关指示，但监理人无权修改合同，且无权减轻或免除合同约定的承包人的任何责任与义务。

除专用合同条款另有约定外，监理人在施工现场的办公场所、生活场所由承包人提供，所发生的费用由发包人承担。

（二）监理人员

发包人授予监理人对工程实施监理的权利由监理人派驻施工现场的监理人员行使，监理人员包括总监理工程师及监理工程师。监理人应将授权的总监理工程师和监理工程师的姓名及授权范围以书面形式提前通知承包人。更换总监理工程师的，监理人应提前7天书面通知承包人；更换其他监理人员，监理人应提前48小时书面通知承包人。

（三）监理人的指示

监理人应按照发包人的授权发出监理指示。监理人的指示应采用书面形式，并经其授权的监理人员签字。在紧急情况下，为了保证施工人员的安全或避免工程受损，监理人员可以口头形式发出指示，该指示与书面形式的指示具有同等法律效力，但必须在发出口头指示后 24 小时内补发书面监理指示，补发的书面监理指示应与口头指示一致。

监理人发出的指示应送达承包人项目经理或经项目经理授权接收的人员。因监理人未能按合同约定发出指示、指示延误或发出了错误指示而导致承包人费用增加和（或）工期延误的，由发包人承担相应责任。除专用合同条款另有约定外，总监理工程师不应将该通用条款〔商定或确定〕约定应由总监理工程师作出确定的权力授权或委托给其他监理人员。

承包人对监理人发出的指示有疑问的，应向监理人提出书面异议，监理人应在 48 小时内对该指示予以确认、更改或撤销，监理人逾期未回复的，承包人有权拒绝执行上述指示。

监理人对承包人的任何工作、工程或其采用的材料和工程设备未在约定的或合理期限内提出意见的，视为批准，但不免除或减轻承包人对该工作、工程、材料、工程设备等应承担的责任和义务。

（四）商定或确定

合同当事人进行商定或确定时，总监理工程师应当会同合同当事人尽量通过协商达成一致，不能达成一致的，由总监理工程师按照合同约定审慎作出公正的确定。

总监理工程师应将确定以书面形式通知发包人和承包人，并附详细依据。合同当事人对总监理工程师的确定没有异议的，按照总监理工程师的确定执行。任何一方合同当事人有异议，按照该通用条款〔争议解决〕约定执行。争议解决前，合同当事人暂按总监理工程师的确定执行；争议解决后，争议解决的结果与总监理工程师的确定不一致的，按照争议解决的结果执行，由此造成的损失由责任人承担。

6.3.5　施工合同的质量管理条款

（一）质量要求

（1）工程质量标准必须符合现行国家有关工程施工质量验收规范和标准的要求。有关工程质量的特殊标准或要求由合同当事人在专用合同条款中约定。

（2）因发包人原因造成工程质量未达到合同约定标准的，由发包人承担由此增加的费用和（或）延误的工期，并支付承包人合理的利润。

（3）因承包人原因造成工程质量未达到合同约定标准的，发包人有权要求承包人返工直至工程质量达到合同约定的标准为止，并由承包人承担由此增加的费用和（或）延误的工期。

（二）质量保证措施

1. 发包人的质量管理

发包人应按照法律规定及合同约定完成与工程质量有关的各项工作。

2. 承包人的质量管理

承包人按照该通用条款〔施工组织设计〕约定向发包人和监理人提交工程质量保证

体系及措施文件，建立完善的质量检查制度，并提交相应的工程质量文件。对于发包人和监理人违反法律规定和合同约定的错误指示，承包人有权拒绝实施。

承包人应对施工人员进行质量教育和技术培训，定期考核施工人员的劳动技能，严格执行施工规范和操作规程。

承包人应按照法律规定和发包人的要求，对材料、工程设备以及工程的所有部位及其施工工艺进行全过程的质量检查和检验，并作详细记录，编制工程质量报表，报送监理人审查。此外，承包人还应按照法律规定和发包人的要求，进行施工现场取样试验、工程复核测量和设备性能检测，提供试验样品、提交试验报告和测量成果，以及其他工作。

3．监理人的质量检查和检验

监理人按照法律规定和发包人授权对工程的所有部位及其施工工艺、材料和工程设备进行检查和检验。承包人应为监理人的检查和检验提供方便，包括监理人到施工现场，或制造、加工地点，或合同约定的其他地方进行察看和查阅施工原始记录。监理人为此进行的检查和检验，不免除或减轻承包人按照合同约定应当承担的责任。

监理人的检查和检验不应影响施工正常进行。监理人的检查和检验影响施工正常进行的，且经检查检验不合格的，影响正常施工的费用由承包人承担，工期不予顺延；经检查检验合格的，由此增加的费用和（或）延误的工期由发包人承担。

（三）隐蔽工程检查

1．承包人自检
承包人应当对工程隐蔽部位进行自检，并经自检确认是否具备覆盖条件。

2．检查程序
除专用合同条款另有约定外，工程隐蔽部位经承包人自检确认具备覆盖条件的，承包人应在共同检查前 48 小时书面通知监理人检查，通知中应载明隐蔽检查的内容、时间和地点，并应附有自检记录和必要的检查资料。

监理人应按时到场并对隐蔽工程及其施工工艺、材料和工程设备进行检查。经监理人检查确认质量符合隐蔽要求，并在验收记录上签字后，承包人才能进行覆盖。经监理人检查质量不合格的，承包人应在监理人指示的时间内完成修复，并由监理人重新检查，由此增加的费用和（或）延误的工期由承包人承担。

除专用合同条款另有约定外，监理人不能按时进行检查的，应在检查前 24 小时向承包人提交书面延期要求，但延期不能超过 48 小时，由此导致工期延误的，工期应予以顺延。监理人未按时进行检查，也未提出延期要求的，视为隐蔽工程检查合格，承包人可自行完成覆盖工作，并作相应记录报送监理人，监理人应签字确认。监理人事后对检查记录有疑问的，可按该通用条款〔重新检查〕的约定重新检查。

3．重新检查
承包人覆盖工程隐蔽部位后，发包人或监理人对质量有疑问的，可要求承包人对已覆盖的部位进行钻孔探测或揭开重新检查，承包人应遵照执行，并在检查后重新覆盖恢复原状。经检查证明工程质量符合合同要求的，由发包人承担由此增加的费用和（或）延误的工期，并支付承包人合理的利润；经检查证明工程质量不符合合同要求的，由此增加的费用和（或）延误的工期由承包人承担。

4．承包人私自覆盖

承包人未通知监理人到场检查，私自将工程隐蔽部位覆盖的，监理人有权指示承包人钻孔探测或揭开检查，无论工程隐蔽部位质量是否合格，由此增加的费用和（或）延误的工期均由承包人承担。

（四）不合格工程的处理

（1）因承包人原因造成工程不合格的，发包人有权随时要求承包人采取补救措施，直至达到合同要求的质量标准，由此增加的费用和（或）延误的工期由承包人承担。无法补救的，按照该通用条款〔拒绝接收全部或部分工程〕约定执行。

（2）因发包人原因造成工程不合格的，由此增加的费用和（或）延误的工期由发包人承担，并支付承包人合理的利润。

（五）质量争议检测

合同当事人对工程质量有争议的，由双方协商确定的工程质量检测机构鉴定，由此产生的费用及因此造成的损失，由责任方承担。

合同当事人均有责任的，由双方根据其责任分别承担。合同当事人无法达成一致的，按照该通用条款〔商定或确定〕约定执行。

（六）材料与设备

1．发包人供应材料与工程设备

发包人自行供应材料、工程设备的，应在签订合同时在专用合同条款的附件《发包人供应材料设备一览表》中明确材料、工程设备的品种、规格、型号、数量、单价、质量等级和送达地点。

承包人应提前 30 天通过监理人以书面形式通知发包人供应材料与工程设备进场。承包人按照该通用条款〔施工进度计划的修订〕约定修订施工进度计划时，需同时提交经修订后的发包人供应材料与工程设备的进场计划。

2．承包人采购材料与工程设备

承包人负责采购材料、工程设备的，应按照设计和有关标准要求采购，并提供产品合格证明及出厂证明，对材料、工程设备质量负责。合同约定由承包人采购的材料、工程设备，发包人不得指定生产厂家或供应商，发包人违反本款约定指定生产厂家或供应商的，承包人有权拒绝，并由发包人承担相应责任。

3．材料与工程设备的接收与拒收

（1）发包人应按《发包人供应材料设备一览表》约定的内容提供材料和工程设备，并向承包人提供产品合格证明及出厂证明，对其质量负责。发包人应提前 24 小时以书

面形式通知承包人、监理人材料和工程设备到货时间，承包人负责材料和工程设备的清点、检验和接收。

发包人提供的材料和工程设备的规格、数量或质量不符合合同约定的，或因发包人原因导致交货日期延误或交货地点变更等情况的，按照该通用条款〔发包人违约〕约定执行。

（2）承包人采购的材料和工程设备，应保证产品质量合格，承包人应在材料和工程设备到货前 24 小时通知监理人检验。承包人进行永久设备、材料的制造和生产的，应符合相关质量标准，并向监理人提交材料的样本以及有关资料，并应在使用该材料或工程设备之前获得监理人同意。

承包人采购的材料和工程设备不符合设计或有关标准要求时，承包人应在监理人要求的合理期限内将不符合设计或有关标准要求的材料、工程设备运出施工现场，并重新采购符合要求的材料、工程设备，由此增加的费用和（或）延误的工期，由承包人承担。

4．材料与工程设备的保管与使用

（1）发包人供应材料与工程设备的保管与使用。发包人供应的材料和工程设备，承包人清点后由承包人妥善保管，保管费用由发包人承担，但已标价工程量清单或预算书已经列支或专用合同条款另有约定除外。因承包人原因发生丢失毁损的，由承包人负责赔偿；监理人未通知承包人清点的，承包人不负责材料和工程设备的保管，由此导致丢失毁损的由发包人负责。

发包人供应的材料和工程设备使用前，由承包人负责检验，检验费用由发包人承担，不合格的不得使用。

（2）承包人采购材料与工程设备的保管与使用。承包人采购的材料和工程设备由承包人妥善保管，保管费用由承包人承担。法律规定材料和工程设备使用前必须进行检验或试验的，承包人应按监理人的要求进行检验或试验，检验或试验费用由承包人承担，不合格的不得使用。

发包人或监理人发现承包人使用不符合设计或有关标准要求的材料和工程设备时，有权要求承包人进行修复、拆除或重新采购，由此增加的费用和（或）延误的工期，由承包人承担。

5．禁止使用不合格的材料和工程设备

（1）监理人有权拒绝承包人提供的不合格的材料或工程设备，并要求承包人立即进行更换。监理人应在更换后再次进行检查和检验，由此增加的费用和（或）延误的工期，由承包人承担。

（2）监理人发现承包人使用了不合格的材料和工程设备，承包人应按照监理人的指示立即改正，并禁止在工程中继续使用不合格的材料和工程设备。

（3）发包人提供的材料或工程设备不符合合同要求的，承包人有权拒绝，并可要求发包人更换，由此增加的费用和（或）延误的工期由发包人承担，并支付承包人合理的利润。

6．样品

（1）样品的报送与封存

需要承包人报送样品的材料或工程设备，样品的种类、名称、规格、数量等要求均应在专用合同条款中约定。样品的报送程序如下所述。

① 承包人应在计划采购前 28 天向监理人报送样品。承包人报送的样品均应来自供应材料的实际生产地，且提供的样品的规格、数量足以表明材料或工程设备的质量、型号、颜色、表面处理、质地、误差和其他要求的特征。

② 承包人每次报送样品时应随附申报单，申报单应载明报送样品的相关数据和资料，并标明每件样品对应的图纸号，预留监理人批复意见栏。监理人应在收到承包人报送的样品后 7 天内向承包人回复经发包人签认的样品审批意见。

③ 经发包人和监理人审批确认的样品应按约定的方法封样，封存的样品作为检验工程相关部分的标准之一。承包人在施工过程中不得使用与样品不符的材料或工程设备。

④ 发包人和监理人对样品的审批确认仅为确认相关材料或工程设备的特征或用途，不得被理解为对合同的修改或改变，也并不减轻或免除承包人任何的责任和义务。如果封存的样品修改或改变了合同约定，合同当事人应当以书面协议予以确认。

（2）样品的保管

经批准的样品应由监理人负责封存于现场，承包人应在现场为保存样品提供适当和固定的场所并保持适当和良好的存储环境条件。

7．材料与工程设备的替代

（1）出现下列情况需要使用替代材料和工程设备的，承包人应按照该通用条款约定的程序执行：

① 基准日期后生效的法律规定禁止使用的；

② 发包人要求使用替代品的；

③ 因其他原因必须使用替代品的。

（2）承包人应在使用替代材料和工程设备前 28 天书面通知监理人，并附下列文件：

① 被替代的材料和工程设备的名称、数量、规格、型号、品牌、性能、价格及其他相关资料；

② 替代品的名称、数量、规格、型号、品牌、性能、价格及其他相关资料；

③ 替代品与被替代产品之间的差异以及使用替代品可能对工程产生的影响；

④ 替代品与被替代产品的价格差异；

⑤ 使用替代品的理由和原因说明；

⑥ 监理人要求的其他文件。

监理人应在收到通知后 14 天内向承包人发出经发包人签认的书面指示；监理人逾期发出书面指示的，视为发包人和监理人同意使用替代品。

（3）发包人认可使用替代材料和工程设备的，替代材料和工程设备的价格，应按照已标价工程量清单或预算书相同项目的价格认定；无相同项目的，参考相似项目价格认定；既无相同项目也无相似项目的，按照合理的成本与利润构成的原则，由合同当事人按照该通用条款〔商定或确定〕确定价格。

8. 施工设备和临时设施

（1）承包人提供的施工设备和临时设施。承包人应按合同进度计划的要求，及时配置施工设备和修建临时设施。进入施工场地的承包人设备须经监理人核查后才能投入使用。承包人更换合同约定的承包人设备的，应报监理人批准。

除专用合同条款另有约定外，承包人应自行承担修建临时设施的费用，需要临时占地的，应由发包人办理申请手续并承担相应费用。

（2）发包人提供的施工设备和临时设施。发包人提供的施工设备或临时设施在专用合同条款中约定。

（3）要求承包人增加或更换施工设备。承包人使用的施工设备不能满足合同进度计划和（或）质量要求时，监理人有权要求承包人增加或更换施工设备，承包人应及时增加或更换，由此增加的费用和（或）延误的工期由承包人承担。

9. 材料与设备专用要求

承包人运入施工现场的材料、工程设备、施工设备以及在施工场地建设的临时设施，包括备品备件、安装工具与资料，必须专用于工程。未经发包人批准，承包人不得运出施工现场或挪作他用；经发包人批准，承包人可以根据施工进度计划撤走闲置的施工设备和其他物品。

（七）试验与检验

1. 试验设备与试验人员

（1）承包人根据合同约定或监理人指示进行的现场材料试验，应由承包人提供试验场所、试验人员、试验设备以及其他必要的试验条件。监理人在必要时可以使用承包人提供的试验场所、试验设备以及其他试验条件，进行以工程质量检查为目的的材料复核试验，承包人应予以协助。

（2）承包人应按专用合同条款的约定提供试验设备、取样装置、试验场所和试验条件，并向监理人提交相应进场计划表。

承包人配置的试验设备要符合相应试验规程的要求并经过具有资质的检测单位检测，且在正式使用该试验设备前，需要经过监理人与承包人共同校定。

（3）承包人应向监理人提交试验人员的名单及其岗位、资格等证明资料，试验人员必须能够熟练进行相应的检测试验，承包人应对试验人员的试验程序和试验结果的正确性负责。

2. 取样

试验属于自检性质的，承包人可以单独取样。试验属于监理人抽检性质的，可由监理人取样，也可由承包人的试验人员在监理人的监督下取样。

3. 材料、工程设备和工程的试验和检验

（1）承包人应按合同约定进行材料、工程设备和工程的试验和检验，并为监理人对上述材料、工程设备和工程的质量检查提供必要的试验资料和原始记录。按合同约定应由监理人与承包人共同进行试验和检验的，由承包人负责提供必要的试验资料和原始记录。

（2）试验属于自检性质的，承包人可以单独进行试验。试验属于监理人抽检性质的，监理人可以单独进行试验，也可由承包人与监理人共同进行。承包人对由监理人单独进行的试验结果有异议的，可以申请重新共同进行试验。约定共同进行试验的，监理人未按照约定参加试验的，承包人可自行试验，并将试验结果报送给监理人，监理人应承认该试验结果。

（3）监理人对承包人的试验和检验结果有异议的，或为查清承包人试验和检验成果的可靠性要求承包人重新试验和检验的，可由监理人与承包人共同进行。重新试验和检验的结果证明该项材料、工程设备或工程的质量不符合合同要求的，由此增加的费用和（或）延误的工期由承包人承担；重新试验和检验结果证明该项材料、工程设备和工程符合合同要求的，由此增加的费用和（或）延误的工期由发包人承担。

（4）现场工艺试验。承包人应按合同约定或监理人指示进行现场工艺试验。对大型的现场工艺试验，监理人认为必要时，承包人应根据监理人提出的工艺试验要求，编制工艺试验措施和计划，报送监理人审查。

（八）分部分项工程验收

分部分项工程质量应符合国家有关工程施工验收规范、标准及合同约定，承包人应按照施工组织设计的要求完成分部分项工程施工。

除专用合同条款另有约定外，分部分项工程经承包人自检合格并具备验收条件的，承包人应提前 48 小时通知监理人进行验收。监理人不能按时进行验收的，应在验收前 24 小时内向承包人提交书面延期要求，但延期不能超过 48 小时。监理人未按时进行验收，也未提出延期要求的，承包人有权自行验收，监理人应认可验收结果。分部分项工程未经验收的，不得进入下一道工序施工。分部分项工程的验收资料应当作为竣工资料的组成部分。

（九）竣工验收

1. 竣工验收条件

工程具备以下条件的，承包人可以申请竣工验收。

（1）除发包人同意的甩项工作和缺陷修补工作外，合同范围内的全部工程以及有关工作，包括合同要求的试验、试运行以及检验均已完成，并符合合同要求。

（2）已按合同约定编制了甩项工作和缺陷修补工作清单，以及相应的施工计划。

（3）已按合同约定的内容和份数备齐竣工资料。

2. 竣工验收程序

除专用合同条款另有约定外，承包人申请竣工验收的，应当按照以下程序进行。

（1）承包人向监理人报送竣工验收申请报告，监理人应在收到竣工验收申请报告后14天内完成审查并报送发包人。监理人审查后认为尚不具备验收条件的，应通知承包人在竣工验收前承包人还需完成的工作内容，承包人应在完成监理人通知的全部工作内容后，再次提交竣工验收申请报告。

（2）监理人审查后认为已具备竣工验收条件的，应将竣工验收申请报告提交给发包人，发包人应在收到经监理人审核的竣工验收申请报告后28天内审批完毕并组织监理人、承包人、设计人等相关单位完成竣工验收。

（3）竣工验收合格的，发包人应在验收合格后14天内向承包人签发工程接收证书。发包人无正当理由逾期不颁发工程接收证书的，自验收合格后第15天起视为已颁发工程接收证书。

（4）竣工验收不合格的，监理人应按照验收意见发出指示，要求承包人对不合格工程返工、修复或采取其他补救措施，由此增加的费用和（或）延误的工期由承包人承担。承包人在完成不合格工程的返工、修复或采取其他补救措施后，应重新提交竣工验收申请报告，并按本项约定的程序重新进行验收。

（5）工程未经验收或验收不合格，发包人擅自使用的，应在转移占有工程后7天内向承包人颁发工程接收证书；发包人无正当理由逾期不颁发工程接收证书的，自转移占有工程后第15天起视为已颁发工程接收证书。

除专用合同条款另有约定外，发包人不按照本项约定组织竣工验收、颁发工程接收证书的，每逾期一天，应以签约合同价为基数，按照中国人民银行发布的同期同类贷款基准利率支付违约金。

3. 竣工日期的确定

工程经竣工验收合格的，以承包人提交竣工验收申请报告之日为实际竣工日期，并在工程接收证书中载明；因发包人原因，未在监理人收到承包人提交的竣工验收申请报告42天内完成竣工验收的，或完成竣工验收不予签发工程接收证书的，以提交竣工验收申请报告的日期为实际竣工日期；工程未经竣工验收，发包人擅自使用的，以转移占有工程之日为实际竣工日期。

4. 拒绝接收全部或部分工程

对于竣工验收不合格的工程，承包人完成整改后，应当重新进行竣工验收，经重新组织验收仍不合格的且无法采取措施补救的，则发包人可以拒绝接收不合格工程，因不合格工程导致其他工程不能正常使用的，承包人应采取措施确保相关工程的正常使用，由此增加的费用和（或）延误的工期由承包人承担。

5. 移交、接收全部与部分工程

除专用合同条款另有约定外，合同当事人应当在颁发工程接收证书后7天内完成工程的移交。

发包人无正当理由不接收工程的，发包人自应当接收工程之日起，承担工程照管、成品保护、保管等与工程有关的各项费用，合同当事人可以在专用合同条款中另行约定发包人逾期接收工程的违约责任。

承包人无正当理由不移交工程的，承包人应承担工程照管、成品保护、保管等与工程有关的各项费用，合同当事人可以在专用合同条款中另行约定承包人无正当理由不移交工程的违约责任。

（十）工程试车

1．试车程序

工程需要试车的，除专用合同条款另有约定外，试车内容应与承包人承包范围相一致，试车费用由承包人承担。工程试车应按如下程序进行。

（1）具备单机无负荷试车条件，承包人组织试车，并在试车前48小时书面通知监理人，通知中应载明试车内容、时间、地点。承包人准备试车记录，发包人根据承包人要求为试车提供必要条件。试车合格的，监理人在试车记录上签字。监理人在试车合格后不在试车记录上签字，自试车结束满24小时后视为监理人已经认可试车记录，承包人可继续施工或办理竣工验收手续。

监理人不能按时参加试车，应在试车前24小时以书面形式向承包人提出延期要求，但延期不能超过48小时，由此导致工期延误的，工期应予以顺延。监理人未能在前述期限内提出延期要求，又不参加试车的，视为认可试车记录。

（2）具备无负荷联动试车条件，发包人组织试车，并在试车前48小时以书面形式通知承包人。通知中应载明试车内容、时间、地点和对承包人的要求，承包人按要求做好准备工作。如果试车合格，合同当事人就在试车记录上签字。承包人无正当理由不参加试车的，视为认可试车记录。

2．试车中的责任

因设计原因导致试车达不到验收要求，发包人应要求设计人修改设计，承包人按修改后的设计重新安装。发包人承担修改设计、拆除及重新安装的全部费用，工期相应顺延。因承包人原因导致试车达不到验收要求的，承包人按监理人要求重新安装和试车，并承担重新安装和试车的费用，工期不予顺延。

因工程设备制造原因导致试车达不到验收要求的，由采购该工程设备的合同当事人负责重新购置或修理，承包人负责拆除和重新安装，由此增加的修理、重新购置、拆除及重新安装的费用及延误的工期由采购该工程设备的合同当事人承担。

3．投料试车

如需进行投料试车的，发包人应在工程竣工验收后组织投料试车。发包人要求在工程竣工验收前进行或需要承包人配合时，应征得承包人同意，并在专用合同条款中约定有关事项。

投料试车合格的，费用由发包人承担；因承包人原因造成投料试车不合格的，承包人应按照发包人要求进行整改，由此产生的整改费用由承包人承担；非因承包人原因导致投料试车不合格的，如发包人要求承包人进行整改的，由此产生的费用由发包人承担。

（十一）提前交付单位工程的验收

发包人需要在工程竣工前使用单位工程的，或承包人提出提前交付已经竣工的单位工程且经发包人同意的，可进行单位工程验收，验收的程序按照该通用条款〔竣工验收〕的约定进行。

验收合格后，由监理人向承包人出具经发包人签认的单位工程接收证书。已签发单位工程接收证书的单位工程由发包人负责照管。单位工程的验收成果和结论作为整体工程竣工验收申请报告的附件。

发包人要求在工程竣工前交付单位工程，由此导致承包人费用增加和（或）工期延误的，由发包人承担由此增加的费用和（或）延误的工期，并支付承包人合理的利润。

（十二）施工期运行

施工期运行是指合同工程尚未全部竣工，其中某项或某几项单位工程或工程设备安装已竣工，根据专用合同条款约定，需要投入施工期运行的，经发包人按第13.4条款〔提前交付单位工程的验收〕的约定验收合格，证明能确保安全后，才能在施工期投入运行。

在施工期运行中发现工程或工程设备损坏或存在缺陷的，由承包人按第 15.2 条款〔缺陷责任期〕约定进行修复。

（十三）竣工退场

1. 施工退场

颁发工程接收证书后，承包人应按以下要求对施工现场进行清理：

（1）施工现场内残留的垃圾已全部清除出场；

（2）临时工程已拆除，场地已进行清理、平整或复原；

（3）按合同约定应撤离的人员、承包人施工设备和剩余的材料，包括废弃的施工设备和材料，已按计划撤离施工现场；

（4）施工现场周边及其附近道路、河道的施工堆积物，已全部清理；

（5）施工现场及其他场地清理工作已全部完成。

施工现场的竣工退场费用由承包人承担。承包人应在专用合同条款约定的期限内完成竣工退场，逾期未完成的，发包人有权出售或另行处理承包人遗留的物品，由此支出的费用由承包人承担，发包人出售承包人遗留物品所得款项在扣除必要费用后应返还承包人。

2. 地表还原

承包人应按发包人要求恢复临时占地及清理场地，承包人未按发包人的要求恢复临时占地，或者场地清理未达到合同约定要求的，发包人有权委托其他人恢复或清理，所发生的费用由承包人承担。

（十四）缺陷责任与保修

1. 工程保修的原则

在工程移交发包人后，因承包人原因产生的质量缺陷，承包人应承担质量缺陷责任和保修义务。缺陷责任期届满，承包人仍应按合同约定的工程各分部保修年限承担保修义务。

2. 缺陷责任期

缺陷责任期自实际竣工日期起计算，合同当事人应在专用合同条款约定缺陷责任期的具体期限，但该期限最长不超过 24 个月。单位工程先于全部工程进行验收，经验收合格并交付使用的，该单位工程缺陷责任期自单位工程验收合格之日起算。因发包人原因导致工程无法按合同约定期限进行竣工验收的，缺陷责任期自承包人提交竣工验收申请报告之日起开始计算；发包人未经竣工验收擅自使用工程的，缺陷责任期自工程转移占有之日起开始计算。

工程竣工验收合格后，因承包人原因导致的缺陷或损坏致使工程、单位工程或某项主要设备不能按原定目的使用的，则发包人有权要求承包人延长缺陷责任期，并应在原缺陷责任期届满前发出延长通知，但缺陷责任期最长不能超过 24 个月。

任何一项缺陷或损坏修复后，经检查证明其影响了工程或工程设备的使用性能，承包人应重新进行合同约定的试验和试运行，试验和试运行的全部费用应由责任方承担。

除专用合同条款另有约定外，承包人应于缺陷责任期届满后 7 天内向发包人发出缺陷责任期届满通知，发包人应在收到缺陷责任期满通知后 14 天内核实承包人是否履行缺陷修复义务，承包人未能履行缺陷修复义务的，发包人有权扣除相应金额的维修费用。发包人应在收到缺陷责任期届满通知后 14 天内，向承包人颁发缺陷责任期终止证书。

3. 保修

（1）保修责任。工程保修期从工程竣工验收合格之日起计算，具体分部分项工程的保修期由合同当事人在专用合同条款中约定，但不得低于法定最低保修年限。在工程保修期内，承包人应当根据有关法律规定以及合同约定承担保修责任。

发包人未经竣工验收擅自使用工程的，保修期自转移占有之日起计算。

（2）修复费用。保修期内，修复的费用按照以下约定处理：

① 保修期内，因承包人原因造成工程的缺陷、损坏，承包人应负责修复，并承担修复的费用以及因工程的缺陷、损坏造成的人身伤害和财产损失；

② 保修期内，因发包人使用不当造成的工程缺陷、损坏，可以委托承包人修复，但发包人应承担修复的费用，并支付承包人合理的利润；

③ 因其他原因造成的工程缺陷、损坏，可以委托承包人修复，发包人应承担修复的费用，并支付承包人合理的利润，因工程的缺陷、损坏而造成的人身伤害和财产损失由责任方承担。

（3）修复通知。在保修期内，发包人在使用过程中，发现已接收的工程存在缺陷或损坏的，应书面通知承包人予以修复，但情况紧急必须立即修复缺陷或损坏的，发包人可以口头通知承包人并在口头通知后 48 小时内书面确认，承包人应在专用合同条款约定的合理期限内到达工程现场并修复缺陷或损坏。

（4）未能修复。因承包人原因造成的工程缺陷、损坏，承包人拒绝维修或未能在合理期限内修复缺陷或损坏，且经发包人书面催告后仍未修复的，发包人有权自行修复或委托第三方修复，所需费用由承包人承担。但修复范围超出缺陷或损坏范围的，超出范围部分的修复费用由发包人承担。

（5）承包人出入权。在保修期内，为了修复工程的缺陷、损坏，承包人有权出入工程现场，除情况紧急必须立即修复缺陷、损坏外，承包人应提前 24 小时通知发包人进场修复的时间。承包人进入工程现场前应获得发包人同意，且不应影响发包人正常的生产经营，并应遵守发包人有关保安和保密等规定。

6.3.6 施工合同的进度管理条款

（一）施工准备阶段的进度控制

1. 合同工期的约定

工期是指在合同协议书约定的承包人完成工程所需的期限，包括按照合同约定所作的期限变更。承发包双方必须在协议书中明确约定工期,包括开工日期和竣工日期。

（1）开工日期。开工日期包括计划开工日期和实际开工日期。计划开工日期是指合同协议书约定的开工日期；实际开工日期是指监理人按照该通用条款〔开工通知〕约定发出的符合法律规定的开工通知中载明的开工日期。

（2）竣工日期。竣工日期包括计划竣工日期和实际竣工日期。计划竣工日期是指合同协议书约定的竣工日期；实际竣工日期按照该通用条款〔竣工日期〕约定确定。

2. 提交施工组织设计

（1）施工组织设计应包含以下内容：

①施工方案；

②施工现场平面布置图；

③施工进度计划和保证措施；

④劳动力及材料供应计划；

⑤施工机械设备的选用；

⑥质量保证体系及措施；

⑦安全生产、文明施工措施；

⑧环境保护、成本控制措施；

⑨合同当事人约定的其他内容。

（2）施工组织设计的提交和修改

除专用合同条款另有约定外，承包人应在合同签订后 14 天内，但最迟不得晚于该通用条款〔开工通知〕约定载明的开工日期前 7 天，向监理人提交详细的施工组织设计，并由监理人报送发包人。除专用合同条款另有约定外，发包人和监理人应在监理人收到施工组织设计后 7 天内确认或提出修改意见。对发包人和监理人提出的合理意见和要求，承包人应自费修改完善。根据工程实际情况需要修改施工组织设计的，承包人应向发包人和监理人提交修改后的施工组织设计。

3．施工进度计划

（1）施工进度计划的编制

承包人应按照该通用条款〔施工组织设计〕约定提交详细的施工进度计划，施工进度计划的编制应当符合国家法律规定和一般工程实践惯例，施工进度计划经发包人批准后实施。施工进度计划是控制工程进度的依据，发包人和监理人有权按照施工进度计划来检查工程进度情况。

（2）施工进度计划的修订

施工进度计划不符合合同要求或与工程的实际进度不一致的，承包人应向监理人提交修订的施工进度计划，并附具有关措施和相关资料，由监理人报送发包人。除专用合同条款另有约定外，发包人和监理人应在收到修订的施工进度计划后7天内完成审核和批准或提出修改意见。发包人和监理人对承包人提交的施工进度计划的确认，不能减轻或免除承包人根据法律规定和合同约定应承担的任何责任或义务。

4．开工

（1）开工准备

除专用合同条款另有约定外，承包人应按照该通用条款〔施工组织设计〕约定的期限，向监理人提交工程开工报审表，经监理人报发包人批准后执行。开工报审表应详细说明要按施工进度计划正常施工所需的施工道路、临时设施、材料、工程设备、施工设备、施工人员等落实情况以及工程的进度安排。

除专用合同条款另有约定外，合同当事人应按约定完成开工准备工作。

（2）开工通知

发包人应按照法律规定获得工程施工所需的许可。经发包人同意后，监理人发出的开工通知应符合法律规定。监理人应在计划开工日期7天前向承包人发出开工通知，工期自开工通知中载明的开工日期起计算。

除专用合同条款另有约定外，因发包人原因造成监理人未能在计划开工日期之日起90天内发出开工通知的，承包人有权提出价格调整要求，或者解除合同。发包人应当承担由此增加的费用和（或）延误的工期，并向承包人支付合理利润。

5．测量放线

（1）除专用合同条款另有约定外，发包人应在最迟不得晚于该通用条款〔开工通知〕约定载明的开工日期截止前7天通过监理人向承包人提供测量基准点、基准线和水准点及其书面资料。发包人应对其提供的测量基准点、基准线和水准点及其书面资料的真实性、准确性和完整性负责。

承包人发现发包人提供的测量基准点、基准线和水准点及其书面资料存在错误或疏漏的，应及时通知监理人。监理人应及时报告发包人，并会同发包人和承包人予以核实。发包人应就如何处理和是否继续施工作出决定，并通知监理人和承包人。

（2）承包人负责施工过程中的全部施工测量放线工作，并配置具有相应资质的人员、合格的仪器、设备和其他物品。承包人应矫正工程的位置、标高、尺寸或准线中出现的任何差错，并对工程各部分的定位负责。

施工过程中对施工现场内水准点等测量标志物的保护工作由承包人负责。

（二）施工阶段的进度控制

1．监理人对进度计划的检查与监督

开工后，承包人必须按照监理人确认的进度计划组织施工，接受监理人对进度的检查和监督，检查和监督的依据一般是双方已经确认的月度进度计划。一般情况下，监理人依据月度进度计划，每月检查一次承包人的进度计划执行情况，由承包人提交一份上月进度计划实际执行情况和本月的施工计划。

工程实际进度与经确认的进度计划不符时，承包人应按监理人的要求提出改进措施，经监理人确认后执行。但是，对于因承包人自身的原因导致实际进度与进度计划不符时，所有的后果都应由承包人自行承担，承包人无权就改进措施追加合同价款，工程师也不应对改进措施的效果负责。

2．工期延误

（1）因发包人原因导致工期延误

在合同履行过程中，因下列情况导致工期延误和（或）费用增加的，由发包人承担由此延误的工期和（或）增加的费用，且发包人应支付承包人合理的利润：

① 发包人未能按合同约定提供图纸或所提供图纸不符合合同约定的；

② 发包人未能按合同约定提供施工现场、施工条件、基础资料、许可、批准等开工条件的；

③ 发包人提供的测量基准点、基准线和水准点及其书面资料存在错误或疏漏的；

④ 发包人未能在计划开工日期之日起 7 天内同意下达开工通知的；

⑤ 发包人未能按合同约定日期支付工程预付款、进度款或竣工结算款的；

⑥ 监理人未按合同约定发出指示、批准等文件的；

⑦ 专用合同条款中约定的其他情形。

因发包人原因未按计划开工日期开工的，发包人应按实际开工日期顺延竣工日期，确保实际工期不低于合同约定的工期总日历天数。因发包人原因导致工期延误需要修订施工进度计划的，按照该通用条款〔施工进度计划的修订〕约定执行。

（2）因承包人原因导致工期延误

因承包人原因造成工期延误的，可以在专用合同条款中约定逾期竣工违约金的计算方法和逾期竣工违约金的上限。承包人支付逾期竣工违约金后，不免除承包人继续完成工程及修补缺陷的义务。

3．不利物质条件

不利物质条件是指有经验的承包人在施工现场遇到的不可预见的自然物质条件、非自然的物质障碍和污染物，包括地表以下物质条件和水文条件以及专用合同条款约定的其他情形，但不包括气候条件。

承包人遇到不利物质条件时，应采取克服不利物质条件的合理措施继续施工，并及时通知发包人和监理人。通知应载明不利物质条件的内容以及承包人认为不可预见的理由。监理人经发包人同意后应当及时发出指示，指示构成变更的，按该通用条款〔变更〕约定执行。承包人因采取合理措施而增加的费用和（或）延误的工期由发包人承担。

4. 异常恶劣的气候条件

异常恶劣的气候条件是指在施工过程中遇到的，有经验的承包人在签订合同时不可预见的，对合同履行造成实质性影响的，但尚未构成不可抗力事件的恶劣气候条件。合同当事人可以在专用合同条款中约定异常恶劣的气候条件的具体情形。

承包人应采取克服异常恶劣的气候条件的合理措施继续施工，并及时通知发包人和监理人。监理人经发包人同意后应当及时发出指示，指示构成变更的，按该通用条款〔变更〕约定办理。承包人因采取合理措施而增加的费用和（或）延误的工期由发包人承担。

5. 暂停施工

（1）发包人原因引起的暂停施工

因发包人原因引起暂停施工的，监理人经发包人同意后，应及时下达暂停施工指示。情况紧急且监理人未及时下达暂停施工指示的，按照该通用条款〔紧急情况下的暂停施工〕约定执行。

因发包人原因引起的暂停施工，发包人应承担由此增加的费用和（或）延误的工期，并支付承包人合理的利润。

（2）承包人原因引起的暂停施工

因承包人原因引起的暂停施工，承包人应承担由此增加的费用和（或）延误的工期，且承包人在收到监理人复工指示后 84 天内仍未复工的，视为该通用条款〔承包人违约的情形〕第⑦目约定的承包人无法继续履行合同的情形。

（3）指示暂停施工

监理人认为有必要时，并经发包人批准后，可向承包人作出暂停施工的指示，承包人应按监理人指示暂停施工。

（4）紧急情况下的暂停施工

因紧急情况需暂停施工，且监理人未及时下达暂停施工指示的，承包人可先暂停施工，并及时通知监理人。监理人应在接到通知后 24 小时内发出指示，逾期未发出指示，视为同意承包人暂停施工。监理人不同意承包人暂停施工的，应说明理由，承包人对监理人的答复有异议，按照该通用条款〔争议解决〕约定执行。

（5）暂停施工后的复工

暂停施工后，发包人和承包人应采取有效措施积极消除暂停施工带来的影响。在工程复工前，监理人会同发包人和承包人确定因暂停施工造成的损失，并确定工程复工条件。当工程具备复工条件时，监理人应经发包人批准后向承包人发出复工通知，承包人应按照复工通知要求复工。

承包人无故拖延和拒绝复工的，承包人承担由此增加的费用和（或）延误的工期；因发包人原因无法按时复工的，按照该通用条款〔因发包人原因导致工期延误〕约定执行。

（6）暂停施工持续 56 天以上

监理人发出暂停施工指示后 56 天内未向承包人发出复工通知，除该项停工属于该通用条款〔承包人原因引起的暂停施工〕及〔不可抗力〕约定的情形外，承包人可向发包人提交书面通知，要求发包人在收到书面通知后 28 天内准许已暂停施工的部分或全部工程继续施工。发包人逾期不予批准的，则承包人可以通知发包人，将工程受影响的部分视为按该通用条款〔变更的范围〕第（2）项的约定方可取消工作。

暂停施工持续 84 天以上不复工的，且不属于通用条款〔承包人原因引起的暂停施工〕及〔不可抗力〕约定的情形，并影响到整个工程以及合同目的实现的，承包人有权提出价格调整要求，或者解除合同。解除合同的，按照该通用条款〔因发包人违约解除合同〕约定执行。

（7）暂停施工期间的工程照管

暂停施工期间，承包人应负责妥善照管工程并提供安全保障，由此增加的费用由责任方承担。

（8）暂停施工的措施

暂停施工期间，发包人和承包人均应采取必要的措施确保工程质量及安全，防止因暂停施工造成损失进一步扩大。

6. 变更

（1）变更的范围

除专用合同条款另有约定外，合同履行过程中发生以下情形的，应按照本条约定进行变更：

① 增加或减少合同中任何工作，或追加额外的工作；

② 取消合同中任何工作，但转由他人实施的工作除外；

③ 改变合同中任何工作的质量标准或其他特性；

④ 改变工程的基线、标高、位置和尺寸；

⑤ 改变工程的时间安排或实施顺序。

（2）变更权

发包人和监理人均可以提出变更。变更指示均通过监理人发出，监理人发出变更指示前应征得发包人同意。承包人收到经发包人签认的变更指示后，方可实施变更。未经许可，承包人不得擅自对工程的任何部分进行变更。

涉及设计变更的，应由设计人提供变更后的图纸和说明。如变更超过原设计标准或批准的建设规模时，发包人应及时办理规划、设计变更等审批手续。

（3）变更程序

① 发包人提出变更。发包人提出变更的，应通过监理人向承包人发出变更指示，变更指示应说明计划变更的工程范围和变更的内容。

② 监理人提出变更建议。监理人提出变更建议的，需要向发包人以书面形式提出变更计划，说明计划变更工程范围和变更的内容、理由，以及实施该变更对合同价格和

工期的影响。发包人同意变更的，由监理人向承包人发出变更指示。发包人不同意变更的，监理人无权擅自发出变更指示。

③ 变更执行。承包人收到监理人下达的变更指示后，认为不能执行的，应立即提出不能执行该变更指示的理由。承包人认为可以执行变更的，应当书面说明实施该变更指示对合同价格和工期的影响，且合同当事人应当按照该通用条款〔变更估价〕约定确定变更估价。

（4）承包人的合理化建议

承包人提出合理化建议的，应向监理人提交合理化建议说明，说明建议的内容和理由，以及实施该建议对合同价格和工期的影响。

除专用合同条款另有约定外，监理人应在收到承包人提交的合理化建议后 7 天内审查完毕并报送发包人，发现其中存在技术上的缺陷，应通知承包人修改。发包人应在收到监理人报送的合理化建议后 7 天内审批完毕。合理化建议经发包人批准的，监理人应及时发出变更指示，由此引起的合同价格调整应按照该通用条款〔变更估价〕约定执行。发包人不同意变更的，监理人应书面通知承包人。

（5）变更引起的工期调整

因变更引起工期变化的，合同当事人均可要求调整合同工期，由合同当事人按照该通用条款〔商定或确定〕约定并参考工程所在地的工期定额标准确定增减工期天数。

（三）竣工阶段的进度控制

工程竣工验收的条件、程序、竣工日期的确定等内容参见本章质量控制相关条款。存在提前竣工情形的，按以下条款执行。

（1）发包人要求承包人提前竣工的，发包人应通过监理人向承包人下达提前竣工指示，承包人应向发包人和监理人提交提前竣工建议书，提前竣工建议书应包括实施的方案、缩短的时间、增加的合同价格等内容。发包人接受该提前竣工建议书的，监理人应与发包人和承包人协商采取加快工程进度的措施，并修订施工进度计划，由此增加的费用由发包人承担。承包人认为提前竣工指示无法执行的，应向监理人和发包人提出书面异议，发包人和监理人应在收到异议后 7 天内予以答复。无论在任何情况下，发包人均不得压缩合理工期。

（2）发包人要求承包人提前竣工，或承包人提出提前竣工的建议能够给发包人带来效益的，合同当事人可以在专用合同条款中约定提前竣工的奖励。

6.3.7 施工合同的费用管理条款

（一）合同价格、计量与支付

1. 合同价格形式

发包人和承包人应在合同协议书中选择下列其中一种合同价格形式。

（1）单价合同

单价合同是指合同当事人约定以工程量清单及其综合单价进行合同价格计算、调整和确认的建设工程施工合同，在约定的范围内合同单价不作调整。合同当事人应在专用合同条款中约定综合单价包含的风险范围和风险费用的计算方法，并约定风险范围以外的合同价格的调整方法，其中因市场价格波动引起的调整按本通用条款〔市场价格波动引起的调整〕约定执行。

（2）总价合同

总价合同是指合同当事人约定以施工图、已标价工程量清单或预算书及有关条件进行合同价格计算、调整和确认的建设工程施工合同，在约定的范围内合同总价不作调整。合同当事人应在专用合同条款中约定总价包含的风险范围和风险费用的计算方法，并约定风险范围以外的合同价格的调整方法，其中因市场价格波动引起的调整按本通用条款〔市场价格波动引起的调整〕、因法律变化引起的调整按本通用条款〔法律变化引起的调整〕约定执行。

（3）其他价格形式

合同当事人可在专用合同条款中约定其他合同价格形式。

2．预付款

（1）预付款的支付

预付款的支付按照专用合同条款约定执行，但最迟应在开工通知载明的开工日期 7 天前完成支付。预付款应当用于材料、工程设备、施工设备的采购及修建临时工程、组织施工队伍进场等。

除专用合同条款另有约定外，预付款在进度付款中同比例扣回。在颁发工程接收证书前，提前解除合同的，尚未扣完的预付款应与合同价款一并结算。

发包人逾期支付预付款超过 7 天的，承包人有权向发包人发出要求预付的催告通知，发包人收到通知后 7 天内仍未支付的，承包人有权暂停施工，并按本通用条款〔发包人违约的情形〕约定执行。

（2）预付款担保

发包人要求承包人提供预付款担保的，承包人应在发包人支付预付款 7 天前提供预付款担保，专用合同条款另有约定除外。预付款担保可采用银行保函、担保公司担保等形式，具体由合同当事人在专用合同条款中约定。在预付款完全扣回之前，承包人应保证预付款担保持续有效。

发包人在工程款中逐期扣回预付款后，预付款担保额度应相应减少，但剩余的预付款担保金额不得低于未被扣回的预付款金额。

3．计量

（1）计量原则

工程量计量按照合同约定的工程量计算规则、图纸及变更指示等进行计量。工程量计算规则应以相关的国家标准、行业标准等为依据，由合同当事人在专用合同条款中约定。

（2）计量周期

除专用合同条款另有约定外，工程量的计量按月进行。

（3）单价合同的计量

除专用合同条款另有约定外，单价合同的计量按照本项约定执行。

① 承包人应于每月 25 日向监理人报送上月 20 日至当月 19 日已完成的工程量报告，并附具进度付款申请单、已完成工程量报表和有关资料。

② 监理人应在收到承包人提交的工程量报告后 7 天内完成对承包人提交的工程量报表的审核并报送发包人，以确定当月实际完成的工程量。监理人对工程量有异议的，有权要求承包人进行共同复核或抽样复测。承包人应协助监理人进行复核或抽样复测，并按监理人要求提供补充计量资料。承包人未按监理人要求参加复核或抽样复测的，监理人复核或修正的工程量视为承包人实际完成的工程量。

③ 监理人未在收到承包人提交的工程量报表后的 7 天内完成审核的，承包人报送的工程量报告中的工程量视为承包人实际完成的工程量，据此计算工程价款。

（4）总价合同的计量

除专用合同条款另有约定外，按月计量支付的总价合同，按照本项条款约定执行。

① 承包人应于每月 25 日向监理人报送上月 20 日至当月 19 日已完成的工程量报告，并附具进度付款申请单、已完成工程量报表和有关资料。

② 监理人应在收到承包人提交的工程量报告后 7 天内完成对承包人提交的工程量报表的审核并报送发包人，以确定当月实际完成的工程量。监理人对工程量有异议的，有权要求承包人进行共同复核或抽样复测。承包人应协助监理人进行复核或抽样复测并按监理人要求提供补充计量资料。承包人未按监理人要求参加复核或抽样复测的，监理人审核或修正的工程量视为承包人实际完成的工程量。

③ 监理人未在收到承包人提交的工程量报表后的 7 天内完成复核的，承包人提交的工程量报告中的工程量视为承包人实际完成的工程量。

总价合同采用支付分解表计量支付的，可以按照第 12.3.4 项条款〔总价合同的计量〕约定进行计量，但合同价款按照支付分解表进行支付。

4．工程进度款支付

1）付款周期

除专用合同条款另有约定外，付款周期应按照该通用条款〔计量周期〕约定与计量周期保持一致。

2）进度付款申请单的编制

除专用合同条款另有约定外，进度付款申请单应包括下列内容：

① 截至本次付款周期已完成工作对应的金额；

② 根据该通用条款〔变更〕约定应增加或扣减的变更金额；

③ 根据该通用条款〔预付款〕约定应支付的预付款或扣减的返还预付款；

④ 根据该通用条款〔质量保证金〕约定应扣减的质量保证金；

⑤ 根据该通用条款〔索赔〕约定应增加或扣减的索赔金额；

⑥ 对已签发的进度款支付证书中出现错误的修正，应在本次进度付款中支付或扣除的金额；

⑦ 根据合同约定应增加或扣减的其他金额。

3）进度付款申请单的提交

① 单价合同进度付款申请单的提交。单价合同的进度付款申请单，按照该通用条款〔单价合同的计量〕约定的时间按月向监理人提交，并附上已完成工程量报表和有关资料。单价合同中的总价项目按月进行支付分解，并汇总列入当期进度付款申请单。

② 总价合同进度付款申请单的提交。总价合同按月计量支付的，承包人按照该通用条款〔总价合同的计量〕约定的时间按月向监理人提交进度付款申请单，并附上已完成工程量报表和有关资料。

总价合同按支付分解表支付的，承包人应按照该通用条款〔支付分解表〕及〔进度付款申请单的编制〕约定向监理人提交进度付款申请单。

③ 其他价格形式合同的进度付款申请单的提交。合同当事人可在专用合同条款中约定其他价格形式合同的进度付款申请单的编制和提交程序。

4）进度款审核和支付

① 除专用合同条款另有约定外，监理人应在收到承包人进度付款申请单以及相关资料后7天内完成审查并报送发包人，发包人应在收到后7天内完成审批并签发进度款支付证书。发包人逾期未完成审批且未提出异议的，视为已签发进度款支付证书。

发包人和监理人对承包人的进度付款申请单有异议的，有权要求承包人修正和提供补充资料，承包人应提交修正后的进度付款申请单。监理人应在收到承包人修正后的进度付款申请单及相关资料后7天内完成审查并报送发包人，发包人应在收到监理人报送的进度付款申请单及相关资料后7天内，向承包人签发无异议部分的临时进度款支付证书。存在争议的部分，按照该通用条款〔争议解决〕约定执行。

② 除专用合同条款另有约定外，发包人应在进度款支付证书或临时进度款支付证书签发后14天内完成支付，发包人逾期支付进度款的，应按照中国人民银行发布的同期同类贷款基准利率支付违约金。

③ 发包人签发进度款支付证书或临时进度款支付证书，不表明发包人已同意、批准或接受了承包人完成的相应部分的工作。

5）进度付款的修正

在对已签发的进度款支付证书进行阶段汇总和复核中发现错误、遗漏或重复的，发包人和承包人均有权提出修正申请。经发包人和承包人同意的修正，应在下期进度付款中支付或扣除。

6）支付分解表

（1）支付分解表的编制要求

① 支付分解表中所列的每期付款金额，应为该通用条款〔进度付款申请单的编制〕第①目的约定估算金额。

② 实际进度与施工进度计划不一致的，合同当事人可按照该通用条款〔商定或确定〕约定修改支付分解表。

③ 不采用支付分解表的，承包人应向发包人和监理人提交按季度编制的支付估算

分解表，用于支付参考。

（2）总价合同支付分解表的编制与审批

① 除专用合同条款另有约定外，承包人应根据该通用条款〔施工进度计划〕约定的施工进度计划、签约合同价和工程量等因素对总价合同按月进行分解，编制支付分解表。承包人应当在收到监理人和发包人批准的施工进度计划后 7 天内，将支付分解表及编制支付分解表的支持性资料报送监理人。

② 监理人应在收到支付分解表后 7 天内完成审核并报送发包人。发包人应在收到经监理人审核的支付分解表后 7 天内完成审批，经发包人批准的支付分解表为有约束力的支付分解表。

③ 发包人逾期未完成支付分解表审批的，也未及时要求承包人进行修正和提供补充资料的，则承包人提交的支付分解表视为已经获得发包人批准。

（3）单价合同的总价项目支付分解表的编制与审批

除专用合同条款另有约定外，单价合同的总价项目，由承包人根据施工进度计划和总价项目的总价构成、费用性质、计划发生时间和相应工程量等因素按月进行分解，形成支付分解表，其编制与审批参照总价合同支付分解表的编制与审批执行。

5. 支付账户

发包人应将合同价款支付至合同协议书中约定的承包人账户。

（二）各费用项目的约定

1. 变更估价

（1）变更估价原则

除专用合同条款另有约定外，变更估价按照本款约定处理：

① 已标价工程量清单或预算书有相同项目的，按照相同项目单价认定；

② 已标价工程量清单或预算书中无相同项目，但有类似项目的，参照类似项目的单价认定；

③ 变更导致实际完成的变更工程量与已标价工程量清单或预算书中列明的该项目工程量的变化幅度超过 15% 的，或已标价工程量清单或预算书中无相同项目及类似项目单价的，按照合理的成本与利润构成的原则，由合同当事人按照该通用条款〔商定或确定〕约定确定变更工作的单价。

（2）变更估价程序

承包人应在收到变更指示后 14 天内，向监理人提交变更估价申请。监理人应在收到承包人提交的变更估价申请后 7 天内审查完毕并报送发包人，监理人对变更估价申请有异议，通知承包人修改后重新提交。发包人应在承包人提交变更估价申请后 14 天内审批完毕。发包人逾期未完成审批或未提出异议的，视为认可承包人提交的变更估价申请。

因变更引起的价格调整应计入最近一期的进度款中支付。

2. 暂估价

暂估价专业分包工程、服务、材料和工程设备的明细由合同当事人在专用合同条款中约定执行。

（1）依法必须招标的暂估价项目

对于依法必须招标的暂估价项目，采取以下第1种方式确定。合同当事人也可以在专用合同条款中选择其他招标方式。

第1种方式：对于依法必须招标的暂估价项目，由承包人招标，对该暂估价项目的确认和批准按照以下约定执行。

① 承包人应当根据施工进度计划，在招标工作启动前14天将招标方案通过监理人报送发包人审查，发包人应当在收到承包人报送的招标方案后7天内批准或提出修改意见。承包人应当按照经过发包人批准的招标方案开展招标工作。

② 承包人应当根据施工进度计划，提前14天将招标文件通过监理人报送发包人审批，发包人应当在收到承包人报送的相关文件后7天内完成审批或提出修改意见；发包人有权确定招标控制价并按照法律规定参加评标。

③ 承包人与供应商、分包人在签订暂估价合同前，应当提前7天将确定的中标候选供应商或中标候选分包人的资料报送发包人，发包人应在收到资料后3天内与承包人共同确定中标人；承包人应当在签订合同后7天内，将暂估价合同副本报送发包人留存。

第2种方式：对于依法必须招标的暂估价项目，由发包人和承包人共同招标确定暂估价供应商或分包人的，承包人应按照施工进度计划，在招标工作启动前14天通知发包人，并提交暂估价招标方案和工作分工。发包人应在收到后7天内确认。确定中标人后，由发包人、承包人与中标人共同签订暂估价合同。

（2）不属于依法必须招标的暂估价项目

除专用合同条款另有约定外，对于不属于依法必须招标的暂估价项目，采取以下第1种方式确定。

第1种方式：对于不属于依法必须招标的暂估价项目，按本项约定确认和批准。

① 承包人应根据施工进度计划，在签订暂估价项目的采购合同、分包合同前28天向监理人提出书面申请。监理人应当在收到申请后3天内报送发包人，发包人应当在收到申请后14天内给予批准或提出修改意见，发包人逾期未予批准或提出修改意见的，视为该书面申请已获得同意。

② 发包人认为承包人确定的供应商、分包人无法满足工程质量或合同要求的，发包人可以要求承包人重新确定暂估价项目的供应商、分包人。

③ 承包人应当在签订暂估价合同后7天内，将暂估价合同副本报送发包人留存。

第2种方式：承包人按照该通用条款〔依法必须招标的暂估价项目〕约定的第1种方式确定暂估价项目。

第3种方式：承包人直接实施的暂估价项目。

承包人具备实施暂估价项目的资格和条件的，经发包人和承包人协商一致后，可由承包人自行实施暂估价项目，合同当事人可以在专用合同条款中约定具体事项。

（3）因发包人导致暂估价合同订立和履行迟延的，由此增加的费用和（或）延误的工期由发包人承担，并支付承包人合理的利润。因承包人原因导致暂估价合同订立和履行迟延的，由此增加的费用和（或）延误的工期由承包人承担。

3. 暂列金额

暂列金额应按照发包人的要求使用，发包人的要求应通过监理人发出。合同当事人可以在专用合同条款中协商确定有关事项。

4. 计日工

需要采用计日工方式的，经发包人同意后，由监理人通知承包人以计日工计价方式实施相应的工作，其价款按列入已标价工程量清单或预算书中的计日工计价项目及其单价进行计算；已标价工程量清单或预算书中无相应的计日工单价的，按照合理的成本与利润构成的原则，由合同当事人按照该通用条款〔商定或确定〕约定确定变更工作的单价。

采用计日工计价的任何一项工作，承包人应在该项工作实施过程中，每天提交以下报表和有关凭证报送监理人审查：

（1）工作名称、内容和数量；

（2）投入该工作的所有人员的姓名、专业、工种、级别和耗用工时；

（3）投入该工作的材料类别和数量；

（4）投入该工作的施工设备型号、台数和耗用台时；

（5）其他有关资料和凭证。

计日工由承包人汇总后，列入最近一期进度付款申请单，由监理人审查并经发包人批准后列入进度付款。

5. 安全文明施工费

（1）安全文明施工费的承担

安全文明施工费由发包人承担，发包人不得以任何形式扣减该部分费用。因基准日期后合同所适用的法律或政府有关规定有所变化，增加的安全文明施工费由发包人承担。

承包人经发包人同意采取合同约定以外的安全措施所产生的费用，由发包人承担。未经发包人同意的，如果该措施避免了发包人的损失，则发包人在避免损失的额度内承担该措施费。如果该措施避免了承包人的损失，由承包人承担该措施费。

（2）安全文明施工费的支付

除专用合同条款另有约定外，发包人应在开工后 28 天内预付安全文明施工费总额的 50%，其余部分与进度款同期支付。发包人逾期支付安全文明施工费超过 7 天的，承包人有权向发包人发出要求预付的催告通知，发包人收到通知后 7 天内仍未支付的，承包人有权暂停施工，并按该通用条款〔发包人违约的情形〕约定执行。

（3）安全文明施工费应专款专用

承包人对安全文明施工费应专款专用，承包人应在财务账目中单独列项备查，不得挪作他用，否则发包人有权责令其限期改正；逾期未改正的，可以责令其暂停施工，由此增加的费用和（或）延误的工期由承包人承担。

（4）紧急情况处理

在工程实施期间或缺陷责任期内发生危及工程安全的事件，监理人通知承包人进行抢救，承包人声明无能力或不愿立即执行的，发包人有权雇用其他人员进行抢救。此类抢救按合同约定属于承包人义务的，由此增加的费用和（或）延误的工期由承包人承担。

6. 质量保证金

经合同当事人协商一致扣留质量保证金的，应在专用合同条款中予以明确。

（1）承包人提供质量保证金的方式

承包人提供质量保证金有以下三种方式：

① 质量保证金保函；

② 相应比例的工程款；

③ 双方约定的其他方式。

除专用合同条款另有约定外，质量保证金原则上采用上述第①种方式。

（2）质量保证金的扣留

质量保证金的扣留有以下三种方式：

① 在支付工程进度款时逐次扣留，在此情形下，质量保证金的计算基数不包括预付款的支付、扣回以及价格调整的金额；

② 工程竣工结算时一次性扣留质量保证金；

③ 双方约定的其他扣留方式。

除专用合同条款另有约定外，质量保证金的扣留原则上采用上述第①种方式。

发包人累计扣留的质量保证金不得超过结算合同价格的 5%，如承包人在发包人签发竣工付款证书后 28 天内提交质量保证金保函，发包人应同时退还扣留的作为质量保证金的工程价款。

（3）质量保证金的退还

发包人应按该通用条款〔最终结清〕约定退还质量保证金。

7. 挖掘到化石和文物时的处理

在施工现场发掘的所有文物、古迹以及具有地质研究或考古价值的其他遗迹、化石、钱币或物品属于国家所有。一旦发现上述文物，承包人应采取合理有效的保护措施，防止任何人员移动或损坏上述物品，并立即报告有关政府行政管理部门，同时通知监理人。

发包人、监理人和承包人应按有关政府行政管理部门要求采取妥善的保护措施，由此增加的费用和（或）延误的工期由发包人承担。承包人发现文物后不及时报告或隐瞒不报，致使文物丢失或损坏的，应赔偿损失，并承担相应的法律责任。

（三）价格调整

1. 市场价格波动引起的调整

除专用合同条款另有约定外，市场价格波动超过合同当事人约定的范围，合同价格应当调整。合同当事人可以在专用合同条款中约定选择以下其中一种方式对合同价格进行调整。

（1）采用价格指数进行价格调整。

① 价格调整公式。因人工、材料和设备等价格波动影响合同价格时，根据专用合同条款中约定的数据，按以下公式计算差额并调整合同价格：

$$\Delta P = P_0\left[A+\left(B_1\times\frac{F_{t1}}{F_{01}}+B_2\times\frac{F_{t2}}{F_{02}}+B_3\times\frac{F_{t3}}{F_{03}}+\cdots+B_n\times\frac{F_{tn}}{F_{0n}}\right)-1\right]$$

公式中：ΔP——需调整的价格差额；

P_0——约定的付款证书中承包人应得到的已完成工程量的金额。此项金额应不包括价格调整、不计质量保证金的扣留和支付、预付款的支付和扣回。约定的变更及其他金额已按现行价格计价的，也不计在内；

A——定值权重（即不调部分的权重）；

B_1；B_2；$B_3\cdots B_n$——各可调因子的变值权重（即可调部分的权重），为各可调因子在签约合同价中所占的比例；

F_{t1}；F_{t2}；$F_{t3}\cdots F_{tn}$——各可调因子的现行价格指数，指约定的付款证书相关周期最后一天的前 42 天的各可调因子的价格指数；

F_{01}；F_{02}；$F_{03}\cdots F_{0n}$——各可调因子的基本价格指数，指基准日期的各可调因子的价格指数。

以上价格调整公式中的各可调因子、定值和变值权重，以及基本价格指数及其来源在投标函附录价格指数和权重表中约定，非招标订立的合同，由合同当事人在专用合同条款中约定。价格指数应首先采用工程造价管理机构发布的价格指数，无前述价格指数时，可以用工程造价管理机构发布的价格代替。

② 暂时确定调整差额

在计算调整差额时无现行价格指数的，合同当事人同意暂用前次价格指数计算。实际价格指数有调整的，合同当事人进行相应调整。

③ 权重的调整

因变更导致合同约定的权重不合理时，按照该通用条款〔商定或确定〕约定执行。

④ 因承包人原因工期延误后的价格调整

因承包人原因未按期竣工的，对合同约定的竣工日期后继续施工的工程，在使用价格调整公式时，应采用计划竣工日期与实际竣工日期的两个价格指数中较低的一个作为现行价格指数。

（2）采用造价信息进行价格调整。

合同履行期间，因人工、材料、工程设备和机械设备价格波动影响合同价格时，人工、机械使用费按照国家或省、自治区、直辖市建设行政管理部门、行业建设管理部门或其授权的工程造价管理机构发布的人工、机械使用费系数进行调整；需要进行价格调整的材料，其单价和采购数量应由发包人审批，发包人确认需调整的材料单价及数量，作为调整合同价格的依据。

① 人工单价发生变化且符合省级或行业建设主管部门发布的人工费调整规定，合同当事人应按省级或行业建设主管部门或其授权的工程造价管理机构发布的人工费等文件调整合同价格，但承包人对人工费或人工单价的报价高于发布价格的除外。

② 材料、工程设备价格变化的价款调整按照发包人提供的基准价格，按以下风险范围规定执行。

a）承包人在已标价工程量清单或预算书中载明材料单价低于基准价格的：除专用合同条款另有约定外，合同履行期间材料单价涨幅以基准价格为基础超过 5%时，或材料单价跌幅以在已标价工程量清单或预算书中载明材料单价为基础超过 5%时，其超过部分据实调整。

b）承包人在已标价工程量清单或预算书中载明材料单价高于基准价格的：除专用合同条款另有约定外，合同履行期间材料单价跌幅以基准价格为基础超过 5%时，材料单价涨幅以在已标价工程量清单或预算书中载明材料单价为基础超过 5%时，其超过部分据实调整。

c）承包人在已标价工程量清单或预算书中载明材料单价等于基准价格的：除专用合同条款另有约定外，合同履行期间材料单价涨跌幅以基准价格为基础超过±5%时，其超过部分据实调整。

d）承包人应在采购材料前将采购数量和新的材料单价报发包人核对，发包人确认用于工程时，发包人应确认采购材料的数量和单价。发包人在收到承包人报送的确认资料后 5 天内不予答复的视为认可，作为调整合同价格的依据。未经发包人事先核对，承包人自行采购材料的，发包人有权不予调整合同价格。经发包人同意的，可以调整合同价格。

前述基准价格是指由发包人在招标文件或专用合同条款中给定的材料、工程设备的价格，该价格原则上应当按照省级或行业建设主管部门或其授权的工程造价管理机构发布的信息价进行编制。

③ 施工机械设备单价或施工机械使用费发生变化超过省级或行业建设主管部门或其授权的工程造价管理机构规定的范围时，按规定调整合同价格。

（3）专用合同条款约定的其他方式。

2．法律变化引起的调整

基准日期后，法律变化导致承包人在合同履行过程中所需要的费用发生除该通用条款〔市场价格波动引起的调整〕约定以外的增加时，由发包人承担由此增加的费用；减少时，应从合同价格中予以扣减。基准日期后，因法律变化造成工期延误时，工期应予以顺延。

因法律变化引起的合同价格和工期调整，合同当事人无法达成一致的，由总监理工程师按该通用条款〔商定或确定〕约定执行。

因承包人原因造成工期延误，在工期延误期间出现法律变化的，由此增加的费用和（或）延误的工期由承包人承担。

（四）竣工结算

1．竣工结算申请

除专用合同条款另有约定外，承包人应在工程竣工验收合格后 28 天内向发包人和监理人提交竣工结算申请单，并提交完整的结算资料，有关竣工结算申请单的资料清单和份数等要求由合同当事人在专用合同条款中约定。

除专用合同条款另有约定外，竣工结算申请单应包括以下内容：

① 竣工结算合同价格；

② 发包人已支付承包人的款项；

③ 应扣留的质量保证金；

④ 发包人应支付承包人的合同价款。

2．竣工结算审核

（1）除专用合同条款另有约定外，监理人应在收到竣工结算申请单后 14 天内完成核查并报送发包人。发包人应在收到监理人提交的经审核的竣工结算申请单后 14 天内完成审批，并由监理人向承包人签发经发包人签认的竣工付款证书。监理人或发包人对竣工结算申请单有异议的，有权要求承包人进行修正和提供补充资料，承包人应提交修正后的竣工结算申请单。

发包人在收到承包人提交竣工结算申请书后 28 天内未完成审批且未提出异议的，视为发包人认可承包人提交的竣工结算申请单，并自发包人收到承包人提交的竣工结算申请单后第 29 天起视为已签发竣工付款证书。

（2）除专用合同条款另有约定外，发包人应在签发竣工付款证书后的 14 天内，完成对承包人的竣工付款。发包人逾期支付的，按照中国人民银行发布的同期同类贷款基准利率支付违约金；逾期支付超过 56 天的，按照中国人民银行发布的同期同类贷款基准利率的两倍支付违约金。

（3）承包人对发包人签认的竣工付款证书有异议的，对于有异议部分应在收到发包人签认的竣工付款证书后 7 天内提出异议，并由合同当事人按照专用合同条款约定的方式和程序进行复核，或按照该通用条款〔争议解决〕约定执行。对于无异议部分，发包人应签发临时竣工付款证书，并按本款第（2）项完成付款。承包人逾期未提出异议的，视为认可发包人的审批结果。

3．甩项竣工协议

发包人要求甩项竣工的，合同当事人应签订甩项竣工协议。在甩项竣工协议中应明确，合同当事人按照该通用条款〔竣工结算申请〕及〔竣工结算审核〕的约定，对已完成的合格工程进行结算，并支付相应合同价款。

4．最终结清

（1）最终结清申请单

① 除专用合同条款另有约定外，承包人应在缺陷责任期终止证书颁发后 7 天内，

按专用合同条款约定的份数向发包人提交最终结清申请单，并提供相关证明材料。

除专用合同条款另有约定外，最终结清申请单应列明质量保证金、应扣除的质量保证金、缺陷责任期内发生的增减费用。

② 发包人对最终结清申请单内容有异议的，有权要求承包人进行修正和提供补充资料，承包人应向发包人提交修正后的最终结清申请单。

（2）最终结清证书和支付

① 除专用合同条款另有约定外，发包人应在收到承包人提交的最终结清申请单后14天内完成审批并向承包人颁发最终结清证书。发包人逾期未完成审批，又未提出修改意见的，视为发包人同意承包人提交的最终结清申请单，且自发包人收到承包人提交的最终结清申请单后15天起视为已颁发最终结清证书。

② 除专用合同条款另有约定外，发包人应在颁发最终结清证书后7天内完成支付。发包人逾期支付的，按照中国人民银行发布的同期同类贷款基准利率支付违约金；逾期支付超过56天的，按照中国人民银行发布的同期同类贷款基准利率的两倍支付违约金。

③ 承包人对发包人颁发的最终结清证书有异议的，按该通用条款〔争议解决〕的约定执行。

6.3.8 施工合同的安全、健康和环境（SHE）管理条款

（一）安全管理

1. 安全生产要求

合同履行期间，合同当事人均应当遵守国家和工程所在地有关安全生产的要求，合同当事人有特别要求的，应在专用合同条款中明确施工项目安全生产标准化达标的目标及相应事项。承包人有权拒绝发包人及监理人强令承包人违章作业、冒险施工的任何指示。

在施工过程中，如遇到突发的地质变动、事先未知的地下施工障碍等影响施工安全的紧急情况，承包人应及时报告监理人和发包人，发包人应当及时下令停工并报政府有关行政管理部门采取应急措施。

因安全生产需要暂停施工的，按照该通用条款〔暂停施工〕约定执行。

2. 安全生产保证措施

承包人应当按照有关规定编制安全技术措施或者专项施工方案，建立安全生产责任制度、治安保卫制度及安全生产教育培训制度，并按安全生产法律规定及合同约定履行安全职责，如实编制工程安全生产的有关记录，接受发包人、监理人及政府安全监督部门的检查与监督。

3. 特别安全生产事项

承包人应按照法律规定进行施工，开工前做好安全技术交底工作，施工过程中做好各项安全防护措施。承包人为实施合同而雇用的特殊工种人员应受过专门的培训并已取得政府有关管理机构颁发的上岗证书。

承包人在动力设备、输电线路、地下管道、密封防震车间、易燃易爆地段以及临街

交通要道附近施工时，施工开始前应向发包人和监理人提出安全防护措施，经发包人认可后方可实施。

实施爆破作业，在放射性、毒害性环境中施工（含储存、运输、使用）及使用毒害性、腐蚀性物品施工时，承包人应在施工前7天以书面通知发包人和监理人，并报送相应的安全防护措施，经发包人认可后实施。

需单独编制危险性较大分部分项专项工程施工方案的，及要求进行专家论证的超过一定规模的危险性较大的分部分项工程，承包人应及时编制和组织论证。

4．治安保卫

除专用合同条款另有约定外，发包人应与当地公安部门协商，在现场建立治安管理机构或联防组织，统一管理施工场地的治安保卫事项，履行合同工程的治安保卫职责。

发包人和承包人除应协助现场治安管理机构或联防组织维护施工场地的社会治安外，还应做好包括生活区在内的各自管辖区的治安保卫工作。

除专用合同条款另有约定外，发包人和承包人应在工程开工后7天内共同编制施工场地治安管理计划，并制定应对突发治安事件的紧急预案。在工程施工过程中，发生暴乱、爆炸等恐怖事件，以及群殴、械斗等群体性突发治安事件的，发包人和承包人应立即向当地政府报告。发包人和承包人应积极协助当地有关部门采取措施平息事态，防止事态扩大，尽量避免人员伤亡和财产损失。

5．文明施工

承包人在工程施工期间，应当采取措施保持施工现场平整，物料堆放整齐。工程所在地有关政府行政管理部门有特殊要求的，按照其要求执行。合同当事人对文明施工有其他要求的，可以在专用合同条款中明确。

在工程移交之前，承包人应当从施工现场清除承包人的全部工程设备、多余材料、垃圾和各种临时工程，并保持施工现场清洁整齐。经发包人书面同意，承包人可在发包人指定的地点保留承包人履行保修期内的各项义务所需要的材料、施工设备和临时工程。

6．紧急情况处理

在工程实施期间或缺陷责任期内发生危及工程安全的事件，监理人通知承包人进行抢救，承包人声明无能力或不愿立即执行的，发包人有权雇用其他人员进行抢救。

7．事故处理

工程施工过程中发生事故的，承包人应立即通知监理人，监理人应立即通知发包人。发包人和承包人应立即组织人员和设备进行紧急抢救和抢修，减少人员伤亡和财产损失，防止事故扩大，并保护事故现场。需要移动现场物品时，应作出标记和书面记录，妥善保管有关证据。发包人和承包人应按国家有关规定，及时如实地向有关部门报告事故发生的情况，以及正在采取的紧急措施等。

8．安全生产责任

（1）发包人的安全责任

发包人应负责赔偿由以下各种情况造成的损失：

① 工程或工程的任何部分对土地的占用所造成的第三者财产损失；

② 由于发包人原因在施工场地及其毗邻地带造成的第三者人身伤亡和财产损失；

③ 由于发包人原因对承包人、监理人造成的人员人身伤亡和财产损失；

④ 由于发包人原因造成的发包人自身人员的人身伤害以及财产损失。

（2）承包人的安全责任

由于承包人原因在施工场地内及其毗邻地带造成的发包人、监理人以及第三者人员伤亡和财产损失，由承包人负责赔偿。

（二）职业健康

1．劳动保护

承包人应按照相关法律规定安排现场施工人员的劳动和休息时间，保障劳动者的休息时间，并支付合理的报酬和费用。承包人应依法为其履行合同所雇用的人员办理必要的证件、许可、保险和注册等，承包人应督促其分包人为分包人所雇用的人员办理必要的证件、许可、保险和注册等。

承包人应按照法律规定保障现场施工人员的劳动安全，并提供劳动保护，且应按国家有关劳动保护的规定，采取有效的防止粉尘、降低噪声、控制有害气体和保障高温、高寒、高空作业安全等劳动保护措施。承包人雇用的人员在施工中受到伤害的，承包人应立即采取有效措施进行抢救和治疗。

承包人应按法律规定安排工作时间，保证其雇用人员享有休息和休假的权利。因工程施工的特殊需要占用休假日或延长工作时间的，应不超过法律规定的限度，并按法律规定给予补休或付酬。

2．生活条件

承包人应为其履行合同所雇用的人员提供必要的膳宿条件和生活环境；承包人应采取有效措施预防传染病，保证施工人员的健康，并定期对施工现场、施工人员生活基地和工程进行防疫和卫生的专业检查和处理，在远离城镇的施工场地，还应配备必要的伤病防治和急救的医务人员与医疗设施。

（三）环境保护

承包人应在施工组织设计中列明环境保护的具体措施。在合同履行期间，承包人应采取合理措施保护施工现场环境。对施工作业过程中可能引起的大气、水、噪声以及固体废物污染采取具体可行的防范措施。

承包人应当承担因其原因引起的环境污染侵权损害赔偿责任，因上述环境污染引起纠纷而导致暂停施工的，由此增加的费用和（或）延误的工期均由承包人承担。

6.3.9　施工合同中的其他约定

（一）不可抗力

1．不可抗力的确认

不可抗力是指合同当事人在签订合同时不可预见，在合同履行过程中不可避免且不能克服的自然灾害和社会性突发事件，如地震、海啸、瘟疫、骚乱、戒严、暴动、战争和专用合同条款中约定的其他情形。

不可抗力发生后，发包人和承包人应收集证明不可抗力发生及不可抗力造成损失的证据，并及时认真统计所造成的损失。合同当事人对是否属于不可抗力或其损失的意见不一致的，由监理人按该通用条款〔商定或确定〕的约定执行。发生争议时，按该通用条款〔争议解决〕约定执行。

2．不可抗力的通知

合同一方当事人遇到不可抗力事件，使其履行合同义务受到阻碍时，应立即通知合同另一方当事人和监理人，书面说明不可抗力和受阻碍的详细情况，并提供必要的证明。

不可抗力持续发生的，合同一方当事人应及时向合同另一方当事人和监理人提交中间报告，说明不可抗力和履行合同受阻的情况，并于不可抗力事件结束后 28 天内提交最终报告及有关资料。

3．不可抗力后果的承担

（1）不可抗力引起的后果及造成的损失由合同当事人按照法律规定及合同约定各自承担。不可抗力发生前已完成的工程应当按照合同约定进行计量支付。

（2）不可抗力导致的人员伤亡、财产损失、费用增加和（或）工期延误等后果，由合同当事人按以下原则承担。

① 永久工程、已运至施工现场的材料和工程设备的损坏，以及因工程损坏造成的第三人人员伤亡和财产损失由发包人承担。

② 承包人施工设备的损坏由承包人承担。

③ 发包人和承包人承担各自人员伤亡和财产的损失。

④ 因不可抗力影响承包人履行合同约定的义务，已经引起或将引起工期延误的，应当顺延工期，由此导致承包人停工的费用损失由发包人和承包人合理分担，停工期间必须支付的工人工资由发包人承担。

⑤ 因不可抗力引起或将引起工期延误，发包人要求赶工的，由此增加的赶工费用由发包人承担。

⑥ 承包人在停工期间按照发包人要求照管、清理和修复工程的费用由发包人承担。

不可抗力发生后，合同当事人均应采取措施尽量避免和减少损失的扩大，任何一方当事人没有采取有效措施导致损失扩大的，应对扩大的损失承担责任。

因合同一方迟延履行合同义务，在迟延履行期间遭遇不可抗力的，不免除其违约责任。

4. 因不可抗力解除合同

因不可抗力导致合同无法履行连续超过 84 天或累计超过 140 天的，发包人和承包人均有权解除合同。合同解除后，由双方当事人按照该通用条款〔商定或确定〕约定商定或确定发包人应支付的款项，该款项包括：

（1）合同解除前承包人已完成工作的价款；

（2）承包人为工程订购的并已交付给承包人，或承包人有责任接受交付的材料、工程设备和其他物品的价款；

（3）发包人要求承包人退货或因解除订货合同而产生的费用，或因不能退货或解除合同而产生的损失；

（4）承包人撤离施工现场以及遣散承包人人员的费用；

（5）按照合同约定在合同解除前应支付给承包人的其他款项；

（6）扣减承包人按照合同约定应向发包人支付的款项；

（7）双方商定或确定的其他款项。

除专用合同条款另有约定外，合同解除后，发包人应在商定或确定上述款项后 28 天内完成上述款项的支付。

（二）保险

1. 工程保险

除专用合同条款另有约定外，发包人应投保建筑工程一切险或安装工程一切险；发包人委托承包人投保的，因投保产生的保险费和其他相关费用由发包人承担。

2. 工伤保险

（1）发包人应依照法律规定参加工伤保险，并为在施工现场的全部员工办理工伤保险，缴纳工伤保险费，并要求监理人及由发包人为履行合同聘请的第三方依法参加工伤保险。

（2）承包人应依照法律规定参加工伤保险，并为其履行合同的全部员工办理工伤保险，缴纳工伤保险费，并要求分包人及由承包人为履行合同聘请的第三方依法参加工伤保险。

3. 其他保险

发包人和承包人可以为其施工现场的全部人员办理意外伤害保险并支付保险费，包括其员工及为履行合同聘请的第三方的人员，具体事项由合同当事人在专用合同条款约定。

除专用合同条款另有约定外，承包人应为其施工设备等办理财产保险。

4. 持续保险

合同当事人应与保险人保持联系，使保险人能够随时了解工程实施中的变动，并确保按保险合同条款要求持续保险。

5．保险凭证

合同当事人应及时向另一方当事人提交其已投保的各项保险的凭证和保险单复印件。

6．未按约定投保的补救

（1）发包人未按合同约定办理保险，或未能使保险持续有效的，则承包人可代为办理，所需费用由发包人承担。发包人未按合同约定办理保险，导致未能得到足额赔偿的，由发包人负责补足。

（2）承包人未按合同约定办理保险，或未能使保险持续有效的，则发包人可代为办理，所需费用由承包人承担。承包人未按合同约定办理保险，导致未能得到足额赔偿的，由承包人负责补足。

7．通知义务

除专用合同条款另有约定外，发包人变更除工伤保险之外的保险合同时，应事先征得承包人同意，并通知监理人；承包人变更除工伤保险之外的保险合同时，应事先征得发包人同意，并通知监理人。

保险事故发生时，投保人应按照保险合同规定的条件和期限及时向保险人报告。发包人和承包人应当在知道保险事故发生后及时通知对方。

（三）索赔

1．承包人的索赔

根据合同约定，承包人认为有权得到追加付款和（或）延长工期的，应按以下程序向发包人提出索赔。

（1）承包人应在知道或应当知道索赔事件发生后 28 天内，向监理人递交索赔意向通知书，并说明发生索赔事件的事由；承包人未在前述 28 天内发出索赔意向通知书的，丧失要求追加付款和（或）延长工期的权利。

（2）承包人应在发出索赔意向通知书后 28 天内，向监理人正式递交索赔报告；索赔报告应详细说明索赔理由以及要求追加的付款金额和（或）延长的工期，并附必要的记录和证明材料。

（3）索赔事件具有持续影响的，承包人应按合理时间间隔继续递交延续索赔通知，说明持续影响的实际情况和记录，列出累计的追加付款金额和（或）工期延长天数。

（4）在索赔事件影响结束后 28 天内，承包人应向监理人递交最终索赔报告，说明最终要求索赔的追加付款金额和（或）延长的工期，并附必要的记录和证明材料。

2．对承包人索赔的处理

对承包人索赔的处理如下所述。

（1）监理人应在收到索赔报告后 14 天内完成审查并报送发包人。监理人对索赔报告存在异议的，有权要求承包人提交全部原始记录副本。

（2）发包人应在监理人收到索赔报告或有关索赔的进一步证明材料后的 28 天内，由监理人向承包人出具经发包人签认的索赔处理结果。发包人逾期答复的，则视为认可承包人的索赔要求。

（3）承包人接受索赔处理结果的，索赔款项在当期进度款中进行支付；承包人不接受索赔处理结果的，按照该通用条款〔争议解决〕约定执行。

3．发包人的索赔

根据合同约定，发包人认为有权得到赔付金额和（或）延长缺陷责任期的，监理人应向承包人发出通知并附有详细的证明。

发包人应在知道或应当知道索赔事件发生后 28 天内通过监理人向承包人提出索赔意向通知书，发包人未在前述 28 天内发出索赔意向通知书的，丧失要求赔付金额和（或）延长缺陷责任期的权利。发包人应在发出索赔意向通知书后 28 天内，通过监理人向承包人正式递交索赔报告。

4．对发包人索赔的处理

对发包人索赔的处理如下所述。

（1）承包人收到发包人提交的索赔报告后，应及时审查索赔报告的内容、查验发包人证明材料。

（2）承包人应在收到索赔报告或有关索赔的进一步证明材料后 28 天内，将索赔处理结果答复发包人。如果承包人未在上述期限内作出答复的，则视为对发包人索赔要求的认可。

（3）承包人接受索赔处理结果的，发包人可从应支付给承包人的合同价款中扣除赔付的金额或延长缺陷责任期；发包人不接受索赔处理结果的，按该通用条款〔争议解决〕约定执行。

5．提出索赔的期限

（1）承包人按该通用条款〔竣工结算审核〕约定接收竣工付款证书后，应被视为已无权再提出在工程接收证书颁发前所发生的任何索赔。

（2）承包人按该通用条款〔最终结清〕约定提交的最终结清申请单中，只限于提出工程接收证书颁发后发生的索赔。提出索赔的期限自接受最终结清证书时终止。

（四）违约责任

1．发包人违约

（1）发包人违约的情形

在合同履行过程中发生的下列情形，属于发包人违约：

① 因发包人原因未能在计划开工日期前 7 天内下达开工通知的；

② 因发包人原因未能按合同约定支付合同价款的；

③ 发包人违反该通用条款〔变更的范围〕第②项约定，自行实施被取消的工作或转由他人实施的；

④ 发包人提供的材料、工程设备的规格、数量或质量不符合合同约定，或因发包人原因导致交货日期延误或交货地点变更等情况的；

⑤ 因发包人违反合同约定造成暂停施工的；

⑥ 发包人无正当理由没有在约定期限内发出复工指示，导致承包人无法复工的；

⑦ 发包人明确表示或者以其行为表明不履行合同主要义务的；

⑧ 发包人未能按照合同约定履行其他义务的。

发包人发生除本项第⑦目以外的违约情况时，承包人可向发包人发出通知，要求发包人采取有效措施纠正违约行为。发包人收到承包人通知后 28 天内仍不纠正违约行为的，承包人有权暂停相应部位工程施工，并通知监理人。

（2）发包人违约的责任

发包人应承担因其违约给承包人增加的费用和（或）延误的工期，并支付承包人合理的利润。此外，合同当事人可在专用合同条款中另行约定发包人违约责任的承担方式和计算方法。

（3）因发包人违约解除合同

除专用合同条款另有约定外，承包人按该通用条款〔发包人违约的情形〕约定暂停施工满 28 天后，发包人仍不纠正其违约行为并致使合同目的不能实现的，或出现该通用条款〔发包人违约的情形〕第⑦目约定的违约情况，承包人有权解除合同，发包人应承担由此增加的费用，并支付承包人合理的利润。

（4）因发包人违约解除合同后的付款

承包人按照本款约定解除合同的，发包人应在解除合同后 28 天内支付下列款项，并解除履约担保：

① 合同解除前所完成工作的价款；

② 承包人为工程施工订购并已付款的材料、工程设备和其他物品的价款；

③ 承包人撤离施工现场以及遣散承包人人员的款项；

④ 按照合同约定在合同解除前应支付的违约金；

⑤ 按照合同约定应当支付给承包人的其他款项；

⑥ 按照合同约定应退还的质量保证金；

⑦ 因解除合同给承包人造成的损失。

合同当事人未能就解除合同后的结清达成一致的，按照该通用条款〔争议解决〕约定执行。

承包人应妥善做好已完工程和与工程有关的已购材料、工程设备的保护和移交工作，并将施工设备和人员撤出施工现场，发包人应为承包人撤出提供必要条件。

2．承包人违约

（1）承包人违约的情形

在合同履行过程中发生的下列情形，属于承包人违约：

① 承包人违反合同约定进行转包或违法分包的；

② 承包人违反合同约定采购和使用不合格的材料和工程设备的；

③ 因承包人原因导致工程质量不符合合同要求的；

④ 承包人违反该通用条款〔材料与设备专用要求〕的约定，未经批准，私自将已

按照合同约定进入施工现场的材料或设备撤离施工现场的;

⑤ 承包人未能按施工进度计划及时完成合同约定的工作,造成工期延误的;

⑥ 承包人在缺陷责任期及保修期内,未能在合理期限对工程缺陷进行修复,或拒绝按发包人要求进行修复的;

⑦ 承包人明确表示或者以其行为表明不履行合同主要义务的;

⑧ 承包人未能按照合同约定履行其他义务的。

承包人发生除本项第⑦目约定以外的其他违约情况时,监理人可向承包人发出整改通知,要求其在指定的期限内改正。

(2)承包人违约的责任

承包人应承担因其违约行为而增加的费用和(或)延误的工期。此外,合同当事人可在专用合同条款中另行约定承包人违约责任的承担方式和计算方法。

(3)因承包人违约解除合同

除专用合同条款另有约定外,出现以上条款〔承包人违约的情形〕第⑦目约定的违约情况时,或监理人发出整改通知后,承包人在指定的合理期限内仍不纠正违约行为并致使合同目的不能实现的,发包人有权解除合同。合同解除后,因继续完成工程的需要,发包人有权使用承包人在施工现场的材料、设备、临时工程、承包人文件和由承包人以其名义编制的其他文件,合同当事人应在专用合同条款约定相应费用的承担方式。发包人继续使用的行为不免除或减轻承包人应承担的违约责任。

(4)因承包人违约解除合同后的处理

因承包人原因导致合同解除的,则合同当事人应在合同解除后 28 天内完成估价、付款和清算,并按以下约定执行:

① 合同解除后,按该通用条款〔商定或确定〕约定商定或确定承包人实际完成工作对应的合同价款,以及承包人已提供的材料、工程设备、施工设备和临时工程等的价值;

② 合同解除后,承包人应支付的违约金;

③ 合同解除后,因解除合同给发包人造成的损失;

④ 合同解除后,承包人应按照发包人要求和监理人的指示完成现场的清理和撤离;

⑤ 发包人和承包人应在合同解除后进行清算,出具最终结清付款证书,结清全部款项。

因承包人违约解除合同的,发包人有权暂停对承包人的付款,查清各项付款和已扣款项。发包人和承包人未能就合同解除后的清算和款项支付达成一致的,按照该通用条款〔争议解决〕约定执行。

(5)采购合同权益转让

因承包人违约解除合同的,发包人有权要求承包人将其为实施合同而签订的材料和设备的采购合同的权益转让给发包人,承包人应在收到解除合同通知后 14 天内,协助发包人与采购合同的供应商达成相关的转让协议。

3. 第三人造成的违约

在履行合同过程中,一方当事人因第三人的原因造成违约的,应当向对方当事人承担违约责任。一方当事人和第三人之间的纠纷，依照法律规定或者按照通用条款约定执行。

（五）争议解决

1．和解

合同当事人可以就争议自行和解，自行和解达成协议的经双方签字并盖章后作为合同补充文件，双方均应遵照执行。

2．调解

合同当事人可以就争议请求建设行政主管部门、行业协会或其他第三方进行调解，调解达成协议的，经双方签字并盖章后作为合同补充文件，双方均应遵照执行。

3．争议评审

合同当事人在专用合同条款中约定采取争议评审方式解决争议以及评审规则，并按下列约定执行。

（1）争议评审小组的确定

合同当事人可以共同选择一名或三名争议评审员，组成争议评审小组。除专用合同条款另有约定外，合同当事人应当自合同签订后28天内，或者争议发生后14天内，选定争议评审员。

选择一名争议评审员的，由合同当事人共同确定；选择三名争议评审员的，各自选定一名，第三名成员为首席争议评审员，由合同当事人共同确定或由合同当事人委托已选定的争议评审员共同确定，或由专用合同条款约定的评审机构指定第三名首席争议评审员。

除专用合同条款另有约定外，评审员报酬由发包人和承包人各承担一半。

（2）争议评审小组的决定

合同当事人可在任何时间将与合同有关的任何争议共同提请争议评审小组进行评审。争议评审小组应秉持客观、公正原则，充分听取合同当事人的意见，依据相关法律、规范、标准、案例经验及商业惯例等，自收到争议评审申请报告后14天内作出书面决定，并说明理由。合同当事人可以在专用合同条款中对本项事项另行约定。

（3）争议评审小组决定的效力

争议评审小组作出的书面决定经合同当事人签字确认后，对双方具有约束力，双方应遵照执行。

任何一方当事人不接受争议评审小组决定或不履行争议评审小组决定的，双方可选择采用其他争议解决方式。

4．仲裁或诉讼

因合同及合同有关事项产生的争议，合同当事人可以在专用合同条款中约定以下任一种方式解决争议：

（1）向约定的仲裁委员会申请仲裁；

（2）向有管辖权的人民法院起诉。

5. 争议解决条款效力

合同有关争议解决的条款独立存在，合同的变更、解除、终止、无效或者被撤销均不影响其效力。

思 考 题

1. 简述建设工程施工合同的概念与特点。
2. 建设工程施工合同订立具备的条件和遵循的原则有哪些？
3. 简述建设工程施工合同文件的主要内容。
4. 《建设工程施工合同（示范文本）》由哪几部分组成？
5. 发包人和承包人的工作有哪些？
6. 承包人任命项目经理时，需要向发包人提交哪些文件？
7. 承包人的哪些分包行为属于合法分包？
8. 简述隐蔽工程的检查程序。
9. 隐蔽工程揭开重检如何确定发包人和承包人的责任？
10. 竣工验收需具备哪些条件？竣工日期如何确定？
11. 简述工程试车的组织和责任。
12. 施工准备阶段的进度控制包括哪些主要工作？
13. 简述变更的范围和变更的程序。
14. 因不可抗力导致的费用增加及延误的工期如何分担？
15. 简述工程进度款的审核和支付流程。
16. 简述安全文明施工费的承担和支付要求。
17. 施工合同双方在工程保险上有何义务？
18. 简述承包人索赔的程序。
19. 在哪些情况下施工合同可以解除？
20. 承包人在施工期间，如何做到文明施工？

第7章　建设工程勘察设计合同

7.1　建设工程勘察设计合同概述

7.1.1　建设工程勘察设计合同的概念

建设工程勘察合同是指根据建设工程的要求，查明、分析、评价建设场地的地质地理环境特征和岩土工程条件，编制建设工程勘察文件订立的协议。建设工程设计合同是指根据建设工程的要求，对建设工程所需的技术、经济、资源、环境等条件进行综合分析、论证，编制建设工程设计文件的协议。为了保证工程项目的建设质量以达到预期的投资目的，实施过程中必须遵循项目建设的内在规律，即坚持先勘察、后设计、再施工的程序。

建设工程勘察设计合同是工程建设合同体系中一种重要的合同种类，在《合同法》中适用建设工程合同分则的规定。由于勘察设计工作是工程建设程序中首要和主导性环节，所以签订一份规范、完善的勘察设计合同，对于规范承发包双方合同行为、促进双方履行合同义务，保证工程建设实现预期的投资计划、建设进度和品质目标等建设目标是至关重要的。

按照《合同法》第二百六十九条的规定，建设工程勘察设计合同属于建设工程合同的范畴，分为建设工程勘察合同和建设工程设计合同两种。建设工程勘察设计合同是指发包人与承包人为完成特定的勘察设计任务，明确相互权利义务关系而订立的合同。勘察设计合同的发包人一般是项目业主（建设单位）或工程总承包单位；承包人是持有国家认可的勘察设计证书的勘查和设计单位，在《合同法》中称为勘察人和设计人。

《建设工程勘察设计合同管理办法》第五条规定，签订勘察设计合同，应当采用书面形式，参照示范文本的条款，明确约定双方的权利义务。对文本条款以外的其他事项，当事人认为需要约定的，也应采用书面形式。对可能发生的问题，要约定解决办法和处理原则。双方协商同意的合同修改文件、补充协议均为合同的组成部分。

7.1.2 建设工程勘察设计合同的特点

工程勘察设计的内容、性质和特点，决定了勘察设计合同除了具备建设工程合同的一般特征外，还有自身的特点。

（一）特定的质量标准

勘察设计人应按国家技术规范、标准、规程和发包人的任务委托书及其设计要求进行工程勘察与设计工作。发包人不得提出或指使勘察设计单位不按法律、法规、工程建设强制性标准和设计程序进行勘察设计。此外工程设计工作具有专属性，工程设计修改必须由原设计单位负责完成，他人（发包人和施工单位）不得擅自修改工程设计。

（二）多样化的交付成果

与工程施工合同不同，勘察设计人通过自己的勘察设计行为，需要提交多样化的交付成果，一般包括结构计算书、图纸、实物模型、概预算文件、计算机软件和专利技术等智力性成果。

（三）阶段性的报酬支付

勘察设计费计算方式可以采用按国家规定的指导价取费、预算包干、中标价加签证和实际完成工作量结算等。在实际工作中，由于勘察设计工作往往分阶段进行，分阶段交付勘察设计成果，勘察设计费也是按阶段支付（Milestone Payment）。但由于承揽合同属于一时性合同，中间支付也属于临时支付的性质。

（四）知识产权保护

我国《著作权法》第三条明确将建筑作品与美术作品一起列入其保护范围，建筑物、设计图、建筑模型均可受到我国著作权的保护，但受著作权法保护的建筑设计必须具备独创性、可复制性，并且必须具有审美意义。在工程设计合同中，发包人按照合同支付设计人酬金，作为交换，设计人将勘察设计成果交给发包人。因此，发包人一般拥有设计成果的财产权，除了明示条款规定外，设计人一般拥有发包人项目设计成果的著作权，双方当事人可以在合同中约定设计成果的著作权的归属。发包人应保护勘察设计人的投标书、勘察设计方案、文件、资料图纸、数据、计算机软件和专利技术等成果。发包人对勘察设计人交付的勘察设计资料不得擅自修改、复制或向第三人转让或用于本项目之外。勘察设计人也应保护发包人提供资料和文件，未经发包人同意，不得擅自修改、复制或向第三人披露。若发生上述情况，各方应付相应的法律责任。

（五）必需的协助义务

勘察设计人完成相关工作时，往往需要发包人提供工作条件，包括相关资料、文件和必要的生产、生活及交通条件等，并需要对所提供资料或文件的正确性和完整性负责。当发包人未履行或不完全履行相关协助义务，从而造成设计返工、停工或者修改设计的，应承担相应费用。

7.1.3　建设工程勘察设计合同的订立

（一）订立条件

1. 当事人条件

（1）双方都应是法人或其他组织。

（2）承包商必须具有相应的完成签约项目等级的勘察、设计资质。

（3）承包商具有承揽建设工程勘察、设计任务所必需的相应的权利能力和行为能力。

2. 委托勘察设计的项目必须具备的条件

（1）建设工程项目可行性研究报告或项目建议书已获批准。

（2）已办理了建设用地规划许可证等手续。

（3）法律、法规规定的其他条件。

3. 勘察设计任务委托方式的限定条件

建设工程勘察设计任务有招标委托和直接委托两种方式。但依法必须进行招标的项目，必须按照《工程建设项目勘察设计招标投标办法》（国家发展和改革委员会等八部委令第 2 号，2003 年），通过招标投标的方式来委托，否则所签订的勘察设计合同无效。

（二）勘察设计合同当事人的资信与能力审查

合同当事人的资信及履约能力是合同能否得到履行的保证。在签约前，双方都有必要审查对方的资信和能力。

（1）资格审查。审查当事人是否属于经国家规定的审批程序成立的法人组织、有无法人章程和营业执照，其经营活动是否超过章程或营业执照规定的范围。同时还要审查参加签订合同的人员是否是法定代表人或其委托的代理人，以及代理人的活动是否在授权代理范围内。

（2）资信审查。审查当事人的资信情况，可以了解当事人的财务状况和履约态度，以确保所签订的合同是基于诚实信用的。

（3）履约能力审查。主要审查勘察设计单位的专业业务能力。可以通过审查勘察、设计单位有关的证书，按勘察、设计单位的级别可以了解其业务的能力和范围。同时还应了解该勘察、设计单位以往的工作业绩及正在履行的合同工程量。发包人履约能力主要是指其财务状况和建设资金到位情况。

（三）合同签订的程序

依法必须进行招标的工程勘察设计任务通过招标或设计方案的竞投确定勘察、设计单位后，应签订勘察、设计合同。

（1）确定合同标的。合同标的是合同的中心。这里所谓的确定合同标的主要是决定勘察与设计分开发包还是合在一起发包。

（2）选定勘察与设计承包人。依法必须招标的工程建设项目，按招标投标程序优先选出的中标人即为勘察、设计的承包人。小型项目及依法可以不招标的项目由发包人直接选定勘察、设计的承包人。

（3）签订勘察、设计合同。如果是通过招标方式确定承包商的，则由于合同的主要条件都在招标、投标文件中得以确认，所以进入签约阶段还需要协商的内容就不会很多。而通过直接委托方式委托的勘察、设计，其合同的谈判就要涉及几乎所有的合同条款，必须认真对待。经勘察、设计合同的当事人双方友好协商，就合同的各项条款取得一致意见，即可由双方法定代表人或其代理人正式签署。合同文本经合同双方法定的有权人签字并加盖法人章后生效。

7.2　建设工程勘察与设计合同（示范文本）简介

7.2.1　《建设工程勘察合同（示范文本）》简介

（一）《建设工程勘察合同（示范文本）》概述

为了指导建设工程勘察合同当事人的签约行为，维护合同当事人的合法权益，依据《中华人民共和国合同法》《中华人民共和国建筑法》《中华人民共和国招标投标法》等相关法律法规的规定，2016 年住房和城乡建设部、国家工商行政管理总局对《建设工程勘察合同（一）[岩土工程勘察、水文地质勘察（含凿井）、工程测量、工程物探]》（GF—2000-0203）及《建设工程勘察合同（二）[岩土工程设计、治理、监测]》（GF—2000-0204）进行修订，制订了《建设工程勘察合同（示范文本）》（GF—2016-0203）（以下简称《示范文本》）。

《示范文本》为非强制性使用文本，合同当事人可结合工程具体情况，根据《示范文本》订立合同，并按照法律法规和合同约定履行相应的权利义务，承担相应的法律责任。

《示范文本》适用于岩土工程勘察、岩土工程设计、岩土工程物探/测试/检测/监测、水文地质勘察及工程测量等工程勘察活动，岩土工程设计也可使用《建设工程设计合同示范文本（专业建设工程）》（GF—2015-0210）。

（二）《建设工程勘察合同（示范文本）》的组成

《示范文本》由合同协议书、通用合同条款和专用合同条款三部分组成。

1．合同协议书

《示范文本》合同协议书共计 12 条，主要包括工程概况、勘察范围和阶段、技术要求及工作量、合同工期、质量标准、合同价款、合同文件构成、承诺、词语定义、签订时间、签订地点、合同生效和合同份数等内容，集中约定了合同当事人基本的合同权利义务。

2．通用合同条款

通用合同条款是合同当事人根据《中华人民共和国合同法》《中华人民共和国建筑法》《中华人民共和国招标投标法》等相关法律法规的规定，就工程勘察的实施及相关事项对合同当事人的权利义务作出的原则性约定。

通用合同条款具体包括一般约定、发包人、勘察人、工期、成果资料、后期服务、合同价款与支付、变更与调整、知识产权、不可抗力、合同生效与终止、合同解除、责任与保险、违约、索赔、争议解决及补充条款共计 17 条。上述条款安排既考虑了现行法律法规对工程建设的有关要求，也考虑了工程勘察管理的特殊需要。

3．专用合同条款

专用合同条款是对通用合同条款原则性约定的细化、完善、补充、修改或另行约定的条款。合同当事人可以根据不同建设工程的特点及具体情况，通过双方的谈判、协商对相应的专用合同条款进行修改补充。在使用专用合同条款时，应注意以下事项：

（1）专用合同条款编号应与相应的通用合同条款编号一致；

（2）合同当事人可以通过对专用合同条款的修改，满足具体项目工程勘察的特殊要求，避免直接修改通用合同条款；

（3）在专用合同条款中有横道线的地方，合同当事人可针对相应的通用合同条款进行细化、完善、补充、修改或另行约定；如无细化、完善、补充、修改或另行约定，则填写"无"或画"/"。

7.2.2　《建设工程设计合同（示范文本）》简介

（一）《建设工程设计合同（示范文本）》概述

为了指导建设工程设计合同当事人的签约行为，维护合同当事人的合法权益，住房城乡建设部和工商总局依据《中华人民共和国合同法》《中华人民共和国建筑法》《中华人民共和国招标投标法》以及相关法律法规，住房城乡建设部、工商总局对《建设工程设计合同（一）（民用建设工程设计合同）》（GF—2000-0209）和《建设工程设计合同（二）（专业建设工程设计合同）》（GF—2000-0210）进行了修订，制订了《建设工程设计合同示范文本（房屋建筑工程）》（GF—2015-0209）和《建设工程设计合同示范文本（专业建设工程）》（GF—2015-0210）（以下简称《示范文本》）。

1．《示范文本（房屋建筑工程）》的性质和使用范围

《示范文本（房屋建筑工程）》供合同双方当事人参照使用，可适用于方案设计招标投标、队伍比选等形式下的合同订立。

《示范文本（房屋建筑工程）》适用于建设用地规划许可证范围内的建筑物构筑物设计、室外工程设计、民用建筑修建的地下工程设计及住宅小区、工厂厂前区、工厂生活区、小区规划设计及单体设计等，以及所包含的相关专业的设计内容（总平面布置、竖向设计、各类管网管线设计、景观设计、室内外环境设计及建筑装饰、道路、消防、智能、安保、通信、防雷、人防、供配电、照明、废水治理、空调设施、抗震加固等）等工程设计活动。

2．《示范文本（专业工程）》的性质和使用范围

《示范文本》供合同双方当事人参照使用。

《示范文本》适用于房屋建筑工程以外各行业建设工程项目的主体工程和配套工程（含厂/矿区内的自备电站、道路、专用铁路、通信、各种管网管线和配套的建筑物等全部配套工程）以及与主体工程、配套工程相关的工艺、土木、建筑、环境保护、水土保持、消防、安全、卫生、节能、防雷、抗震、照明工程等工程设计活动。

房屋建筑工程以外的各行业建设工程统称为专业建设工程，具体包括煤炭、化工石化医药、石油天然气（海洋石油）、电力、冶金、军工、机械、商物粮、核工业、电子通信广电、轻纺、建材、铁道、公路、水运、民航、市政、农林、水利、海洋等工程。

（二）《建设工程设计合同（示范文本）》的组成

《设计合同示范文本（房屋建筑工程）》和《设计合同示范文本（专业工程）》的组成相同，均由合同协议书、通用合同条款和专用合同条款三部分组成。

1. 合同协议书

《示范文本》合同协议书集中约定了合同当事人基本的合同权利义务。

2. 通用合同条款

通用合同条款是合同当事人根据《中华人民共和国建筑法》《中华人民共和国合同法》等法律法规的规定，就工程设计的实施及相关事项，对合同当事人的权利义务作出的原则性约定。

通用合同条款既考虑了现行法律法规对工程建设的有关要求，也考虑了工程设计管理的特殊需要。

3. 专用合同条款

专用合同条款是对通用合同条款原则性约定的细化、完善、补充、修改或另行约定的条款。合同当事人可以根据不同建设工程的特点及具体情况，通过双方的谈判、协商对相应的专用合同条款进行修改补充。在使用专用合同条款时，应注意以下事项：

（1）专用合同条款的编号应与相应的通用合同条款的编号一致；

（2）合同当事人可以通过对专用合同条款的修改，满足具体建设工程的特殊要求，避免直接修改通用合同条款；

（3）在专用合同条款中有横道线的地方，合同当事人可针对相应的通用合同条款进行细化、完善、补充、修改或另行约定；如无细化、完善、补充、修改或另行约定，则填写"无"或画"/"。

7.3 建设工程勘察合同的主要内容

本节介绍《建设工程勘察合同（示范文本）》（GF—2016-0203）中通用条款的主要内容。

7.3.1 发包人权利和义务

（一）发包人权利

（1）发包人对勘察人的勘察工作有权依照合同约定实施监督，并对勘察成果予以验收。

（2）发包人对勘察人无法胜任工程勘察工作的人员有权提出更换。

（3）发包人拥有勘察人为其项目编制的所有文件资料的使用权，包括投标文件、成果资料和数据等。

（二）发包人义务

（1）发包人应以书面形式向勘察人明确勘察任务及技术要求。

（2）发包人应提供开展工程勘察工作所需要的图纸及技术资料，包括总平面图、地形图、已有水准点和坐标控制点等，若上述资料由勘察人负责收集时，发包人应承担相关费用。

（3）发包人应提供工程勘察作业所需的批准及许可文件，包括立项批复、占用和挖掘道路许可等。

（4）发包人应为勘察人提供具备条件的作业场地及进场通道（包括土地征用、障碍物清除、场地平整、提供水电接口和青苗赔偿等）并承担相关费用。

（5）发包人应为勘察人提供作业场地内地下埋藏物（包括地下管线、地下构筑物等）的资料、图纸，没有资料、图纸的地区，发包人应委托专业机构查清地下埋藏物。若因发包人未提供上述资料、图纸，或提供的资料、图纸不实，致使勘察人在工程勘察工作过程中发生人身伤害或造成经济损失时，由发包人承担赔偿责任。

（6）发包人应按照法律法规规定为勘察人安全生产提供条件并支付安全生产防护费用，发包人不得要求勘察人违反安全生产管理规定进行作业。

（7）若勘察现场需要看守，特别是在有毒、有害等危险现场作业时，发包人应派人负责安全保卫工作；按国家有关规定，对从事危险作业的现场人员进行保健防护，并承担相应损失及费用。发包人对安全文明施工有特殊要求时，应在专用合同条款中另行约定。

（8）发包人应对勘察人满足质量标准的已完工作，按照合同约定及时支付相应的工程勘察合同价款及费用。

（9）发包人应为勘察人提供后续技术服务期间提供必要的工作和生活条件，后续技术服务的内容、费用和时限应由双方在专用合同条款中另行约定。

（三）发包人委派发包人代表

发包人应在专用合同条款中明确其负责工程勘察的发包人代表的姓名、职务、联系方式及授权范围等事项。发包人代表在发包人的授权范围内，负责处理合同履行过程中与发包人有关的具体事宜。

7.3.2 勘察人权利和义务

（一）勘察人权利

（1）勘察人在工程勘察期间，根据项目条件和技术标准、法律法规规定等方面的变化，有权向发包人提出增减合同工作量或修改技术方案的建议。

（2）除建设工程主体部分的勘察外，根据合同约定或经发包人同意，勘察人可以将建设工程其他部分的勘察分包给其他具有相应资质等级的建设工程勘察单位。发包人对分包的特殊要求应在专用合同条款中另行约定。

（3）勘察人对其编制的所有文件资料，包括投标文件、成果资料、数据和专利技术等拥有知识产权。

（二）勘察人义务

（1）勘察人应按勘察任务书和技术要求并依据有关技术标准进行工程勘察工作。

（2）勘察人应建立质量保证体系，按本合同约定的时间提交质量合格的成果资料，并对其质量负责。

（3）勘察人在提交成果资料后，应为发包人继续提供后期服务。

（4）勘察人在工程勘察期间遇到地下文物时，应及时向发包人和文物主管部门报告并妥善保护。

（5）勘察人开展工程勘察活动时应遵守有关职业健康及安全生产方面的各项法律法规的规定，采取安全防护措施，确保人员、设备和设施的安全。

（6）勘察人在燃气管道、热力管道、动力设备、输水管道、输电线路、临街交通要道及地下通道（地下隧道）附近等风险性较大的地点，以及在易燃易爆地段及放射、有毒环境中进行工程勘察作业时，应编制安全防护方案并制定应急预案。

（7）勘察人应在勘察方案中列明环境保护的具体措施，并在合同履行期间采取合理措施保护作业现场环境。

（8）勘察人应派专业技术人员为发包人提供后续技术服务。

（9）工程竣工验收时，勘察人应按发包人要求参加竣工验收工作，并提供竣工验收所需相关资料。

（三）勘察人委派勘察人代表

勘察人接受任务时，应在专用合同条款中明确其负责工程勘察的勘察人代表的姓名、职务、联系方式及授权范围等事项。勘察人代表在勘察人的授权范围内，负责处理合同履行过程中与勘察人有关的具体事宜。

7.3.3 勘察合同的进度管理条款

（一）开工及延期开工

（1）勘察人应按合同约定的工期进行工程勘察工作，并接受发包人对工程勘察工作进度的监督、检查。

\169

（2）因发包人原因不能按照合同约定的日期开工，发包人应以书面形式通知勘察人，推迟开工日期并相应顺延工期。

（二）成果提交日期

勘察人应按照合同约定的日期或双方同意顺延的工期提交成果资料，具体可在专用合同条款中约定。

（三）发包人造成的工期延误

（1）因以下情形造成工期延误，勘察人有权要求发包人延长工期、增加合同价款和（或）补偿费用：

① 发包人未能按合同约定提供图纸及开工条件；

② 发包人未能按合同约定及时支付定金、预付款和（或）进度款；

③ 变更导致合同工作量增加；

④ 发包人增加合同工作内容；

⑤ 发包人改变工程勘察技术要求；

⑥ 发包人导致工期延误的其他情形。

（2）除专用合同条款对期限另有约定外，勘察人在发包人造成的工期延误情形发生后7天内，应就延误的工期以书面形式向发包人提出报告。发包人在收到报告后7天内予以确认；逾期不予确认也不提出修改意见，视为同意顺延工期。补偿费用的确认程序参照该通用条款〔合同价款与调整〕约定执行。

（四）勘察人造成的工期延误

勘察人因以下情形不能按照合同约定的日期或双方同意顺延的工期提交成果资料的，勘察人承担违约责任：

（1）勘察人未按合同约定开工日期开展工作造成工期延误的；

（2）勘察人因管理不善、组织不力造成工期延误的；

（3）因弥补勘察人自身原因导致的质量缺陷而造成工期延误的；

（4）因勘察人成果资料不合格返工造成工期延误的；

（5）勘察人导致工期延误的其他情形。

（五）恶劣气候条件造成的工期延误

恶劣气候条件影响现场作业，导致现场作业难以进行，造成工期延误的，勘察人有权要求发包人延长工期，具体可参照本小节（三）中的第（2）条内容执行。

（六）变更范围与确认

1．变更范围

本合同变更是指在合同签订日后发生的以下变更：

（1）法律法规及技术标准的变化引起的变更；

（2）规划方案或设计条件的变化引起的变更；

（3）不利物质条件引起的变更；

（4）发包人的要求变化引起的变更；

（5）因政府临时禁令引起的变更；

（6）其他专用合同条款中约定的变更。

2．变更确认

当引起变更的情形出现，除专用合同条款对期限另有约定外，勘察人应在7天内就调整后的技术方案以书面形式向发包人提出变更要求，发包人应在收到报告后7天内予以确认，逾期不予确认也不提出修改意见，视为同意变更。

7.3.4 勘察合同质量管理条款

（一）成果质量

1．成果质量应符合相关技术标准和深度规定，且满足合同约定的质量要求。

2．双方对工程勘察成果质量有争议时，由双方同意的第三方机构鉴定，所需费用及因此造成的损失，由责任方承担；双方均有责任的，由双方根据其责任分别承担。

（二）成果份数

勘察人应向发包人提交成果资料四份，发包人要求增加的份数，在专用合同条款中另行约定，发包人另行支付相应的费用。

（三）成果交付

勘察人按照约定时间和地点向发包人交付成果资料，发包人应出具书面签收单，内容包括成果名称、成果组成、成果份数、提交和签收日期、提交人与接收人的亲笔签名等。

（四）成果验收

勘察人向发包人提交成果资料后，如需对勘察成果组织验收的，发包人应及时组织验收。除专用合同条款对期限另有约定外，发包人14天内无正当理由不予组织验收，视为验收通过。

7.3.5 勘察合同费用管理条款

（一）合同价款与调整

1．依照法定程序进行招标工程的合同价款由发包人和勘察人依据中标价格载明在合同协议书中；非招标工程的合同价款由发包人和勘察人议定，并载明在合同协议书中。合同价款在合同协议书中约定后，除合同条款约定的合同价款调整因素外，任何一方不得擅自改变。

2．合同当事人可任选下列一种合同价款的形式，双方可在专用合同条款中约定。

（1）总价合同

双方在专用合同条款中约定合同价款包含的风险范围和风险费用的计算方法，在约定的风险范围内合同价款不再调整。风险范围以外的合同价款如需调整因素和方法，应在专用合同条款中约定。

（2）单价合同

合同价款根据工作量的变化而调整，合同单价在风险范围内一般不予调整，双方可在专用合同条款中约定合同单价调整因素和方法。

（3）其他合同价款形式

合同当事人可在专用合同条款中约定其他合同价格形式。

3．需调整合同价款时，合同一方应及时将调整原因、调整金额以书面形式通知对方，双方共同确认调整金额后作为追加或减少的合同价款，与进度款同期支付。除专用合同条款对期限另有约定外，一方在收到对方的通知后 7 天内不予确认也不提出修改意见的，视为已经同意该项调整。合同当事人就调整事项不能达成一致的，则按照该通用条款〔争议解决〕约定执行。

（二）定金或预付款

1．实行定金或预付款的，双方应在专用合同条款中约定发包人向勘察人支付定金或预付款数额，支付时间应不迟于约定的开工日期前 7 天。发包人不按约定支付，勘察人向发包人发出要求支付的通知，发包人收到通知后仍不能按要求支付的，勘察人可在发出通知后推迟开工日期，并由发包人承担违约责任。

2．定金或预付款在进度款中抵扣，抵扣办法可在专用合同条款中约定。

（三）进度款支付

1．发包人应按照专用合同条款约定的进度款支付方式、支付条件和支付时间进行支付。

2．该通用条款中〔合同价款与调整〕和〔变更合同价款确定〕约定确定调整的合同价款及其他条款中约定的追加或减少的合同价款，应与进度款同期调整支付。

3．发包人超过约定的支付时间不支付进度款，勘察人可向发包人发出要求付款的通知，发包人收到勘察人通知后仍不能按要求付款，可与勘察人协商签订延期付款协议，经勘察人同意后可延期支付。

4．发包人不按合同约定支付进度款，双方又未达成延期付款协议，勘察人可停止工程勘察作业和后期服务，由发包人承担违约责任。

（四）变更合同价款确定

1．变更合同价款按下列方法进行

（1）合同中已有适用于变更工程的价格，按合同已有的价格变更合同价款。

（2）合同中只有类似于变更工程的价格，可以参照类似价格变更合同价款。

（3）合同中没有适用或类似于变更工程的价格，由勘察人提出适当的变更价格，经发包人确认后执行。

2．除专用合同条款对期限另有约定外，一方应在双方确定变更事项后 14 天内向对方提出变更合同价款报告，否则视为该项变更不涉及合同价款的变更。

3．除专用合同条款对期限另有约定外，一方应在收到对方提交的变更合同价款报告之日起 14 天内予以确认。逾期无正当理由不予确认的，则视为该项变更合同价款报告已被确认。

4．一方不同意对方提出的合同价款变更，按该通用条款〔争议解决〕约定执行。

5．因勘察人自身原因导致的变更，勘察人无权要求追加合同价款。

（五）合同价款结算

除专用合同条款另有约定外，发包人应在勘察人提交成果资料后 28 天内，依据该通用条款〔合同价款与调整〕和〔变更合同价款确定〕约定进行最终合同价款确定，并予以全额支付。

7.3.6 勘察合同管理的其他条款

（一）知识产权

1．除专用合同条款另有约定外，发包人提供给勘察人的图纸、发包人为实施工程自行编制或委托编制的反映发包人要求或其他类似性质的文件的著作权属于发包人，勘察人可以为实现本合同目的而复制、使用此类文件，但不能用于与本合同无关的其他事项。未经发包人书面同意，勘察人不得为了本合同以外的目的而复制、使用上述文件或将之提供给任何第三方。

2．除专用合同条款另有约定外，勘察人为实施工程所编制的成果文件的著作权属于勘察人，发包人可因本工程的需要而复制、使用此类文件，但不能擅自修改或用于与本合同无关的其他事项。未经勘察人书面同意，发包人不得为了本合同以外的目的而复制、使用上述文件或将之提供给任何第三方。

3．合同当事人保证在履行本合同过程中不侵犯对方及第三方的知识产权。勘察人在工程勘察时，因侵犯他人的专利权或其他知识产权所引起的责任，由勘察人承担；因发包人提供的基础资料导致侵权的，由发包人承担责任。

4．在不损害对方利益情况下，合同当事人双方均有权在申报奖项、制作宣传印刷品及出版物时使用有关项目的文字和图片材料。

5．除专用合同条款另有约定外，勘察人在合同签订前和签订时已确定采用的专利、专有技术、技术秘密的使用费已包含在合同价款中。

（二）不可抗力

1．不可抗力的确认

（1）不可抗力是在订立合同时不可合理预见，在履行合同中不可避免地发生且不能克服的自然灾害和社会突发事件，如地震、海啸、瘟疫、洪水、骚乱、暴动、战争以及专用条款约定的其他自然灾害和社会突发事件。

（2）不可抗力发生后，发包人和勘察人应收集不可抗力发生及造成损失的证据。合同当事双方对是否属于不可抗力或其损失发生争议时，按该通用条款〔争议解决〕约定执行。

2．不可抗力的通知

（1）遇有不可抗力发生时，发包人和勘察人应立即通知对方，双方应共同采取措施减少损失。除专用合同条款对期限另有约定外，不可抗力持续发生，勘察人应每隔 7 天向发包人报告一次受害损失情况。

（2）除专用合同条款对期限另有约定外，不可抗力结束后 2 天内，勘察人向发包人通报受害损失情况及预计清理和修复的费用；不可抗力结束后 14 天内，勘察人向发包人提交清理和修复费用的正式报告及有关资料。

3．不可抗力后果的承担

（1）因不可抗力发生的费用及延误的工期由双方按以下方法分别承担：

① 发包人和勘察人人员伤亡由合同当事人双方自行负责，并承担相应费用；

② 勘察人机械设备损坏及停工损失，由勘察人承担；

③ 停工期间，勘察人应发包人要求留在作业场地的管理人员及保卫人员的费用由发包人承担；

④ 作业场地发生的清理、修复费用由发包人承担；

⑤ 延误的工期相应顺延。

（2）合同一方迟延履行合同后发生不可抗力的，不能免除迟延履行方的相应责任。

（三）合同生效与终止

（1）双方在合同协议书中约定合同生效方式。

（2）发包人、勘察人履行合同全部义务，合同价款支付完毕，本合同即告终止。

（3）合同的权利义务终止后，合同当事人应遵循诚实信用原则，履行通知、协助和保密等义务。

（四）合同解除

（1）有下列情形之　的，发包人、勘察人可以解除合同。

① 因不可抗力致使合同无法履行。

② 发生未按该通用条款〔定金或预付款〕约定或该通用条款〔进度款支付〕约定按时支付合同价款的情况，停止作业超过 28 天，勘察人有权解除合同，由发包人承担违约责任。

③ 勘察人将其承包的全部工程转包给他人或者肢解以后以分包的名义分别转包给他人，发包人有权解除合同，由勘察人承担违约责任。

④ 发包人和勘察人协商一致可以解除合同的其他情形。

（2）一方依据上一条款约定要求解除合同的，应以书面形式向对方发出解除合同的通知，并在发出通知前不少于 14 天时告知对方，通知到达对方时应合同解除。对解除合同有争议的，按该通用条款〔争议解决〕约定执行。

（3）因不可抗力致使合同无法履行时，发包人应按合同约定向勘察人支付已完工作量相对应比例的合同价款后解除合同。

（4）合同解除后，勘察人应按发包人要求将自有设备和人员撤出作业场地，发包人应为勘察人撤出提供必要条件。

（五）责任与保险

（1）勘察人应运用一切合理的专业技术和经验，按照公认的职业标准尽其全部职责和谨慎、勤勉地履行其在本合同项下的责任和义务。

（2）合同当事人可按照法律法规的要求在专用合同条款中约定履行本合同所需要的工程勘察责任保险，并使其于合同责任期内保持有效。

（3）勘察人应依照法律法规的规定为勘察作业人员参加工伤保险、人身意外伤害险和其他保险。

（六）违约

1．发包人违约

（1）发包人违约情形

① 合同生效后，发包人无故要求终止或解除合同。

② 发包人未按该通用条款〔定金或预付款〕约定按时支付定金或预付款。

③ 发包人未按该通用条款〔进度款支付〕约定按时支付进度款。

④ 发包人不履行合同义务或不按合同约定履行义务的其他情形。

（2）发包人违约责任

① 合同生效后，发包人无故要求终止或解除合同，勘察人未开始勘察工作的，不退还发包人已付的定金或发包人按照专用合同条款约定向勘察人支付违约金；勘察人已开始勘察工作的，若完成计划工作量不足 50%，发包人应支付勘察人合同价款的 50%；完成计划工作量超过 50%，发包人应支付勘察人合同价款的 100%。

② 发包人发生其他违约情形时，发包人应承担由此增加的费用和工期延误损失，并给予勘察人合理赔偿。双方可在专用合同条款内约定发包人赔偿勘察人损失的计算方法或者发包人应支付违约金的数额或计算方法。

2．勘察人违约

（1）勘察人违约情形

① 合同生效后，勘察人因自身原因要求终止或解除合同。

② 因勘察人原因不能按照合同约定的日期或合同当事人同意顺延的工期提交成果资料。

③ 因勘察人原因造成成果资料质量达不到合同约定的质量标准。

④ 勘察人不履行合同义务或未按约定履行合同义务的其他情形。

（2）勘察人违约责任

① 合同生效后，勘察人因自身原因要求终止或解除合同，勘察人应双倍返还发包人已支付的定金或勘察人按照专用合同条款约定向发包人支付违约金。

② 因勘察人原因造成工期延误的，应按专用合同条款约定向发包人支付违约金。

③ 因勘察人原因造成成果资料质量达不到合同约定的质量标准，勘察人应负责无偿给予补充完善使其达到质量合格。因勘察人原因导致工程质量安全事故或其他事故时，勘察人除负责采取补救措施外，应通过所投工程勘察责任保险向发包人承担赔偿责任或根据直接经济损失程度按专用合同条款约定向发包人支付赔偿金。

④ 勘察人发生其他违约情形时，勘察人应承担违约责任并赔偿因其违约给发包人造成的损失，双方可在专用合同条款内约定勘察人赔偿发包人损失的计算方法和赔偿金额。

（七）索赔

1．发包人索赔

勘察人未按合同约定履行义务或发生错误以及应由勘察人承担责任的其他情形，造成工期延误及发包人的经济损失，除专用合同条款另有约定外，发包人可按下列程序以书面形式向勘察人索赔：

（1）违约事件发生后 7 天内，向勘察人发出索赔意向通知；

（2）发出索赔意向通知后 14 天内，向勘察人提出经济损失的索赔报告及有关资料；

（3）勘察人在收到发包人送交的索赔报告和有关资料或补充索赔理由、证据后，于 28 天内给予答复；

（4）勘察人在收到发包人送交的索赔报告和有关资料后 28 天内未予答复或未对发包人作进一步要求的，视为该项索赔已被认可；

（5）当该违约事件持续进行时，发包人应阶段性向勘察人发出索赔意向，在违约事件终了后 21 天内，向勘察人送交索赔的有关资料和最终索赔报告。索赔答复程序应与本款第（3）、（4）项约定相同。

2．勘察人索赔

发包人未按合同约定履行义务或发生错误以及应由发包人承担责任的其他情形，造成工期延误和（或）勘察人不能及时得到合同价款及勘察人的经济损失，除专用合同条款另有约定外，勘察人可按下列程序以书面形式向发包人索赔。

（1）违约事件发生后 7 天内，勘察人可向发包人发出要求其采取有效措施纠正违约行为的通知；发包人收到通知后 14 天内仍不履行合同义务，勘察人有权停止作业，并向发包人发出索赔意向通知。

（2）发出索赔意向通知后 14 天内，向发包人提出延长工期和（或）补偿经济损失的索赔报告及有关资料。

（3）发包人在收到勘察人送交的索赔报告和有关资料或补充索赔理由、证据后，要于 28 天内给予答复。

（4）发包人在收到勘察人送交的索赔报告和有关资料后 28 天内未予答复或未对勘察人作进一步要求，视为该项索赔已被认可。

（5）当该索赔事件持续进行时，勘察人应阶段性向发包人发出索赔意向，在索赔事件终了后 21 天内，向发包人送交索赔的有关资料和最终索赔报告。索赔答复程序应与本款第（3）、（4）项约定相同。

（八）争议解决

1．和解

因本合同以及与本合同有关事项发生争议的，双方可以就争议自行和解。自行和解达成协议的，经签字并盖章后作为合同补充文件，双方均应遵照执行。

2．调解

因本合同以及与本合同有关事项发生争议的，双方可以就争议请求行政主管部门、行业协会或其他第三方进行调解。调解达成协议的，经签字并盖章后作为合同补充文件，双方均应遵照执行。

3．仲裁或诉讼

因本合同以及与本合同有关事项发生争议的，当事人不愿和解、调解或者和解、调解不成的，双方可以在专用合同条款内约定以下任一种方式解决争议：

（1）双方达成仲裁协议，向约定的仲裁委员会申请仲裁；

（2）向有管辖权的人民法院起诉。

7.4 建设工程设计合同的主要内容

《建设工程设计合同示范文本（房屋建筑工程）》（GF—2015-0209）和《建设工程设计合同示范文本（专业建设工程）》（GF—2015-0210）的内容基本相同，本节以《建设工程设计合同示范文本（房屋建筑工程）》为例介绍设计合同的主要内容。

7.4.1 发包人的主要工作

（一）发包人一般义务

（1）发包人应遵守法律，并办理法律规定由其办理的许可、核准或备案，包括但不限于建设用地规划许可证、建设工程规划许可证、建设工程方案设计批准、施工图设计审查等许可、核准或备案。

发包人负责本项目各阶段设计文件向规划设计管理部门的送审报批工作，并负责将报批结果书面通知设计人。因发包人原因未能及时办理完毕前述许可、核准或备案手续，导致设计工作量增加和（或）设计周期延长时，由发包人承担由此增加的设计费用和（或）延长的设计周期。

（2）发包人应当负责工程设计的所有外部关系（包括但不限于当地政府主管部门等）的协调，为设计人履行合同提供必要的外部条件。

（3）专用合同条款约定的其他义务。

（二）发包人委派发包人代表

发包人应在专用合同条款中明确其负责工程设计的发包人代表的姓名、职务、联系方式及授权范围等事项。发包人代表在发包人的授权范围内，负责处理合同履行过程中与发包人有关的具体事宜。发包人代表在授权范围内的行为由发包人承担法律责任。发包人更换发包人代表的，应在专用合同条款约定的期限内提前书面通知设计人。

发包人代表不能按照合同约定履行其职责及义务，并导致合同无法继续正常履行的，设计人可以要求发包人撤换发包人代表。

（三）发包人的决定权

（1）发包人在法律允许的范围内有权对设计人的设计工作、设计项目和/或设计文件作出处理决定，设计人应按照发包人的决定执行，涉及设计周期和（或）设计费用等问题应按本合同通用条款〔工程设计变更与索赔〕约定执行。

（2）发包人应在专用合同条款约定的期限内对设计人书面提出的事项作出书面决定，如发包人不在确定时间内作出书面决定，设计人的设计周期应相应延长。

（四）提供工程设计资料

1. 提供工程设计必需的资料

发包人应当在工程设计前或专用合同条款附件2约定的时间内向设计人提供工程设计所必需的工程设计资料，并对所提供资料的真实性、准确性和完整性负责。

按照法律规定确须在工程设计开始后方能提供的设计资料，发包人应及时地在相应工程设计文件提交给发包人前的合理期限内提供，合理期限应以不影响设计人的正常设计为限。

2. 逾期提供的责任

发包人提交上述文件和资料超过约定期限的，超过约定期限 15 天以内，设计人按本合同约定的交付工程设计文件时间相应顺延；超过约定期限 15 天以外时，设计人有权重新确定提交工程设计文件的时间。工程设计资料逾期提供导致增加设计工作量的，设计人可以要求发包人另行支付相应设计费用，并相应延长设计周期。

（五）支付合同价款

发包人应按合同约定向设计人及时足额支付合同价款。

（六）设计文件接收

发包人应按合同约定及时接收设计人提交的工程设计文件。

（七）施工现场配合服务

除专用合同条款另有约定外，发包人应为设计人派赴现场的工作人员提供工作、生活及交通等方面的便利条件。

7.4.2 设计人的主要工作

（一）设计人一般义务

（1）设计人应遵守法律和有关技术标准的强制性规定，完成合同约定范围内的房屋建筑工程方案设计、初步设计、施工图设计，提供符合技术标准及合同要求的工程设计文件，提供施工要求的配合。

设计人应当按照专用合同条款约定配合发包人办理有关许可、核准或备案手续的，因设计人原因造成发包人未能及时办理许可、核准或备案手续，导致设计工作量增加和（或）设计周期延长时，由设计人自行承担由此增加的设计费用和（或）设计周期延长的责任。

（2）设计人应当完成合同约定的工程设计及其他服务。

（3）专用合同条款约定的其他义务。

（二）设计人委派项目负责人

（1）项目负责人应为合同当事人所确认的人选，并在专用合同条款中明确项目负责人的姓名、执业资格及等级、注册执业证书编号、联系方式及授权范围等事项，项目负责人经设计人授权后代表设计人负责履行合同。

（2）设计人需要更换项目负责人的，应在专用合同条款约定的期限内提前书面通知发包人，并征得发包人书面同意。通知中应当载明继任项目负责人的注册执业资格、管理经验等资料，继任项目负责人继续履行项目负责人应尽职责。未经发包人书面同意，设计人不得擅自更换项目负责人。设计人擅自更换项目负责人的，应按照专用合同条款的约定承担违约责任。对于设计人项目负责人确因患病、与设计人解除或终止劳动关系、工伤等原因更换项目负责人的，发包人无正当理由不得拒绝更换。

（3）发包人有权书面通知设计人更换其认为不称职的项目负责人，通知中应当载明要求更换的理由。对于发包人有理由的更换要求，设计人应在收到书面更换通知后在专用合同条款约定的期限内进行更换，并将新任命的项目负责人的注册执业资格、管理经验等资料书面通知发包人。继任项目负责人继续履行项目负责人应尽职责。设计人无正当理由拒绝更换项目负责人的，应按照专用合同条款的约定承担违约责任。

（三）设计人委派设计人员

（1）除专用合同条款对期限另有约定外，设计人应在接到开始设计通知后7天内，向发包人提交设计人项目管理机构及人员安排的报告，其内容应包括建筑、结构、给排水、暖通、电气等专业负责人名单及其岗位、注册执业资格等。

（2）设计人委派到工程设计中的设计人员应相对稳定。设计过程中如有变动，设计人应及时向发包人提交工程设计人员变动情况的报告。设计人更换专业负责人时，应提前7天书面通知发包人，除专业负责人无法正常履职情形外，还应征得发包人书面同意。通知中应当载明继任人员的注册执业资格、执业经验等资料。

（3）发包人对于设计人主要设计人员的资格或能力有异议的，设计人应提供资料证明被质疑人员有能力完成其岗位工作或不存在发包人所质疑的情形。发包人要求撤换不能按照合同约定履行职责及义务的主要设计人员的，设计人认为发包人有理由的，应当撤换。设计人无正当理由拒绝撤换的，应按照专用合同条款的约定承担违约责任。

（四）设计分包

1．设计分包的一般约定

设计人不得将其承包的全部工程设计转包给第三人，或将其承包的全部工程设计肢解后以分包的名义转包给第三人。设计人不得将工程主体结构、关键性工作及专用合同条款中禁止分包的工程设计分包给第三人，工程主体结构、关键性工作的范围由合同当事人按照法律规定在专用合同条款中予以明确。设计人不得进行违法分包。

2．设计分包的确定

设计人应按专用合同条款的约定或经过发包人书面同意后进行分包，确定分包人。按照合同约定或经过发包人书面同意后进行分包的，设计人应确保分包人具有相应的资质和能力。工程设计分包不减轻或免除设计人的责任和义务，设计人和分包人就分包工程设计向发包人承担连带责任。

3．设计分包管理

设计人应按照专用合同条款的约定向发包人提交分包人的主要工程设计人员名单、注册执业资格及执业经历等。

4．分包工程设计费

（1）除本项第2目约定的情况或专用合同条款另有约定外，分包工程设计费由设计人与分包人共同结算，未经设计人同意，发包人不得向分包人支付分包工程设计费。

（2）生效的法院判决书或仲裁裁决书要求发包人向分包人支付分包工程设计费的，发包人有权从应付设计人合同价款中扣除该部分费用。

（五）联合体

（1）联合体各方应共同与发包人签订合同协议书。联合体各方应为履行合同向发包人承担连带责任。

（2）联合体协议，应当约定联合体各成员工作分工，经发包人确认后作为合同附件。在履行合同过程中，未经发包人同意，不得修改联合体协议。

（3）联合体牵头人负责与发包人联系，并接受指示，负责组织联合体各成员全面履行合同。

（六）施工现场配合服务

设计人应当提供设计技术交底、解决施工中设计技术问题和竣工验收服务。如果发包人在专用合同条款约定的施工现场服务时限之外仍要求设计人负责上述工作的，发包人应按所需工作量向设计人另行支付服务费用。

7.4.3 设计合同进度管理条款

（一）工程设计进度计划

1. 工程设计进度计划的编制

设计人应按照专用合同条款约定提交工程设计进度计划，工程设计进度计划的编制应当符合法律规定和一般工程设计实践惯例，工程设计进度计划经发包人批准后实施。工程设计进度计划是控制工程设计进度的依据，发包人有权按照工程设计进度计划中列明的关键性控制节点检查工程设计进度情况。

工程设计进度计划中的设计周期应由发包人与设计人协商确定，明确约定各阶段设计任务的完成时间区间，包括各阶段设计过程中设计人与发包人的交流时间，但不包括相关政府部门对设计成果的审批时间及发包人的审查时间。

2. 工程设计进度计划的修订

工程设计进度计划不符合合同要求或与工程设计的实际进度不一致的，设计人应向发包人提交修订的工程设计进度计划，并附具有关措施和相关资料。除专用合同条款对期限另有约定外，发包人应在收到修订的工程设计进度计划后5天内完成审核及批准或提出修改意见，否则将视为发包人同意设计人提交的修订的工程设计进度计划。

（二）工程设计开始

发包人应按照法律规定获得工程设计所需的许可。发包人发出的开始设计通知应符合法律规定，一般应在计划开始设计日期7天前向设计人发出开始工程设计工作通知，工程设计周期自开始设计通知中载明的开始设计的日期起算。

设计人应当在收到发包人提供的工程设计资料及专用合同条款约定的定金或预付款后，开始工程设计工作。

各设计阶段的开始时间均以设计人收到的发包人发出开始设计工作的书面通知书中载明的开始设计的日期起算。

（三）工程设计进度延误

1. 因发包人原因导致工程设计进度延误

在合同履行过程中，发包人导致工程设计进度延误的情形主要有：

（1）发包人未能按合同约定提供工程设计资料或所提供的工程设计资料不符合合同约定或存在错误或疏漏的；

（2）发包人未能按合同约定日期足额支付定金或预付款、进度款的；

（3）发包人提出影响设计周期的设计变更要求的；

（4）专用合同条款中约定的其他情形。

因发包人原因未按计划开始设计日期开始设计的，发包人应按实际开始设计日期顺延完成设计日期。

除专用合同条款对期限另有约定外，设计人应在发生上述情形后 5 天内向发包人发出要求延期的书面通知，在发生该情形后 10 天内提交要求延期的详细说明供发包人审查。除专用合同条款对期限另有约定外，发包人收到设计人要求延期的详细说明后，应在 5 天内进行审查并就是否延长设计周期及延期天数向设计人进行书面答复。

如果发包人在收到设计人提交要求延期的详细说明后，在约定的期限内未予答复，则视为设计人要求的延期已被发包人批准。如果设计人未能按本款约定的时间内发出要求延期的通知并提交详细资料，则发包人可拒绝作出任何延期的决定。

发包人因上述工程设计进度延误情形导致增加设计工作量的，发包人应当另行支付相应设计费用。

2. 因设计人原因导致工程设计进度延误

因设计人原因导致工程设计进度延误的，设计人应当按照该通用条款〔设计人违约责任〕承担责任。设计人支付逾期完成工程设计违约金后，不免除设计人继续完成工程设计的义务。

（四）暂停设计

1. 发包人原因引起的暂停设计

因发包人原因引起暂停设计的，发包人应及时下达暂停设计指示。

因发包人原因引起的暂停设计，发包人应承担由此增加的设计费用和（或）延长的设计周期。

2. 设计人原因引起的暂停设计

因设计人原因引起的暂停设计，设计人应当尽快向发包人发出书面通知并按该通用条款〔设计人违约责任〕约定承担责任，且设计人在收到发包人复工指示后 15 天内仍未复工的，视为设计人无法继续履行合同的情形，设计人应按该通用条款〔合同解除〕约定承担责任。

3. 其他原因引起的暂停设计

当出现非设计人原因造成的暂停设计，设计人应当尽快向发包人发出书面通知。

在上述情形下设计人的设计服务暂停，设计人的设计周期应当相应延长，复工应由发包人与设计人共同确认的合理期限。

当发生本项约定的情况，导致设计人增加设计工作量的，发包人应当另行支付相应设计费用。

4. 暂停设计后的复工

暂停设计后，发包人和设计人应采取有效措施积极消除暂停设计的影响。当工程具备复工条件时，发包人向设计人发出复工通知，设计人应按照复工通知要求复工。

除设计人原因导致暂停设计外，设计人暂停设计后复工所增加的设计工作量，发包人应当另行支付相应的设计费用。

（五）提前交付工程设计文件

（1）发包人要求设计人提前交付工程设计文件的，发包人应向设计人下达提前交付工程设计文件指示，设计人应向发包人提交提前交付工程设计文件建议书，提前交付工程设计文件建议书应包括实施的方案、缩短的时间、增加的合同价格等内容。发包人接受该提前交付工程设计文件建议书的，发包人和设计人协商采取加快工程设计进度的措施，并修订工程设计进度计划，由此增加的设计费用由发包人承担。设计人认为提前交付工程设计文件的指示无法执行的，应向发包人提出书面异议，发包人应在收到异议后7天内予以答复。无论任何情况下，发包人均不得压缩合理设计周期。

（2）发包人要求设计人提前交付工程设计文件，或设计人提出提前交付工程设计文件的建议能够给发包人带来效益的，合同当事人可以在专用合同条款中约定提前交付工程设计文件的奖励。

7.4.4　设计合同质量管理条款

（一）工程设计要求

1. 工程设计一般要求

（1）对发包人的要求

① 发包人应当遵守法律和技术标准，不得以任何理由要求设计人违反法律和工程质量、安全标准进行工程设计，降低工程质量。

② 发包人要求进行主要技术指标控制的，钢材用量、混凝土用量等主要技术指标控制值应当符合有关工程设计标准的要求，且应当在工程设计开始前书面向设计人提出，经发包人与设计人协商一致后以书面形式确定作为本合同附件。

③ 发包人应当严格遵守主要技术指标控制的前提条件，由于发包人的原因导致工程设计文件超出主要技术指标控制值的，发包人承担相应责任。

（2）对设计人的要求

① 设计人应当按法律和技术标准的强制性规定及发包人要求进行工程设计。有关工程设计的特殊标准或要求由合同当事人在专用合同条款中约定。

设计人发现发包人提供的工程设计资料有问题的，设计人应当及时通知发包人并经发包人确认。

② 除合同另有约定外，设计人完成设计工作所应遵守的法律以及技术标准，均应视为在基准日期适用的版本。基准日期之后，前述版本发生重大变化，或者有新的法律以及技术标准实施的，设计人应就推荐性标准向发包人提出遵守新标准的建议，对强制性的规定或标准应当遵照执行。因发包人采纳设计人的建议或遵守基准日期后新的强制性的规定或标准，导致增加设计费用和（或）设计周期延长的，由发包人承担。

③ 设计人应当根据建筑工程的使用功能和专业技术协调要求，合理确定基础类型、结构体系、结构布置、使用荷载及综合管线等。

④ 设计人应当严格执行其双方书面确认的主要技术指标控制值，由于设计人的原

因导致工程设计文件超出在专用合同条款中约定的主要技术指标控制值比例的，设计人应当承担相应的违约责任。

⑤ 设计人在工程设计中选用的材料、设备，应当注明其规格、型号、性能等技术指标及适应性，满足质量、安全、节能、环保等要求。

2. 工程设计保证措施

（1）发包人的保证措施

发包人应按照法律规定及合同约定完成与工程设计有关的各项工作。

（2）设计人的保证措施

设计人应做好工程设计的质量与技术管理工作，建立健全工程设计质量保证体系，加强工程设计全过程的质量控制，建立完整的设计文件的设计、复核、审核、会签和批准制度，明确各阶段的责任人。

3. 工程设计文件的要求

（1）工程设计文件的编制应符合法律、技术标准的强制性规定及合同的要求。

（2）工程设计依据应完整、准确、可靠，设计方案论证充分，计算成果可靠，并能够实施。

（3）工程设计文件的深度应满足本合同相应设计阶段的规定要求，并符合国家和行业现行有效的相关规定。

（4）工程设计文件必须保证工程质量和施工安全等方面的要求，按照有关法律法规规定在工程设计文件中提出保障施工作业人员安全和预防生产安全事故的措施建议。

（5）应根据法律、技术标准要求，保证房屋建筑工程的合理使用寿命年限，并应在工程设计文件中注明相应的合理使用寿命年限。

4. 不合格工程设计文件的处理

（1）因设计人原因造成工程设计文件不合格的，发包人有权要求设计人采取补救措施，直至达到合同要求的质量标准，并按该通用条款〔设计人违约责任〕约定承担责任。

（2）因发包人原因造成工程设计文件不合格的，设计人应当采取补救措施，直至达到合同要求的质量标准，由此增加的设计费用和（或）设计周期的延长由发包人承担。

（二）工程设计文件交付

1. 工程设计文件交付的内容

（1）工程设计图纸及设计说明。

（2）发包人可以要求设计人提交专用合同条款约定的具体形式的电子版设计文件。

2. 工程设计文件的交付方式

设计人交付工程设计文件给发包人，发包人应当出具书面签收单，内容包括图纸名称、图纸内容、图纸形式、份数、提交和签收日期、提交人与接收人的亲笔签名。

3. 工程设计文件交付的时间和份数

工程设计文件交付的名称、时间和份数在专用合同条款附件 3 中约定。

（三）工程设计文件审查

（1）设计人的工程设计文件应报发包人审查同意。审查的范围和内容在发包人要求中约定。审查的具体标准应符合法律规定、技术标准要求和本合同约定。

除专用合同条款对期限另有约定外，自发包人收到设计人的工程设计文件以及设计人的通知之日起，发包人对设计人的工程设计文件审查期不应超过 15 天。

发包人不同意工程设计文件的，应以书面形式通知设计人，并说明不符合合同要求的具体内容。设计人应根据发包人的书面说明，对工程设计文件进行修改后重新报送发包人审查，审查期重新起算。

合同约定的审查期满，发包人没有做出审查结论也没有提出异议的，视为设计人的工程设计文件已获发包人同意。

（2）设计人的工程设计文件不需要政府有关部门审查或批准的，设计人应当严格按照经发包人审查同意的工程设计文件进行修改，如果发包人的修改意见超出或更改了发包人要求的，发包人应当根据第该通用条款〔工程设计变更与索赔〕约定，向设计人另行支付费用。

（3）工程设计文件需政府有关部门审查或批准的，发包人应在审查同意设计人的工程设计文件后在专用合同条款约定的期限内，向政府有关部门报送工程设计文件，设计人应予以协助。

对于政府有关部门的审查意见，不需要修改发包人要求的，设计人需按该审查意见修改设计人的工程设计文件；需要修改发包人要求的，发包人应重新提出发包人要求，设计人应根据新提出的发包人要求修改设计人的工程设计文件，发包人应当根据该通用条款〔工程设计变更与索赔〕约定，向设计人另行支付费用。

（4）发包人需要组织审查会议对工程设计文件进行审查的，审查会议的审查形式和时间安排，在专用合同条款中约定。发包人负责组织工程设计文件审查会议，并承担会议费用及发包人的上级单位、政府有关部门参加的审查会议的费用。

设计人按第七条〔工程设计文件交付〕约定向发包人提交工程设计文件，有义务参加发包人组织的设计审查会议，向审查者介绍、解答、解释其工程设计文件，并提供有关补充资料。

发包人有义务向设计人提供设计审查会议的批准文件和纪要。设计人有义务按照相关设计审查会议批准的文件和纪要，并依据合同约定及相关技术标准，对工程设计文件进行修改、补充和完善。

（5）因设计人原因，未能按条款〔工程设计文件交付〕约定的时间向发包人提交工程设计文件，致使工程设计文件审查无法进行或无法按期进行，造成设计周期延长、窝工损失及发包人增加费用的，设计人应按该通用条款〔设计人违约责任〕约定承担责任。

因发包人原因，致使工程设计文件审查无法进行或无法按期进行，造成设计周期延长、窝工损失及设计人增加的费用，由发包人承担。

（6）因设计人原因造成工程设计文件不合格致使工程设计文件审查无法通过的，发包人有权要求设计人采取补救措施，直至达到合同要求的质量标准，并按该通用条款〔设计人违约责任〕约定承担责任。

因发包人原因造成工程设计文件不合格致使工程设计文件审查无法通过的，由此增加的设计费用和（或）延长的设计周期由发包人承担。

（7）工程设计文件的审查，不减轻或免除设计人依据法律应当承担的责任。

7.4.5 设计合同费用管理条款

（一）合同价款组成

发包人和设计人应当在专用合同条款附件6中明确约定合同价款各组成部分的具体数额，主要包括如下内容。

（1）工程设计基本服务费用；

（2）工程设计其他服务费用；

（3）在未签订合同前发包人已经同意或接受或已经使用的设计人为发包人所做的各项工作的相应费用等。

（二）合同价格形式

发包人和设计人应在合同协议书中选择下列其中一种合同价格形式。

1. 单价合同

单价合同是指合同当事人约定以建筑面积（包括地上建筑面积和地下建筑面积）每平方米单价或实际投资总额的一定比例等进行合同价格计算、调整和确认的建设工程设计合同，在约定的范围内合同单价不作调整。合同当事人应在专用合同条款中约定单价包含的风险范围和风险费用的计算方法，并约定风险范围以外的合同价格的调整方法。

2. 总价合同

总价合同是指合同当事人约定以发包人提供的上一阶段工程设计文件及有关条件进行合同价格计算、调整和确认的建设工程设计合同，在约定的范围内合同总价不作调整。合同当事人应在专用合同条款中约定总价包含的风险范围和风险费用的计算方法，并约定风险范围以外的合同价格的调整方法。

3. 其他价格形式

合同当事人可在专用合同条款中约定其他合同价格形式。

（三）定金或预付款

1. 定金或预付款的比例

定金的比例不应超过合同总价款的20%。预付款的比例由发包人与设计人协商确定，一般不低于合同总价款的20%。

2. 定金或预付款的支付

定金或预付款的支付按照专用合同条款约定执行，最迟应在开始设计通知载明的开始设计日期前且在专用合同条款约定的期限内支付。

发包人逾期支付定金或预付款超过专用合同条款约定的期限的，设计人有权向发包人发出要求支付定金或预付款的催告通知，发包人收到通知后7天内仍未支付的，设计人有权不开始设计工作或暂停设计工作。

（四）进度款支付

（1）发包人应当按照专用合同条款附件6约定的付款条件及时向设计人支付进度款。

（2）进度付款的修正。

在对已付进度款进行汇总和复核中发现错误、遗漏或重复的，发包人和设计人均有权提出修正申请。经发包人和设计人同意的修正，应在下期进度付款中支付或扣除。

（五）合同价款的结算与支付

（1）对于采取固定总价形式的合同，发包人应当按照专用合同条款附件6的约定及时支付尾款。

（2）对于采取固定单价形式的合同，发包人与设计人应当按照专用合同条款附件 6 约定的结算方式及时结清工程设计费，并将结清未支付的款项一次性支付给设计人。

（3）对于采取其他价格形式的，也应按专用合同条款的约定及时结算和支付。

（六）支付账户

发包人应将合同价款支付至合同协议书中约定的设计人账户。

7.4.6 设计合同管理的其他条款

（一）工程设计变更与索赔

（1）发包人变更工程设计的内容、规模、功能、条件等，应当向设计人提供书面要求，设计人在不违反法律规定以及技术标准强制性规定的前提下应当按照发包人要求变更工程设计。

（2）发包人变更工程设计的内容、规模、功能、条件或因提交的设计资料存在错误或做较大修改时，发包人应按设计人所耗工作量向设计人增付设计费，设计人可按本条约定和专用合同条款附件7的约定，与发包人协商对合同价格和/或完工时间作出可共同接受的修改。

（3）如果由于发包人要求更改而造成的项目复杂性的变更或性质的变更使得设计人的设计工作减少，发包人可按本条约定和专用合同条款附件7的约定，与设计人协商对合同价格和/或完工时间作出可共同接受的修改。

（4）基准日期后，与工程设计服务有关的法律、技术标准的强制性规定的颁布及修改，由此增加的设计费用和（或）延长的设计周期由发包人承担。

（5）如果发生设计人认为有理由提出增加合同价款或延长设计周期的要求事项，除专用合同条款对期限另有约定外，设计人应于该事项发生后 5 天内书面通知发包人。除专用合同条款对期限另有约定外，在该事项发生后 10 天内，设计人应向发包人提供证明设计人要求的书面声明，其中包括设计人关于因该事项引起的合同价款和设计周期的变化的详细计算。除专用合同条款对期限另有约定外，发包人应在接到设计人书面声明后的 5 天内，予以书面答复。逾期未答复的，视为发包人同意设计人关于增加合同价款或延长设计周期的要求。

（二）专业责任与保险

（1）设计人应运用一切合理的专业技术和经验知识，按照公认的职业标准尽其全部职责和谨慎、勤勉地履行其在本合同项下的责任和义务。

（2）除专用合同条款另有约定外，设计人应具有发包人认可的、履行本合同所需要的工程设计责任保险并使其在合同责任期内保持有效。

（3）工程设计责任保险应承担由于设计人的疏忽或过失而引发的工程质量事故所造成的建设工程本身的物质损失以及第三者人身伤亡、财产损失或费用的赔偿责任。

（三）知识产权

（1）除专用合同条款另有约定外，发包人提供给设计人的图纸、发包人为实施工程自行编制或委托编制的技术规格书以及反映发包人要求的或其他类似性质的文件的著作权属于发包人，设计人可以为实现合同目的而复制、使用此类文件，但不能用于与合同无关的其他事项。未经发包人书面同意，设计人不得为了合同以外的目的而复制、使用上述文件或将之提供给任何第三方。

（2）除专用合同条款另有约定外，设计人为实施工程所编制的文件的著作权属于设计人，发包人可因实施工程的运行、调试、维修、改造等目的而复制、使用此类文件，但不能擅自修改或用于与合同无关的其他事项。未经设计人书面同意，发包人不得为了合同以外的目的而复制、使用上述文件或将之提供给任何第三方。

（3）合同当事人保证在履行合同过程中不侵犯对方及第三方的知识产权。设计人在工程设计时，因侵犯他人的专利权或其他知识产权所引起的责任，由设计人承担；因发包人提供的工程设计资料导致侵权的，由发包人承担责任。

（4）合同当事人双方均有权在不损害对方利益和保密约定的前提下，在自己宣传用的印刷品或其他出版物上，或申报奖项时等情形下公布有关项目的文字和图片材料。

（5）除专用合同条款另有约定外，设计人在合同签订前和签订时已确定采用的专利、专有技术的使用费应包含在签约合同价中。

（四）违约责任

1. 发包人违约责任

（1）合同生效后，发包人因非设计人原因要求终止或解除合同，设计人未开始设计工作的，不退还发包人已付的定金或发包人按照专用合同条款的约定向设计人支付违约金；已开始设计工作的，发包人应按照设计人已完成的实际工作量计算设计费，完成工作量不足一半时，按该阶段设计费的一半支付设计费；超过一半时，按该阶段设计费的全部支付设计费。

（2）发包人未按专用合同条款附件6约定的金额和期限向设计人支付设计费的，应按专用合同条款约定向设计人支付违约金。逾期超过15天时，设计人有权书面通知发包人中止设计工作。自中止设计工作之日起15天内发包人支付相应费用的，设计人应及时根据发包人要求恢复设计工作；自中止设计工作之日起超过15天后发包人支付相应费用的，设计人有权确定重新恢复设计工作的时间，且设计周期相应延长。

（3）发包人的上级或设计审批部门对设计文件不进行审批或本合同工程停建、缓建，发包人应在事件发生之日起15天内按本合同通用条款〔合同解除〕约定向设计人结算并支付设计费。

（4）发包人擅自将设计人的设计文件用于本工程以外的工程或交第三方使用时，应承担相应法律责任，并应赔偿设计人因此遭受的损失。

2．设计人违约责任

（1）合同生效后，设计人因自身原因要求终止或解除合同，设计人应按发包人已支付的定金金额双倍返还给发包人或设计人按照专用合同条款约定向发包人支付违约金。

（2）由于设计人原因，未按专用合同条款附件3约定的时间交付工程设计文件的，应按专用合同条款的约定向发包人支付违约金，前述违约金经双方确认后可在发包人应付设计费中扣减。

（3）设计人对工程设计文件出现的遗漏或错误负责修改或补充。由于设计人原因产生的设计问题造成工程质量事故或其他事故时，设计人除负责采取补救措施外，还应当通过所投建设工程设计责任保险向发包人承担赔偿责任或者根据直接经济损失程度按专用合同条款约定向发包人支付赔偿金。

（4）由于设计人原因，工程设计文件超出发包人与设计人书面约定的主要技术指标控制值比例的，设计人应当按照专用合同条款的约定承担违约责任。

（5）设计人未经发包人同意擅自对工程设计进行分包的，发包人有权要求设计人解除未经发包人同意的设计分包合同，设计人应当按照专用合同条款的约定承担违约责任。

（五）不可抗力

1．不可抗力的确认

不可抗力是指合同当事人在签订合同时不可预见，在合同履行过程中不可避免且不能克服的自然灾害和社会性突发事件，如地震、海啸、瘟疫、骚乱、戒严、暴动、战争和专用合同条款中约定的其他情形。

不可抗力发生后，发包人和设计人应收集证明不可抗力发生及不可抗力造成损失的证据，并及时认真统计所造成的损失。合同当事人对是否属于不可抗力或其损失发生争议时，按该通用条款〔争议解决〕约定执行。

2. 不可抗力的通知

合同一方当事人遇到不可抗力事件，使其履行合同义务受到阻碍时，应立即通知合同另一方当事人，书面说明不可抗力和受阻碍的详细情况，并在合理期限内提供必要的证明。

不可抗力持续发生的，合同一方当事人应及时向合同另一方当事人提交中间报告，说明不可抗力和履行合同受阻的情况，并于不可抗力事件结束后 28 天内提交最终报告及有关资料。

3. 不可抗力后果的承担

不可抗力引起的后果及造成的损失由合同当事人按照法律规定及合同约定各自承担。不可抗力发生前已完成的工程设计应当按照合同约定进行支付。

不可抗力发生后，合同当事人均应采取措施尽量避免和减少损失的扩大，任何一方当事人没有采取有效措施导致损失扩大的，应对扩大的损失承担责任。

因合同一方迟延履行合同义务，在迟延履行期间遭遇不可抗力的，不免除其违约责任。

（六）合同解除

（1）发包人与设计人协商一致，可以解除合同。

（2）有下列情形之一的，合同当事人一方或双方可以解除合同：

① 设计人工程设计文件存在重大质量问题，经发包人催告后，在合理期限内修改后仍不能满足国家现行深度要求或不能达到合同约定的设计质量要求的，发包人可以解除合同；

② 发包人未按合同约定支付设计费用，经设计人催告后，在 30 天内仍未支付的，设计人可以解除合同；

③ 暂停设计期限已连续超过 180 天，专用合同条款另有约定的除外；

④ 因不可抗力致使合同无法履行；

⑤ 因一方违约致使合同无法实际履行或实际履行已无必要；

⑥ 因本工程项目条件发生重大变化，使合同无法继续履行。

（3）任何一方因故需解除合同时，应提前 30 大书面通知对方，对合同中的遗留问题应取得一致意见并形成书面协议。

（4）合同解除后，发包人除应按发包人违约责任第 1 项条款的约定及专用合同条款约定期限内向设计人支付已完工作的设计费外，应当向设计人支付由于非设计人原因合同解除导致设计人增加的设计费用，违约一方还应当承担相应的违约责任。

（七）争议解决

1. 和解

合同当事人可以就争议自行和解，自行和解达成协议的经双方签字并盖章后作为合同补充文件，双方均应遵照执行。

2. 调解

合同当事人可以就争议请求相关行政主管部门、行业协会或其他第三方进行调解，调解达成协议的，经双方签字并盖章后作为合同补充文件，双方均应遵照执行。

3. 争议评审

合同当事人在专用合同条款中约定采取争议评审方式解决争议以及评审规则，并按下列约定执行。

（1）争议评审小组的确定

合同当事人可以共同选择一名或三名争议评审员，组成争议评审小组。除专用合同条款另有约定外，合同当事人应当自合同签订后28天内，或者争议发生后14天内，选定争议评审员。

选择一名争议评审员的，由合同当事人共同确定；选择三名争议评审员的，各自选定一名，第三名成员为首席争议评审员，由合同当事人共同确定或由合同当事人委托已选定的争议评审员共同确定，或由专用合同条款约定的评审机构指定第三名首席争议评审员。

除专用合同条款另有约定外，评审所发生的费用由发包人和设计人各承担一半。

（2）争议评审小组的决定

合同当事人可在任何时间将与合同有关的任何争议共同提请争议评审小组进行评审。争议评审小组应秉持客观、公正原则，充分听取合同当事人的意见，依据相关法律、技术标准及行业惯例等，自收到争议评审申请报告后14天内作出书面决定，并说明理由。合同当事人可以在专用合同条款中对本事项另行约定。

（3）争议评审小组决定的效力

争议评审小组作出的书面决定经合同当事人签字确认后，对双方具有约束力，双方应遵照执行。

任何一方当事人不接受争议评审小组决定或不履行争议评审小组决定的，双方可选择采用其他争议解决方式。

4. 仲裁或诉讼

因合同及合同有关事项产生的争议，合同当事人可以在专用合同条款中约定以下任一种方式解决争议：

（1）向约定的仲裁委员会申请仲裁；

（2）向有管辖权的人民法院起诉。

5. 争议解决条款效力

合同有关争议解决的条款独立存在，合同的变更、解除、终止、无效或者被撤销均不影响其效力。

思 考 题

1．建设工程勘察设计合同的特点有哪些？

2．建设工程勘察设计合同订立的条件是什么？

3．如何对勘察设计合同当事人进行资信和能力审查？

4．《建设工程勘察合同（示范文本）和《建设工程设计合同（示范文本）》由哪几部分组成？

5．简述建设工程勘察合同中发包人和勘察人的权利和义务。

6．简述建设工程设计合同中发包人和设计人的主要工作。

7．设计联合体和发包人签订设计合同的，对设计联合体有何要求？

8．在设计合同履行过程中，发包人导致工程设计进度延误的情形主要有哪些？

9．工程设计文件的质量要求有哪些？

10．建设工程勘察合同和设计合同中，双方当事人应承担哪些违约责任？

11．建设工程勘察和设计合同索赔的主要原因有哪些？

12．建设工程设计合同争议的解决方式有哪些？

第 8 章 建设工程监理合同管理

8.1 建设工程监理合同的概述

8.1.1 建设工程监理的概念

建设工程监理，是指具有相应资质的工程监理企业，接受建设单位的委托和授权，依据工程建设文件、有关的法律法规规章和标准规范、建设工程委托监理合同和有关的建设工程合同，承担其项目管理工作，并代表建设单位对承建单位的建设行为进行监控的专业化服务活动。实行建设工程监理的范围可以根据工程类别、建设阶段以及工程性质和规模进行不同的划分。

我国建设工程监理是在 20 世纪 80 年代后期，借鉴国际咨询工程师参与项目管理的模式与经验，逐渐形成的为委托方提供工程监理服务的一种新事业。1997 年颁布的《中华人民共和国建筑法》第 30 条以法律制度的形式明确规定，国家推行建筑工程监理制度。至此工程监理在全国范围内进入全面推行和大力发展阶段。在中国建筑业快速增长的特殊历史时期，提供工程监理服务的组织，在维护业主与承包商的合法权益、促进提高建筑生产过程的质量和水平等方面发挥了积极作用。

根据《建设工程质量管理条例》的规定，实行监理的建设工程，建设单位可以委托具有相应资质等级的工程监理单位进行监理，也可以委托具有工程监理相应资质等级，且与被监理工程的施工承包单位没有隶属关系或者其他利害关系的该工程的设计单位进行监理。按照法律法规的规定，必须实行监理包含以下五种类别。

（一）国家重点建设工程

根据《建设工程监理范围和规模标准规定》，是指依据《国家重点建设项目管理办法》所确定的对国民经济和社会发展有重大影响的骨干项目。

（二）大中型公用事业工程

大中型公用事业工程是指项目总投资额在 3 000 万元以上的下列工程项目：

（1）供水、供电、供气、供热等市政工程项目；

（2）科技、教育、文化等项目；

（3）体育、旅游、商业等项目；

（4）卫生、社会福利等项目；

（5）其他公用事业项目。

（三）成片开发建设的住宅小区工程

建筑面积在 5 万平方米以上的住宅建设工程必须实行监理；5 万平方米以下的住宅建设项目，可以实行监理，具体范围和规模标准，由省、自治区、直辖市人民政府建设行政主管部门规定。为了保证住宅质量，对高层住宅及地基、结构复杂的多层住宅应当实行监理。

（四）利用外国政府或者国际组织贷款、援助资金的工程

利用外国政府或者国际组织贷款、援助资金的工程范围包括：

（1）使用世界银行、亚洲开发银行等国际组织贷款资金的项目；

（2）使用国外政府及其机构贷款资金的项目；

（3）使用国际组织或者国外政府援助资金的项目。

（五）国家规定必须实行监理的其他工程

项目总投资额在 3 000 万元以上关系社会公共利益、公众安全的下列基础设施项目：

（1）煤炭、石油、化工、天然气、电力、新能源等项目；

（2）铁路、公路、管道、水运、民航以及其他交通运输业等项目；

（3）邮政、电信枢纽、通信、信息网络等项目；

（4）防洪、灌溉、排涝、发电、引（供）水、滩涂治理、水资源保护、水土保持等水利建设项目；

（5）道路、桥梁、地铁和轻轨交通、污水排放及处理、垃圾处理、地下管道、公共停车场等城市基础设施项目；

（6）生态环境保护项目；

（7）其他基础设施项目；

（8）学校、影剧院、体育场馆等项目。

8.1.2　建设工程监理合同的概念和特点

（一）建设工程监理合同的概念

建设工程委托监理合同简称监理合同，是指由建设单位（委托人）委托和授权具有相应资质的监理单位（监理人）为其对工程建设的全过程或某个阶段进行监督和管理而签订的，明确双方权利和义务的协议。

（二）建设工程监理合同的特点

从《合同法》的角度看，监理合同属于分则中所列 15 类有名合同中委托合同的范畴，因而具有委托合同的特征，譬如是诺成、双务合同等，此外，由于监理对象（建设

工程）的复杂性，委托监理合同还具有以下特点。

（1）监理合同的当事人双方应当具有民事权利能力和民事行为能力。作为委托人，必须是有国家批准的建设项目，落实投资计划的企事业单位、其他社会组织和在法律允许范围内的个人；作为受托人，必须是依法成立、具有法人资格并且具有相应资质的监理企业。目前监理企业资质分为综合类资质、专业类资质和事务所资质3个序列。综合类资质、事务所资质不分级别。专业类资质按照工程性质和技术特点划分为房屋建筑工程、冶炼工程、矿山工程、化工石油工程、水利水电工程、电力工程、农林工程、铁路工程、公路工程、港口与航道工程、航天航空工程、通信工程、市政公用工程、机电安装工程共14个工程类别，分为甲级、乙级；其中，房屋建筑、水利水电、公路和市政公用专业资质可设立丙级。工程监理企业可以根据其资质等级，监理经核定的工程类别中相应等级的工程。

（2）监理合同委托的工作内容及订立应符合工程项目建设程序。所谓建设程序是指一项建设工程从设想、提出、评估到决策，经过设计、施工、验收，直至投产或产交付使用的整个过程中，应当遵循的内在规律。我国工程建设程序已不断完善。监理合同是以对建设工程实施控制和管理为主要内容，因此监理合同订立前应审查工程建设各阶段的相关文件是否齐备。双方签订合同必须符合建设程序，符合国家和建设行政主管部门颁发的有关建设工程的法律、行政法规、部门规章和各种标准、规范要求。

（3）委托监理合同的标的是服务。建设工程实施阶段所签订的其他合同，如勘察设计合同、施工承包合同、物资采购合同、加工承揽合同的标的物是产生新的物质成果或信息成果，而建设工程监理的工作机理是监理工程师根据自己的知识、经验、技能受建设单位委托为其所签订其他合同的履行实施监督和管理。从合同法律关系的构成要素上来说，监理合同的客体属于行为，因而监理合同的标的应该是监理服务。这一特点决定了监理合同从订立到履行的管理重点。

8.2　《建设工程监理合同（示范文本）》简介

8.2.1　《建设工程监理合同（示范文本）》的组成

目前在我国签订建设工程委托监理合同一般采用《建设工程监理合同（示范文本）》（GF—2012-0202），它是根据《建筑法》《合同法》，在对2000年原建设部、国家工商行政管理局联合颁布的《工程建设委托监理合同（示范文本）》（GF—2000-0202）进行修订的基础上，由住房和城乡建设部、国家工商行政管理局于2012年3月联合颁布的。《建设工程监理合同（示范文本）》（GF—2012-0202）由"协议书""通用条件"和"专用条件"以及两个附录组成。

（一）协议书

"建设工程监理合同协议书"是一个总的协议，是纲领性文件。其主要内容是当事人双方确认的委托监理工程的概况（工程名称、工程地点、工程规模及总投资）；总监姓名、合同酬金和监理期限；双方愿意履行约定的各项义务的承诺，以及合同文件的组成。

（二）通用条件

标准条件是监理合同的通用文本，适用于各类建设工程监理委托，是所有监理工程都应遵守的基本条件。内容包括合同中所有定义、监理人义务、委托人义务、违约责任、支付、合同生效、变更、暂停、解除和终止、争议解决和其他等内容。

（三）专用条件

专用条件是在签订具体工程项目的委托监理合同时，就地域特点、专业特点和委托监理项目的特点，对标准条件中的某些条款进行补充、修改。

8.2.2 监理合同文件的解释顺序

组成监理合同的下列文件彼此应能相互解释、互为说明。除专用条件另有约定外，本合同文件的解释顺序如下所述。

（1）协议书。

（2）中标通知书（适用于招标工程）或委托书（适用于非招标工程）。

（3）专用条件及附录 A、附录 B。

（4）通用条件。

（5）投标文件（适用于招标工程）或监理与相关服务建议书（适用于非招标工程）。

双方签订的补充协议与其他文件发生矛盾或歧义时，属于同一类内容的文件，应以最新签署的为准。

8.2.3 词语定义

《建设工程监理合同（示范文本）》（GF—2012-0202）的词语定义和解释如下所述。

（1）工程。是指按照本合同约定实施监理与相关服务的建设工程。

（2）委托人。是指本合同中委托监理与相关服务的一方，及其合法的继承人或受让人。

（3）监理人。是指本合同中提供监理与相关服务的一方，及其合法的继承人。

（4）承包人。是指在工程范围内与委托人签订勘察、设计、施工等有关合同的当事人，及其合法的继承人。

（5）监理。是指监理人受委托人的委托，依照法律法规、工程建设标准、勘察设计文件及合同，在施工阶段对建设工程质量、进度、造价进行控制，对合同、信息进行管理，对工程建设相关方的关系进行协调，并履行建设工程安全生产管理法定职责的服务活动。

（6）相关服务。是指监理人受委托人的委托，按照本合同约定，在勘察、设计、保修等阶段提供的服务活动。

（7）正常工作。指本合同订立时通用条件和专用条件中约定的监理人的工作。

（8）附加工作。是指本合同约定的正常工作以外监理人的工作。

（9）项目监理机构。是指监理人派驻工程负责履行本合同的组织机构。

（10）总监理工程师。是指由监理人的法定代表人书面授权，全面负责履行本合同、主持项目监理机构工作的注册监理工程师。

（11）酬金。是指监理人履行本合同义务，委托人按照本合同约定给付监理人的金额。

（12）正常工作酬金。是指监理人完成正常工作，委托人应给付监理人并在协议书中载明的签约酬金额。

（13）附加工作酬金。是指监理人完成附加工作，委托人应给付监理人的金额。

（14）一方，是指委托人或监理人；双方，是指委托人和监理人；第三方，是指除委托人和监理人以外的有关方。

（15）书面形式。是指合同书、信件和数据电文（包括电报、电传、传真、电子数据交换和电子邮件）等可以有形地表现所载内容的形式。

（16）天。是指第一天零时至第二天零时的时间。

（17）月。是指按公历从一个月中任何一天开始的一个公历月时间。

（18）不可抗力。是指委托人和监理人在订立本合同时不可预见，在工程施工过程中不可避免发生并不能克服的自然灾害和社会性突发事件，如地震、海啸、瘟疫、水灾、骚乱、暴动、战争和专用条件约定的其他情形。

8.3 建设工程监理合同的主要内容

本节依据《建设工程监理合同（示范文本）》（GF—2012-0202）介绍建设工程监理合同的主要内容。

8.3.1 双方的义务与责任

（一）监理人的义务

1. 监理的范围和工作内容

（1）监理范围在专用条件中约定。

（2）除专用条件另有约定外，监理工作内容包括：

① 收到工程设计文件后编制监理规划，并在第一次工地会议 7 天前报委托人。根据有关规定和监理工作需要，编制监理实施细则；

② 熟悉工程设计文件，并参加由委托人主持的图纸会审和设计交底会议；

③ 参加由委托人主持的第一次工地会议；主持监理例会并根据工程需要主持或参加专题会议；

④ 审查施工承包人提交的施工组织设计，重点审查其中的质量安全技术措施、专项施工方案与工程建设强制性标准的符合性；

⑤ 检查施工承包人工程质量、安全生产管理制度及组织机构和人员资格；

⑥ 检查施工承包人专职安全生产管理人员的配备情况；

⑦ 审查施工承包人提交的施工进度计划，核查承包人对施工进度计划的调整；

⑧ 检查施工承包人的试验室；

⑨ 审核施工分包人资质条件；

⑩ 查验施工承包人的施工测量放线成果；

⑪ 审查工程开工条件，对条件具备的签发开工令；

⑫ 审查施工承包人报送的工程材料、构配件、设备质量证明文件的有效性和符合性，并按规定对用于工程的材料采取平行检验或见证取样方式进行抽检；

⑬ 审核施工承包人提交的工程款支付申请，签发或出具工程款支付证书，并报委托人审核、批准；

⑭ 在巡视、旁站和检验过程中，发现工程质量、施工安全存在事故隐患的，要求施工承包人整改并报委托人；

⑮ 经委托人同意，签发工程暂停令和复工令；

⑯ 审查施工承包人提交的采用新材料、新工艺、新技术、新设备的论证材料及相关验收标准；

⑰ 验收隐蔽工程、分部分项工程；

⑱ 审查施工承包人提交的工程变更申请，协调处理施工进度调整、费用索赔、合同争议等事项；

⑲ 审查施工承包人提交的竣工验收申请，编写工程质量评估报告；

⑳ 参加工程竣工验收，签署竣工验收意见；

㉑ 审查施工承包人提交的竣工结算申请并报委托人；

㉒ 编制、整理工程监理归档文件并报委托人。

2. 监理与相关服务依据

（1）监理依据

① 适用的法律、行政法规及部门规章；

② 与工程有关的标准；

③ 工程设计及有关文件；

④ 本合同及委托人与第三方签订的与实施工程有关的其他合同。

双方根据工程的行业和地域特点，在专用条件中具体约定监理依据。

（2）相关服务依据在专用条件中具体约定。

3. 组建项目监理机构和委派监理人员

（1）监理人应组建满足工作需要的项目监理机构，配备必要的检测设备。项目监理机构的主要人员应具有相应的资格条件。

（2）合同履行过程中，总监理工程师及重要岗位监理人员应保持相对稳定，以保证监理工作正常进行。

（3）监理人可根据工程进展和工作需要调整项目监理机构人员。监理人更换总监理工程师时，应提前 7 天向委托人书面报告，经委托人同意后方可更换；监理人更换项目监理机构其他监理人员，应以相当资格与能力的人员替换，并通知委托人。

（4）监理人应及时更换有下列情形之一的监理人员：

① 严重过失行为的；

② 有违法行为不能履行职责的；

③ 涉嫌犯罪的；

④ 不能胜任岗位职责的；

⑤ 严重违反职业道德的；

⑥ 专用条件约定的其他情形。

（5）委托人可要求监理人更换不能胜任本职工作的项目监理机构人员。

4. 履行的职责

监理人应遵循职业道德准则和行为规范，严格按照法律法规、工程建设有关标准及本合同履行职责。

（1）在监理与相关服务范围内，委托人和承包人提出的意见和要求，监理人应及时提出处置意见。当委托人与承包人之间发生合同争议时，监理人应协助委托人、承包人协商解决。

（2）当委托人与承包人之间的合同争议提交仲裁机构仲裁或人民法院审理时，监理人应提供必要的证明资料。

（3）监理人应在专用条件约定的授权范围内，处理委托人与承包人所签订合同的变更事宜。如果变更超过授权范围，应以书面形式报委托人批准。

在紧急情况下，为了保护财产和人身安全，监理人所发出的指令未能事先报委托人批准时，应在发出指令后的 24 个小时内以书面形式报委托人。

（4）除专用条件另有约定外，监理人发现承包人的人员不能胜任本职工作的，有权要求承包人予以调换。

5. 提交报告

监理人应按专用条件约定的种类、时间和份数向委托人提交监理与相关服务的报告。

6. 文件资料的保留和归档

在本合同履行期内，监理人应在现场保留工作所用的图纸、报告及记录监理工作的相关文件。工程竣工后，应当按照档案管理规定将监理有关文件归档。

7. 委托人财产的使用和保管

监理人无偿使用示范文本附录 B 中由委托人派遣的人员和提供的房屋、资料、设备。除专用条件另有约定外，委托人提供的房屋、设备属于委托人的财产，监理人应妥善使用和保管，在本合同终止时将这些房屋、设备的清单提交委托人，并按专用条件约定的时间和方式移交。

（二）委托人的义务

1. 告知承包人

委托人应在委托人与承包人签订的合同中明确监理人、总监理工程师和授予项目监理机构的权限。如有变更，应及时通知承包人。

2. 提供资料

委托人应按照示范文本附录 B 约定，无偿向监理人提供工程有关的资料。在本合同履行过程中，委托人应及时向监理人提供最新的与工程有关的资料。

3. 提供工作条件

委托人应为监理人完成监理与相关服务提供必要的条件。

（1）委托人应按照示范文本附录 B 约定，派遣相应的人员，提供房屋、设备，供监理人无偿使用。

（2）委托人应负责协调工程建设中所有外部关系，为监理人履行本合同提供必要的外部条件。

4. 委派委托人代表

委托人应授权一名熟悉工程情况的代表，负责与监理人联系。委托人应在双方签订本合同后 7 天内，将委托人代表的姓名和职责书面告知监理人。当委托人更换委托人代表时，应提前 7 天通知监理人。

5. 通知监理人委托人对承包人的意见或要求

在本合同约定的监理与相关服务工作范围内，委托人对承包人提出的任何意见或要求应通知监理人，由监理人向承包人发出相应指令。

6. 答复监理人

委托人应在专用条件约定的时间内，对监理人以书面形式提交并要求作出决定的事宜，给予书面答复。逾期未答复的，视为委托人认可。

7. 支付监理人酬金

委托人应按本合同约定，向监理人支付酬金。

（三）违约责任

1. 监理人的违约责任

监理人未履行本合同义务的，应承担相应的责任。

（1）因监理人违反本合同约定给委托人造成损失的，监理人应当赔偿委托人损失。赔偿金额的确定方法在专用条件中约定。监理人承担部分赔偿责任的，其承担赔偿金额由双方协商确定。

（2）监理人向委托人的索赔不成立时，监理人应赔偿委托人由此发生的费用。

2. 委托人的违约责任

委托人未履行本合同义务的，应承担相应的责任。

（1）委托人违反本合同约定造成监理人损失的，委托人应予以赔偿。

（2）委托人向监理人的索赔不成立时，应赔偿监理人由此引起的费用。

（3）委托人未能按期支付酬金超过 28 天的，应按专用条件约定支付逾期付款利息。

3. 除外责任

因非监理人的原因，且监理人无过错，发生工程质量事故、安全事故、工期延误等造成的损失，监理人不承担赔偿责任。

因不可抗力导致本合同全部或部分不能履行时，双方各自承担其因此而造成的损失、损害。

8.3.2　监理合同的支付

（一）支付货币

除专用条件另有约定外，酬金均以人民币支付。涉及外币支付的，所采用的货币种类、比例和汇率在专用条件中约定。

（二）支付申请

监理人应在本合同约定的每次应付款时间的 7 天前，向委托人提交支付申请书。支付申请书应当说明当期应付款总额，并列出当期应支付的款项及其金额。

（三）支付酬金

支付的酬金包括正常工作酬金、附加工作酬金、合理化建议奖励金额及费用。

（四）有争议部分的付款

委托人对监理人提交的支付申请书有异议时，应当在收到监理人提交的支付申请书后 7 天内，以书面形式向监理人发出异议通知。无异议部分的款项应按期支付，有异议部分的款项按第 7 条约定执行。

8.3.3　合同生效、变更、暂停、解除与终止、争议的解决

（一）生效

除法律另有规定或者专用条件另有约定外，委托人和监理人的法定代表人或其授权代理人在协议书上签字并盖单位章后视为本合同生效。

（二）变更

（1）任何一方提出变更请求时，双方经协商一致后可进行变更。

（2）除不可抗力外，因非监理人原因导致监理人履行合同期限延长、内容增加时，监理人应当将此情况与可能产生的影响及时通知委托人。增加的监理工作时间、工作内容应视为附加工作。附加工作酬金的确定方法在专用条件中约定。

（3）合同生效后，如果实际情况发生变化使得监理人不能完成全部或部分工作时，监理人应立即通知委托人。除不可抗力外，其善后工作以及恢复服务的准备工作应为附加工作，附加工作酬金的确定方法在专用条件中约定。监理人用于恢复服务的准备时间不应超过 28 天。

（4）合同签订后，遇到与工程相关的法律法规、标准颁布或修订的内容，双方应遵照执行。由此引起监理与相关服务的范围、时间、酬金变化的，双方应通过协商进行相应调整。

（5）因非监理人原因造成工程概算投资额或建筑安装工程费增加时，正常工作酬金应作相应调整。调整方法在专用条件中约定。

（6）因工程规模、监理范围的变化导致监理人的正常工作量减少时，正常工作酬金应作相应调整。调整方法在专用条件中约定。

（三）暂停与解除

除双方协商一致可以解除本合同外，当一方无正当理由未履行本合同约定的义务时，另一方可以根据本合同约定暂停履行本合同直至解除本合同。

（1）在本合同有效期内，由于双方无法预见和控制的原因导致本合同全部或部分无法继续履行或继续履行已无意义，经双方协商一致，可以解除本合同或监理人的部分义务。在解除之前，监理人应作出合理安排，使开支减至最小。

因解除本合同或解除监理人的部分义务导致监理人遭受的损失，除依法可以免除责任的情况外，应由委托人予以补偿，补偿金额由双方协商确定。

解除本合同的协议必须采取书面形式，协议未达成之前，本合同仍然有效。

（2）在本合同有效期内，因非监理人的原因导致工程施工全部或部分暂停，委托人可通知监理人要求暂停全部或部分工作。监理人应立即安排停止工作，并将开支减至最小。除不可抗力外，由此导致监理人遭受的损失应由委托人予以补偿。

暂停部分监理与相关服务时间超过 182 天，监理人可发出解除本合同约定的该部分义务的通知；暂停全部工作时间超过 182 天，监理人可发出解除本合同的通知，本合同自通知到达委托人时解除。委托人应将监理与相关服务的酬金支付至本合同解除日，且应承担第 4.2 款约定的责任。

（3）当监理人无正当理由未履行本合同约定的义务时，委托人应通知监理人限期改正。若委托人在监理人接到通知后的 7 天内未收到监理人书面形式的合理解释，则可在 7 天内发出解除本合同的通知，自通知到达监理人时本合同解除。委托人应将监理与相关服务的酬金支付至限期改正通知到达监理人之日，但监理人应承担该通用条款〔监理人的违约责任〕约定的责任。

（4）监理人在专用条件中约定的支付之日起 28 天后仍未收到委托人按本合同约定应付的款项，可向委托人发出催付通知。委托人接到通知 14 天后仍未支付或未提出监理人可以接受的延期支付安排，监理人可向委托人发出暂停工作的通知并可自行暂停全部或部分工作。暂停工作后 14 天内监理人仍未获得委托人应付酬金或委托人的合理答复，监理人可向委托人发出解除本合同的通知，自通知到达委托人时本合同解除。委托人应承担〔委托人的违约责任〕条款约定的责任。

（5）因不可抗力致使本合同部分或全部不能履行时，一方应立即通知另一方，可暂停或解除本合同。

（6）本合同解除后，本合同约定的有关结算、清理、争议解决方式的条件仍然有效。

（四）终止

以下条件全部得到满足时，本合同即告终止：

（1）监理人完成本合同约定的全部工作；

（2）委托人与监理人结清并支付全部酬金。

（五）争议解决

1. 协商

双方应本着诚信原则协商解决彼此间的争议。

2. 调解

如果双方不能在 14 天内或双方商定的其他时间内解决本合同争议，可以将其提交给专用条件约定的或事后达成协议的调解人进行调解。

3. 仲裁或诉讼

双方均有权不经调解直接向专用条件约定的仲裁机构申请仲裁或向有管辖权的人民法院提起诉讼。

8.3.4　建设工程监理合同的其他条款

（一）外出考察费用

经委托人同意，监理人员外出考察发生的费用须由委托人审核后支付。

（二）检测费用

委托人要求监理人进行的材料和设备检测所发生的费用，由委托人支付，支付时间在专用条件中约定。

（三）咨询费用

经委托人同意，根据工程需要由监理人组织的相关咨询论证会以及聘请相关专家等发生的费用由委托人支付，支付时间在专用条件中约定。

（四）奖励

监理人在服务过程中提出的合理化建议，使委托人获得经济效益的，双方在专用条件中约定奖励金额的确定方法。奖励金额在合理化建议被采纳后，与最近一期的正常工作酬金同期支付。

（五）守法诚信

监理人及其工作人员不得从与实施工程有关的第三方处获得任何经济利益。

（六）保密

双方不得泄露对方申明的保密资料，亦不得泄露与实施工程有关的第三方所提供的保密资料，保密事项在专用条件中约定。

（七）通知

本合同涉及的通知均应当采用书面形式，并在送达对方时生效，收件人应书面签收。

（八）著作权

监理人对其编制的文件拥有著作权。

监理人可单独或与他人联合出版有关监理与相关服务的资料。除专用条件另有约定外，如果监理人在本合同履行期间及本合同终止后两年内出版涉及本工程的有关监理与相关服务的资料，应当征得委托人的同意。

思 考 题

1. 哪些建设工程必须实行监理？
2. 建设工程监理合同有哪些特点？
3. 《建设工程监理合同（示范文本）》由哪几部分内容构成？
4. 建设工程监理合同文件由哪些文件构成？解释顺序如何？
5. 监理的工作内容一般包括哪些？
6. 监理人的监理依据包括哪些？
7. 委托人和监理人承担的违约责任有哪些？
8. 试分析监理合同生效、变更与终止的具体内容。

第 9 章 建设项目工程总承包合同

9.1 建设项目工程总承包合同概述

9.1.1 建设项目工程总承包的概念

按照《建设工程项目总承包管理规范》（GB/T—50358—2005）的规定，建设项目总承包（也称工程总承包）是指对工程项目的设计、采购、施工、试运行的全过程或部分过程进行承包。建设项目总承包是国际上较为流行的一种项目建设的管理模式，发包人在工程立项后提出项目建设的具体要求，以合同的形式将从设计至工程移交的实施全部委托给承包人。在项目实施阶段，发包人将更多精力用于项目的筹资、建设过程重大问题的决策等方面，由承包人承担实施过程中的主要风险。

建设项目总承包模式主要包括设计—施工（Design-Build，DB）、设计—采购—施工（Engineering Procurement Construction，EPC）和交钥匙工程（Turnkey）等模式。根据工程项目的不同规模、类型和业主要求，项目总承包还可采用设计—采购总承包、采购—施工总承包等模式。

设计—施工总承包（DB 模式）是指工程总承包企业按照合同约定，承担工程项目设计和施工，并对承包工程的质量、安全、工期、造价全面负责。DB 模式是一个实体或者联合体以契约或者合同形式，对一个建设项目的设计和施工负责的工程运作方法。

设计—采购—施工（EPC 模式）是指工程总承包企业按照合同约定，承担工程项目的设计、采购、施工、试运行等工作，并对承包工程的质量、安全、工期、造价全面负责，是我国目前推行的总承包模式中最主要的一种。

交钥匙工程（Turnkey）是设计—采购—施工总承包业务和责任的延伸，最终是向业主提交一个满足使用功能、具备使用条件的工程项目。

9.1.2 建设项目工程总承包合同的概念

工程总承包合同是指发包人与承包人之间为完成特定的工程总承包任务，明确相互权利义务关系而订立的合同。工程总承包合同的发包人一般是项目业主（建设单位）；

承包人是持有国家认可的相应资质证书的工程总承包企业。按照建设部《关于培育发展工程总承包和工程项目管理企业的指导意见》[建市〔2003〕30 号]的规定，对从事工程总承包业务的企业不专门设立工程总承包资质。具有工程勘察、设计或施工总承包资质的企业可以在其资质等级许可的工程项目范围内开展工程总承包业务。工程勘察、设计、施工企业也可以组成联合体对工程项目进行联合总承包。工程总承包企业可依法将所承包工程中的部分工作发包给具有相应资质的分包企业，工程总承包单位按照总承包合同的约定对建设单位负责，分包单位按照分包合同的约定对总承包单位负责；总承包单位和分包单位就分包工程对建设单位承担连带责任。

9.1.3 建设项目工程总承包合同的特点

工程总承包的内容、性质和特点，决定了工程总承包合同除了具备建设工程合同的一般特征外，还有自身的特点。

（一）设计施工一体化

工程项目总承包商不仅负责工程设计与施工（Design and Building），还需负责材料与设备的供应工作（Procurement）。因此，如果工程出现质量缺陷，总承包商将承担全部责任，不会出现设计、施工等多方之间相互推卸责任的情况；同时设计与施工的深度交叉，有利于缩短建设周期，降低工程造价。

（二）投标报价复杂

工程总承包合同价格不仅仅包括工程设计与施工费用，根据双方合同约定情况，还可能包括设备购置费、总承包管理费、专利转让费、研究试验费、不可预见风险费用和财务费用等。签订总承包合同时，由于尚缺乏详细计算投标报价的依据，不能分项详细计算各个费用项目，通常只能依据项目环境调查情况，参照类似已完工程资料和其他历史成本数据完成项目的成本估算。

（三）合同关系单一

在工程总承包合同中，业主将规定范围内的工程项目实施任务委托给总承包商负责，总承包商一般具有很强的技术和管理的综合能力，业主的组织和协调任务量少，只需面对单一的承包商，合同关系简单，工程责任目标明确。

（四）合同风险转移

由于业主将工程完全委托给承包商，并常常采用固定总价合同，将项目风险的绝大部分转移给承包商。承包商除了承担施工过程中的风险外，还需承担设计及采购等更多的风险。特别是由于在只有发包人要求或只完成概念设计的情况下，就要签订总价合同，和传统模式下的合同相比，承包商的风险要大得多，承包商须具有较高的管理水平和丰富的工程经验。

（五）价值工程应用

在工程总承包合同中，承包商负责设计和施工，打通了设计与施工的界面障碍，在设计阶段便可以考虑设计的可施工性问题（construction ability），对降低成本、提高利润有重要影响。承包商常常还可根据自身丰富的工程经验，对发包人要求和设计文件提出合理化建议，从而降低工程投资，改善项目质量或缩短项目工期。因此，在工程总承包合同中常常包括"价值工程"或"承包商合理化建议"与"奖励"条款。

（六）知识产权保护

由于工程总承包模式常常被运用于石油化工、建材、冶金、水利、电厂、节能建筑等项目，常常在设计成果文件中包含多项专利或著作权，总承包合同一般会有关于知识产权及其相关权益的约定。承包商的专利使用费一般包含在投标报价中。

9.2 建设项目工程总承包合同文本简介

9.2.1 《标准设计施工总承包招标文件》简介

国家发展改革委会同工业和信息化部、财政部、住房和城乡建设部、交通运输部、铁道部、水利部、广电总局、中国民用航空局，编制了《标准设计施工总承包招标文件》（2012 年版），自 2012 年 5 月 1 日起实施，在政府投资项目中试行，其他项目也可参照使用。《标准设计施工总承包招标文件》第四章"合同条款及格式"，包括通用合同条款、专用合同条款以及 3 个合同附件格式（合同协议书、履约担保格式、预付款担保格式）。通用合同条款共 24 条，包括一般约定，发包人义务，监理人，承包人，设计，材料和工程设备，施工设备和临时设施，交通运输，测量放线，安全、治安保卫和环境保护，开始工作和竣工，暂停工作，工程质量，试验和检验，变更，价格调整，合同价格与支付，竣工试验和竣工验收，缺陷责任与保修责任，保险，不可抗力，违约，索赔，争议的解决。

9.2.2 《建设项目工程总承包合同示范文本》简介

为促进建设项目工程总承包的健康发展，规范工程总承包合同当事人的市场行为，维护合同当事人的合法权益，依据《中华人民共和国合同法》《中华人民共和国建筑法》《中华人民共和国招标投标法》以及相关法律、法规，住房和城乡建设部、国家工商行政管理总局制订了《建设项目工程总承包合同示范文本（试行）》（以下简称《示范文本》）。

一、《示范文本》的组成

《示范文本》由合同协议书、通用条款和专用条款三部分组成。

1. 合同协议书

根据《合同法》的规定，合同协议书是双方当事人对合同基本权利、义务的集中表述，主要包括：建设项目的功能、规模、标准和工期的要求、合同价格及支付方式等内容。合同协议书的其他内容，一般包括合同当事人要求提供的主要技术条件的附件及合同协议书生效的条件等。

2. 通用条款

通用条款是合同双方当事人根据《建筑法》《合同法》以及有关行政法规的规定，就工程建设的实施阶段及其相关事项，双方的权利、义务作出的原则性约定。通用条款共20条，其中包括如下内容。

（1）核心条款。这部分条款是确保建设项目功能、规模、标准和工期等要求得以实现的实施阶段的条款，共8条。包括一般规定，进度计划、延误和暂停，技术与设计，工程物资，施工，竣工试验，工程接收和竣工后试验。

（2）保障条款。这部分条款是保障核心条款顺利实施的条款，共4条：质量保修责任、变更和合同价格调整、合同总价和付款、保险。

（3）合同执行阶段的干系人条款。这部分条款是根据建设项目实施阶段的具体情况，依法约定了发包人、承包人的权利和义务，共3条：发包人、承包人和工程竣工验收。合同双方当事人在实施阶段已对工程设备材料、施工、竣工试验、竣工资料等进行了检查、检验、检测、试验及确认，并经接收后进行竣工后试验考核确认了设计质量；而工程竣工验收是发包人针对其上级主管部门或投资部门的验收，故将工程竣工验收列入干系人条款。

（4）违约、索赔和争议条款。这部分条款是约定若合同当事人发生违约行为，或合同履行过程中出现工程物资、施工、竣工试验等质量问题及出现工期延误、索赔等争议，如何通过友好协商、调解、仲裁或诉讼程序解决争议的条款。

（5）不可抗力条款。约定了不可抗力发生时的双方当事人的义务和不可抗力的后果。

（6）合同解除条款。分别对由发包人解除合同、由承包人解除合同的情形作出了约定。

（7）合同生效与合同终止条款。对合同生效的日期、合同的份数以及合同义务完成后合同终止等内容作出了约定。

（8）补充条款。合同双方当事人需要对通用条款细化、完善、补充、修改或另行约定的，可将具体约定写在专用条款内。

3. 专用条款

专用条款是合同双方当事人根据不同建设项目合同执行过程中可能出现的具体情况，通过谈判、协商对相应通用条款的原则性约定细化、完善、补充、修改或另行约定的条款。

二、《示范文本》的适用范围

《示范文本》适用于建设项目工程总承包承发包方式。"工程总承包"是指承包人受发包人委托，按照合同约定对工程建设项目的设计、采购、施工（含竣工试验）、试运行等实施阶段，实行全过程或若干阶段的工程承包。为此，在《示范文本》的条款设置中，将"技术与设计、工程物资、施工、竣工试验、工程接收、竣工后试验"等工程建设实施阶段相关工作内容皆分别作为一条独立条款，发包人可根据发包建设项目实施阶段的具体内容和要求，确定对相关建设实施阶段和工作内容的取舍。

三、《示范文本》的性质

《示范文本》为非强制性使用文本。合同双方当事人可依照《示范文本》订立合同，并按法律规定和合同约定承担相应的法律责任。

9.3　建设项目工程总承包合同的主要内容

本节介绍《建设项目工程总承包合同（示范文本）》的主要条款，其中质量保修责任、工程竣工验收、合同总价与付款、工程保险、不可抗力、合同解除、合同生效与终止等条款与建设工程施工合同的内容基本相同，这里不再重复。

9.3.1　双方的权利和义务

（一）发包人的主要权利和义务

（1）负责办理项目的审批、核准或备案手续，取得项目用地的使用权，完成拆迁补偿工作，使项目具备法律规定的及合同约定的开工条件，并提供立项文件。

（2）履行合同中约定的合同价格调整、付款、竣工结算义务。

（3）有权按照合同约定和适用法律关于安全、质量、环境保护和职业健康等强制性标准、规范的规定，对承包人的设计、采购、施工、竣工试验等实施工作提议、修改和变更，但不得违反国家强制性标准、规范的规定。

（4）有权根据合同约定，对因承包人原因给发包人带来的任何损失和损害，提出赔偿。

（5）发包人认为必要时，有权以书面形式发出暂停通知。其中，因发包人原因造成的暂停，给承包人造成的费用增加由发包人承担，造成关键路径延误的，竣工日期相应顺延。

（二）承包人的主要权利和义务

（1）承包人应按照合同约定的标准、规范、工程的功能、规模、考核目标和竣工日期，完成设计、采购、施工、竣工试验和（或）指导竣工后试验等工作，不得违反国家强制性标准、规范的规定。

本工程的具体承包范围，应依据合同协议书第一项"工程概况"中有关"工程承包范围"的约定。

（2）承包人应按合同约定，自费修复因承包人原因引起的设计、文件、设备、材料、部件、施工中存在的缺陷，或在竣工试验和竣工后试验中发现的缺陷。

（3）承包人应按合同约定和发包人的要求，提交相关报表。报表的类别、名称、内容、报告期、提交时间和份数，在专用条款中约定。

（4）承包人有权根据发包人付款时间延误和不可抗力等条款的约定，以书面形式向发包人发出暂停通知。除此之外，凡因承包人原因的暂停，造成承包人的费用增加由其自负，造成关键路径延误的应自费赶上。

（5）对因发包人原因给承包人带来任何损失，或造成工程关键路径延误的，承包人有权要求赔偿和（或）延长竣工日期。

9.3.2　工程总承包合同进度管理条款

（一）项目进度计划

1. 项目进度计划的编制

承包人负责编制项目进度计划，项目进度计划中的施工期限（含竣工试验），应符合合同协议书的约定。关键路径及关键路径变化的确定原则、承包人提交项目进度计划的份数和时间，在专用条款约定。

项目进度计划经发包人批准后实施，但发包人的批准并不能减轻或免除承包人的合同责任。

2. 自费赶上项目进度计划

承包人原因使工程实际进度明显落后于项目进度计划时，承包人有义务、发包人也有权利要求承包人自费采取措施，赶上项目进度计划。

3. 项目进度计划的调整

出现下列情况时，竣工日期相应顺延，并对项目进度计划进行调整。

（1）发包人提供的项目基础资料和现场障碍资料不真实、不准确、不齐全、不及时，或未能按约定的预付款金额和约定的付款时间付款，导致约定的设计开工日期延误，或约定的采购开始日期延误，或造成施工开工日期延误的。

（2）因发包人原因，导致某个设计阶段审核会议时间的延误。

（3）相关设计审查部门批准时间较合同约定的时间延长的。

（4）根据合同约定的其他延长竣工日期的情况。

4. 发包人的赶工要求

合同实施过程中发包人书面提出加快设计、采购、施工、竣工试验的赶工要求，被承包人接受时，承包人应提交赶工方案，采取赶工措施。因赶工引起的费用增加，按13.2.4款的变更约定执行。

（二）设计进度计划

1. 设计进度计划的编制

承包人根据批准的项目进度计划和设计审查阶段及发包人组织的设计阶段审查会

议的时间安排,编制设计进度计划。设计进度计划经发包人认可后执行。发包人的认可并不能解除承包人的合同责任。

2. 设计开工日期

承包人收到发包人提供的项目基础资料、现场障碍资料,及预付款收到后的第5日,作为设计开工日期。

3. 设计开工日期延误

因发包人未能按约定提供设计基础资料、现场障碍资料等相关资料,或未按约定的预付款金额和支付时间支付预付款,造成设计开工日期延误的,设计开工日期和工程竣工日期相应顺延;因承包人原因造成设计开工日期延误的,自费赶上。因发包人原因给承包人造成经济损失的,应支付相应费用。

4. 设计阶段审查日期的延误

(1)因承包人原因,未能按照合同约定的设计审查阶段及其审查会议的时间安排提交相关阶段的设计文件,或提交的相关设计文件不符合相关审核阶段的设计深度要求时,造成设计审查会议延误的,由承包人自费采取措施赶上;造成关键路径延误,或给发包人造成损失(审核会议准备费用)的,由承包人承担。

(2)因发包人原因,未能按照合同约定的设计阶段审查会议的时间安排,造成某个设计阶段审查会议延误的,竣工日期相应顺延。因此给承包人带来的窝工损失,应由发包人承担。

(3)政府相关设计审查部门批准时间较合同约定时间延长的,竣工日期相应顺延。因此给双方带来的费用增加,应由双方各自承担。

(三)采购进度计划

1. 采购进度计划的编制

承包人的采购进度计划符合项目进度计划的时间安排,并与设计、施工、和(或)竣工试验及竣工后试验的进度计划相衔接。采购进度计划的提交份数和日期,在专用条款约定。

2. 采购开始日期

采购开始日期在专用条款约定。

3. 采购进度延误

因承包人的原因导致采购延误,造成的停工、窝工损失和竣工日期延误,由承包人负责。因发包人原因导致采购延误,给承包人造成的停工、窝工损失,由发包人承担,若造成关键路径延误的,竣工日期相应顺延。

(四)其他相关条款

施工进度计划、误期赔偿、暂停的有关条款与《建设工程施工合同》基本相同,这里不再重复。

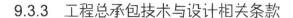

9.3.3　工程总承包技术与设计相关条款

（一）生产工艺技术、建筑设计方案

1. 承包人提供的工艺技术和（或）建筑设计方案

承包人负责提供生产工艺技术（含专利技术、专有技术、工艺包）和（或）建筑设计方案（含总体布局、功能分区、建筑造型和主体结构等）时，应对所提供的工艺流程、工艺技术数据、工艺条件、软件、分析手册、操作指导书、设备制造指导书和其他资料要求，和（或）总体布局、功能分区、建筑造型及其结构设计等负责。

承包人应对专用条款约定的试运行考核保证值和（或）使用功能保证的说明负责。该试运行考核保证值和（或）使用功能保证的说明，作为发包人进行试运行考核的评价依据。

2. 发包人提供的生产工艺技术和（或）建筑设计方案

发包人负责提供的生产工艺技术（含专利技术、专有技术、工艺包）和（或）建筑设计方案（含总体布局、功能分区、建筑造型和主体结构，或发包人委托第三方设计单位提供的建筑设计方案）时，应对所提供的工艺流程、工艺技术数据、工艺条件、软件、分析手册、操作指导书、设备制造指导书和其他承包人的文件资料、发包人的要求和（或）总体布局、功能分区、建筑造型和主体结构等，或第三方设计单位提供的建筑设计方案负责。

发包人有义务指导、审查由承包人根据发包人提供的上述资料所进行的生产工艺设计和（或）建筑设计，并予以确认。工程和（或）单项工程试运行考核的各项保证值，或使用功能保证说明及双方各自应承担的考核责任，在专用条款中约定，并作为发包人进行试运行考核和考核责任的评价依据。

（二）设计

1. 发包人的义务

（1）提供项目基础资料。发包人应按合同约定、法律或行业规定，向承包人提供设计需要的项目基础资料，并对其真实性、准确性、齐全性和及时性负责。上述项目基础资料不真实、不准确或不齐全时，发包人有义务按约定的时间向承包人提供进一步补充资料。提供项目基础资料的类别、内容、份数和时间在专用条款中约定。其中，工程场地的基准坐标资料（包括基准控制点、基准控制标高和基准坐标控制线），发包人应按约定的时间，有义务配合承包人在现场的实测复验。承包人因纠正坐标资料中的错误，造成费用增加和（或）工期延误，由发包人负责其相关费用增加，竣工日期给予合理延长。

发包人提供的项目基础资料中有专利商提供的技术或工艺包，或是第三方设计单位提供的建筑造型等，发包人应组织专利商或第三方设计单位与承包人进行数据、条件和资料的交换、协调和交接。

发包人未能按约定时间提供项目基础资料及其补充资料，或提供的资料不真实、不准确、不齐全，或发包人计划变更，造成承包人设计停工、返工或修改的，发包人应按承包人额外增加的设计工作量赔偿其损失。造成工程关键路径延误的，竣工日期相应顺延。

（2）提供现场障碍资料。除专用条款另有约定外，发包人应按合同约定和适用法律规定，在设计开始前，提供与设计、施工有关的地上、地下已有的建筑物、构筑物等现场障碍资料，并对其真实性、准确性、齐全性和及时性负责。因提供的资料不真实、不准确、不齐全、不及时，造成承包人的设计停工、返工和修改的，发包人应按承包人额外增加的设计工作量赔偿其损失。造成工程关键路径延误的，竣工日期相应顺延。提供项目障碍资料的类别、内容、份数和时间安排，在专用条款中约定。

（3）承包人无法核实发包人所提供的项目基础资料中的数据、条件和资料的，发包人有义务给予进一步确认。

2. 承包人的义务

（1）承包人与发包人（及其专利商、第三方设计单位）应以书面形式交接发包人提供与设计有关的项目基础资料和与设计有关的现场障碍资料。对这些资料中的短缺、遗漏、错误、疑问，承包人应在收到发包人提供的上述资料后 15 日内向发包人提出进一步的要求。因承包人未能在上述时间内提出要求而发生的损失由承包人自行承担；由此造成工程关键路径延误的，竣工日期不予顺延。其中，对工程场地的基准坐标资料（包括基准控制点、基准控制标高和基准坐标控制线），承包人有义务约定实测复验的时间并纠正其错误（如果有），因承包人对此项工作的延误，导致的费用增加和关键路线延误，由承包人承担。

（2）承包人有义务按照发包人提供的项目基础资料、现场障碍资料和国家有关部门、行业工程建设标准规范规定的设计深度开展工程设计，并对其设计的工艺技术和（或）建筑功能，及工程的安全、环境保护、职业健康的标准，设备材料的质量、工程质量和完成时间负责。因承包人设计的原因，造成的费用增加、竣工日期延误，由承包人承担。

3. 遵守标准、规范

（1）以下约定的标准、规范，适用于发包人按单项工程接收和（或）整个工程接收。

① 适用于本工程的国家标准规范、和（或）行业标准规范、和（或）工程所在地方的标准规范、和（或）企业标准规范的名称（或编号），在专用条款中约定。

② 发包人使用国外标准、规范的，负责提供原文版本和中文译本，并在专用条款中约定提供的标准、规范的名称、份数和时间。

③ 没有相应成文规定的标准、规范时，由发包人在专用条款中约定的时间向承包人列明技术要求，承包人按约定的时间和技术要求提出实施方法，经发包人认可后执行。承包人需要对实施方法进行研发试验的，或须对施工人员进行特殊培训的，除合同价格已包含此项费用外，双方应另行签订协议作为本合同附件，其费用由发包人承担。

④ 在基准日期之后，因国家颁布新的强制性规范、标准导致承包人的费用增加的，发包人应合理增加合同价格；导致关键路径工期延误的，发包人应合理延长工期。

（2）在合同实施过程中国家颁布了新的标准或规范时，承包人应向发包人提交有关新标准、新规范的建议书。对其中的强制性标准、规范，承包人应严格遵守，发包人作为变更处理；对于非强制性的标准、规范，发包人可决定采用或不采用，决定采用时，作为变更处理。

（3）依据适用法律和合同约定的标准、规范所完成的设计图纸、设计文件中的技术数据和技术条件，是工程物资采购质量、施工质量及竣工试验质量的依据。

4. 操作维修手册

由承包人指导竣工后试验和试运行考核试验，并编制操作维修手册的，发包人应责令其专利商或发包人的其他承包人向承包人提供其操作指南及分析手册，并对其资料的真实性、准确性、齐全性和及时性负责，专用条款另有约定时除外。发包人提交操作指南、分析手册，及承包人提交操作维修手册的份数、提交期限，在专用条款中约定。

5. 设计文件的份数和提交时间

相关设计阶段的设计文件、资料和图纸的提交份数和时间在专用条款中约定。

6. 设计缺陷的自费修复，自费赶上

因承包人原因，造成设计文件存在遗漏、错误、缺陷和不足的，承包人应自费修复、弥补、纠正和完善。造成设计进度延误时，应自费采取措施赶上。

（三）设计阶段审查

（1）本工程的设计阶段、设计阶段审查会议的组织和时间安排，在专用条款中约定。发包人负责组织设计阶段审查会议，并承担会议费用及发包人的上级单位、政府有关部门参加审查会议的费用。

（2）承包人应根据向发包人提交相关设计审查阶段的设计文件，设计文件应符合国家有关部门、行业工程建设标准规范对相关设计阶段的设计文件、图纸和资料的深度规定。承包人有义务自费参加发包人组织的设计审查会议、向审查者介绍、解答、解释其设计文件，并自费提供审查过程中需提供的补充资料。

（3）发包人有义务向承包人提供设计审查会议的批准文件和纪要。承包人有义务按相关设计审查阶段批准的文件和纪要，并依据合同约定及相关设计规定，对相关设计进行修改、补充和完善。

（4）因承包人原因，未能按约定的时间，向发包人提交相关设计审查阶段的完整设计文件、图纸和资料，致使相关设计审查阶段的会议无法进行或无法按期进行，造成的竣工日期延误、窝工损失，及发包人增加的组织会议费用，由承包人承担。

（5）发包人有权在约定的各设计审查阶段之前，对相关设计阶段的设计文件、图纸和资料提出建议、进行预审和确认，发包人的任何建议、预审和确认，并不能减轻或免除承包人的合同责任和义务。

（四）操作维修人员的培训

发包人委托承包人对发包人的操作维修人员进行培训的，另行签订培训委托合同，

作为本合同的附件。

（五）知识产权

双方可就本合同涉及的合同一方，或合同双方（含一方或双方相关的专利商、第三方设计单位或设计人）的技术专利、建筑设计方案、专有技术、设计文件著作权等知识产权，签订知识产权及保密协议，作为本合同的组成部分。

9.3.4 工程总承包工程物资相关条款

（一）工程物资的提供

1. 发包人提供的工程物资

（1）发包人依据设计文件规定的技术参数、技术条件、性能要求、使用要求和数量，负责组织工程物资（包括其备品备件、专用工具及厂商提交的技术文件）的采购，负责运抵现场，并对其需用量、质量检查结果和性能负责。

由发包人负责提供的工程物资的类别、数量，在专用条款中约定。

（2）因发包人采购提供的工程物资（包括建筑构件等）不符合国家强制性标准、规范的规定，存在质量缺陷、延误抵达现场，给承包人造成窝工、停工，或导致关键路径延误的，按变更和合同价调整的约定执行。

在履行合同过程中，由于国家新颁布的强制性标准、规范，造成发包人负责提供的工程物资（包括建筑构件等）不符合新颁布的强制性标准时，由发包人负责修复或重新订货。如委托承包人修复，作为变更处理。

（3）发包人请承包人参加境外采购工作时，所发生的费用由发包人承担。

2. 承包人提供的工程物资

（1）承包人应依据设计文件规定的技术参数、技术条件、性能要求、使用要求和数量，负责组织工程物资采购（包括备品备件、专用工具及厂商提供的技术文件），负责运抵现场，并对其需用量、质量检查结果和性能负责。

由承包人负责提供的工程物资的类别、数量，在专用条款中约定。

（2）因承包人提供的工程物资（包括建筑构件等）不符合国家强制性标准、规范的规定或合同约定的标准、规范，所造成的质量缺陷，由承包人自费修复，竣工日期不予延长。

在履行合同过程中，由于国家新颁布的强制性标准、规范，造成承包人负责提供的工程物资（包括建筑构件等），虽符合合同约定的标准，但不符合新颁布的强制性标准时，由承包人负责修复或重新订货，并作为变更处理。

（3）由承包人提供的竣工后试验的生产性材料，在专用条款中约定类别和（或）清单。

3. 承包人对供应商的选择

承包人应通过招标等竞争性方式选择相关工程物资的供货商或制造厂。对于依法必须进行招标的工程建设项目，应按国家相关规定进行招标。

承包人不得在设计文件中或以口头暗示方式指定供应商和制造厂，只有唯一厂家的除外。发包人不得以任何方式指定供应商和制造厂。

4．工程物资所有权

承包人根据约定提供的工程物资，在运抵现场的交货地点并支付了采购进度款，其所有权转为发包人所有。在发包人接收工程前，承包人有义务对工程物资进行保管、维护和保养，未经发包人批准不得运出现场。

（二）检验

1．工厂检验与报告

（1）承包人遵守相关法律规定，负责约定的永久性工程设备、材料、部件和备品备件，及竣工后试验物资的强制性检查、检验、监测和试验，并向发包人提供相关报告。报告内容、报告日期和提交份数，在专用条款中约定。

（2）承包人邀请发包人参检时，在进行相关加工制造阶段的检查、检验、监测和试验之前，以书面形式通知发包人参检的内容、地点和时间。发包人在接到邀请后的 5 日内，以书面形式通知承包人参检或不参检。

（3）发包人承担其参检人员在参检期间的工资、补贴、差旅费和住宿费等，承包人负责办理进入相关厂家的许可，并提供方便。

（4）发包人委托有资格、有经验的第三方代表发包人自费参检的，应在接到承包人邀请函后 5 日内，以书面形式通知承包人，并写明受托单位及受托人员的名称、姓名及授予的职权。

（5）发包人及其委托人的参检，并不能解除承包人对其采购的工程物资的质量责任。

2．覆盖和包装的后果

发包人已在约定的日期内以书面形式通知承包人参检，并依据约定日期提前或按时到达指定地点，但加工制造的工程物资未经发包人现场检验已经被覆盖、包装或已运抵启运地点时，发包人有权责令承包人将其运回原地、拆除覆盖、包装，重新进行检查或检验或检测或试验及复原，承包人应承担因此发生的费用。造成工程关键路径延误的，竣工日期不予延长。

3．未能按时参检

发包人未能按约定时间参检，承包人可自行组织检查、检验、检测和试验，质检结果视为是真实的。发包人有权在此后，以变更指令通知承包人重新检查、检验、检测和试验，或增加试验细节或改变试验地点。工程物资经质检合格的，所发生的费用由发包人承担，造成工程关键路径延误的，竣工日期相应顺延；工程物资经质检不合格时，所发生的费用由承包人承担，竣工日期不予延长。

4．现场清点与检查

（1）发包人应在其根据约定负责提供的工程物资运抵现场前5日通知承包人。发包人（或包括为发包人提供工程物资的供应商）与承包人（或包括其分包人）按每批货物的提货单据清点箱件数量及进行外观检查，并根据装箱单清点箱内数量、出厂合格证、图纸、文件资料等，并进行外观检查。经检查清点后双方人员签署交接清单。

经现场检查清点发现箱件短缺，箱件内的物资数量、图纸、资料短缺，或有外观缺陷的，发包人应负责补齐或自费修复，工程物资在缺陷未能修复之前不得用于工程。当发包人委托承包人修复缺陷时，另行签订追加合同。因上述情况造成工程关键路径延误的，竣工日期相应顺延。

（2）承包人应在其根据约定负责提供的工程物资运抵现场前5日通知发包人。承包人（或包括为承包人提供工程物资的供应商，或分包人）与发包人（包括代表，或其监理人）按每批货物的提货单据清点箱件数量及进行外观检查，并根据装箱单清点箱内数量、出场合格证、图纸、文件资料等，并进行外观检查。经检查清点后，双方人员签署开箱检验证明。

经现场检查清点发现箱件短缺，箱件内的数量、图纸、资料短缺，或有外观缺陷的，承包人应负责补齐或自费修复，工程物资在缺陷未能修复之前不得用于工程。因此造成的费用增加、竣工日期延误，由承包人负责。

5．质量监督部门及消防、环保等部门的参检

发包人、承包人随时接受质量监督部门、消防部门、环保部门、行业等专业检查人员对制造、安装及试验过程的现场检查，其费用由发包人承担。承包人为此提供方便。造成工程关键路径延误的，竣工日期相应顺延。

因上述部门在参检中提出的修改、更换等意见所增加的相关费用，应由提供工程物资的责任方来承担；因此造成工程关键路径延误的，责任方为承包人时，竣工日期不予延长；责任方为发包人时，竣工日期相应顺延。

（三）进口工程物资的采购、报关、清关和商检

（1）工程物资的进口采购责任方，及采购方式，在专用条款中约定。采购责任方负责报关、清关和商检，另一方有义务协助。

（2）因工程物资报关、清关和商检的延误，造成工程关键路径延误时，承包人负责进口采购的，竣工日期不予延长，增加的费用由承包人承担；发包人负责进口采购的，竣工日期给予相应延长，承包人由此增加的费用由发包人承担。

（四）运输与超限物资运输

承包人负责采购的超限工程物资（超重、超长、超宽、超高）的运输，由承包人负责，该超限物资的运输费用及其运输途中的特殊措施、拆迁、赔偿等全部费用，包含在合同价格内。运输过程中的费用增加，由承包人承担。造成工程关键路径延误时，竣工日期不予延长。专用条款中另有约定的除外。

（五）重新订货及后果

（1）由发包人负责提供的工程物资存在缺陷时，经发包人组织修复仍不合格的，由发包人负责重新订货并运抵现场。因此造成承包人停工、窝工的，由发包人承担所发生的实际费用；导致关键路径延误时，竣工日期相应顺延。

（2）由承包人负责提供的永久性工程设备、材料和部件存在缺陷时，经承包人修复仍不合格的，由承包人负责重新订货并运抵现场。因此造成的费用增加、竣工日期延误，由承包人负责。

（六）工程物资保管与剩余

1. 工程物资保管

承包人应按说明书的相关规定对工程物资进行保管、维护、保养，防止变形、变质、污染和对人身造成伤害。承包人提交保管维护方案的时间在专用条款中约定，保管维护方案应包括：工程物资分类和保管、保养、保安、领用制度，以及库房、特殊保管库房、堆场、道路、照明、消防、设施、器具等规划。保管所需的一切费用，包含在合同价格内。由发包人提供的库房、堆场、设施和设备，在专用条款中约定。

2. 剩余工程物资的移交

承包人保管的工程物资（含承包人负责采购提供的工程物资并受到了采购进度款，及发包人委托保管的工程物资），在竣工试验完成后，剩余部分由承包人无偿移交给发包人，专用条款中另有约定的除外。

9.3.5 工程总承包竣工试验和竣工后试验双方权利和义务

建设工程包含竣工试验和竣工后试验的，遵守本条款约定。这里重点介绍该项工作中承包人和发包人的义务。

（一）竣工试验

1. 承包人的义务

（1）承包人应在单项工程和（或）工程的竣工试验开始前，完成相应单项工程和（或）工程的施工作业（不包括：为竣工试验、竣工后试验必须预留的施工部位、不影响竣工试验的缺陷修复和零星扫尾工程）；并在竣工试验开始前，按合同约定需完成对施工作业部位的检查、检验、检测和试验。

（2）承包人应在竣工试验开始前，根据隐蔽工程和中间验收部位的约定，向发包人提交相关的质检资料及其竣工资料。

（3）由承包人指导发包人进行竣工后试验的，承包人须完成约定的操作维修人员培训，并在竣工试验前提交操作维修手册。

（4）承包人应在达到竣工试验条件 20 日前，将竣工试验方案提交给发包人。发包人应在 10 日内对方案提出建议和意见，承包人应根据发包人提出的合理建议和意见，自费对竣工试验方案进行修正。竣工试验方案经发包人确认后，作为合同附件，由承包人负责实施。发包人的确认并不能减轻或免除承包人的合同责任。竣工试验方案应包括以下内容：

① 竣工试验方案编制的依据和原则；

② 组织机构设置、责任分工；

③ 单项工程竣工试验的试验程序、试验条件；

④ 单件、单体、联动试验的试验程序、试验条件；

⑤ 竣工试验的设备、材料和部件的类别、性能标准、试验及验收格式；

⑥ 水、电、动力等条件的品质和用量要求；

⑦ 安全程序、安全措施及防护设施；

⑧ 竣工试验的进度计划、措施方案、人力及机具计划安排；

⑨ 其他。

竣工试验方案提交的份数和提交时间，在专用条款中约定。

（5）承包人的竣工试验包括由承包人提供的工程物资的竣工试验，及发包人委托给承包人进行工程物资的竣工试验。

（6）承包人按照试验条件、试验程序，及约定的标准、规范和数据，完成竣工试验。

2．发包人的义务

（1）发包人应按经发包人确认后的竣工试验方案，提供电力、水、动力及由发包人提供的消耗材料等。提供的电力、水、动力及相关消耗材料等须满足竣工试验对其品质、用量及时间的要求。

（2）当合同约定应由承包人提供的竣工试验的消耗材料和备品备件用完或不足时，发包人有义务提供其库存的竣工试验所需的相关消耗材料和备品备件。其中：因承包人原因造成损坏的或承包人提供不足的，发包人有权从合同价格中扣除相应款项；因合理耗损或发包人原因造成的，发包人应免费提供。

（3）发包人委托承包人对由发包人提供的工程物资进行竣工试验的服务费，已包含在合同价格中。发包人在合同实施过程中委托承包人进行竣工试验的，依据 13 条变更和合同价格调整的约定，作为变更处理。

（4）承包人应按发包人提供的试验条件、试验程序对发包人委托给承包人工程物资进行竣工试验，其试验结果须符合约定的标准、规范和数据，发包人对该部分的试验结果负责。

（5）承包人提供竣工试验所需的人力、机具并负责完成试验。发包人负责组织、协调、提供竣工试验方案中约定的相关条件及竣工试验的验收。

（二）竣工后试验

1．发包人的权利与义务

（1）发包人有权对由承包人协助发包人编制的竣工后试验方案进行审查并批准，发包人的批准并不能减轻或免除承包人的合同责任。

（2）竣工后试验联合协调领导机构由发包人组建，在发包人的组织领导下，由承包人指导，依据批准的竣工后试验方案进行分工、组织完成竣工后试验的各项准备工作、进行竣工后试验和试运行考核。联合协调领导机构的设置方案及其分工职责等作为本合同的组成部分。

（3）发包人对承包人提出的建议，有权向承包人发出不接受或接受的通知。

发包人未能接受承包人的上述建议，承包人有义务仍按本款第（2）项的组织安排执行。承包人因执行发包人的此项安排而发生事故、人身伤害和工程损害时，由发包人承担其责任。

（4）发包人在竣工后试验阶段向承包人发出的组织安排、指令和通知，应以书面形式送达承包人的项目经理，由项目经理在回执上签署收到日期、时间和签名。

（5）发包人有权在紧急情况下，以口头，或书面形式向承包人发出紧急指令，承包人应立即执行。如承包人未能按发包人的指令执行，因此造成的事故责任、人身伤害和工程损害，由承包人承担。发包人应在发出口头指令后 12 小时内，将该口头指令再以书面送达承包人的项目经理。

（6）发包人在竣工后试验阶段的其他义务和工作，在专用条款中约定。

2. 承包人的责任和义务

（1）承包人在发包人组建的竣工后试验联合协调领导机构的统一安排下，派出具有相应资格和经验的人员指导竣工后试验。承包人派出的开车经理或指导人员在竣工后试验期间开现场，必须事先得到发包人批准。

（2）承包人应根据合同约定和工程竣工后试验的特点，协助发包人编制竣工后试验方案，并在竣工试验开始前编制完成。竣工后试验方案应包括：工程、单项工程及其相关分部的操作试验程序、资源条件、试验条件、操作规程、安全规程、事故处理程序及进度计划等。竣工后试验方案经发包人审查批准后实施。竣工后试验方案的份数和时间在专用条款中约定。

（3）因承包人未能执行发包人的安排、指令和通知，而发生的事故、人身伤害和工程损害，由发包人承担其责任。

（4）承包人有义务对发包人的组织安排、指令和通知提出建议，并说明因由。

（5）在紧急情况下，发包人以口头指令承包人进行的操作、工作及作业，承包人应立即执行。承包人应对此项指令做好记录，并做好实施的记录。发包人应在 12 小时内，将上述口头指令再以书面形式送达承包人。

发包人未能在 12 小时内将此项口头指令以书面形式送达承包人时，承包人及其项目经理有权在接到口头指令后的 24 小时内，以书面形式将该口头指令交发包人，发包人须在回执上签字确认，并签署接到的日期和时间。当发包人未能在 24 小时内在回执上签字确认，视为已被发包人确认。

承包人因执行发包人的口头指令而发生事故责任、人身伤害、工程损害和费用增加时，由发包人承担。但承包人错误执行上述口头指令而发生事故责任、人身伤害、工程损害和费用增加时，由承包人负责。

（6）操作维修手册的缺陷责任。因承包人负责编制的操作维修手册存在缺陷所造成的事故责任、人身伤害和工程损害，由承包人承担；因发包人（包括其专利商）提供的操作指南存在缺陷，造成承包人操作手册的缺陷，因此发生事故责任、人身伤害、工程损害和承包人的费用增加时，由发包人负责。

（7）承包人根据合同约定和（或）行业规定，在竣工后试验阶段的其他义务和工作，在专用条款中约定。

9.3.6 工程总承包变更管理相关条款

（一）变更权

1. 变更权

发包人拥有批准变更的权限。自合同生效后至工程竣工验收前的任何时间内，发包人有权依据监理人的建议、承包人的建议，及以下条款约定的变更范围，下达变更指令。变更指令以书面形式发出。

2. 变更

由发包人批准并发出的书面变更指令，属于变更。包括发包人直接下达的变更指令，或经发包人批准的由监理人下达的变更指令。

承包人对自身的设计、采购、施工、竣工试验、竣工后试验存在的缺陷，应自费修正、调整和完善，不属于变更。

3. 变更建议权

承包人有义务随时向发包人提交书面变更建议，包括缩短工期，降低发包人的工程、施工、维护、营运的费用，提高竣工工程的效率或价值，给发包人带来的长远利益和其他利益。发包人接到此类建议后，应发出不采纳、采纳或补充进一步资料的书面通知。

（二）变更范围

1. 设计变更范围

（1）对生产工艺流程的调整，但未扩大或缩小初步设计批准的生产路线和规模，或未扩大或缩小合同约定的生产路线和规模；

（2）对平面布置、竖面布置、局部使用功能的调整，但未扩大初步设计批准的建筑规模，未改变初步设计批准的使用功能；或未扩大合同约定的建筑规模，未改变合同约定的使用功能；

（3）对配套工程系统的工艺调整、使用功能调整；

（4）对区域内基准控制点、基准标高和基准线的调整；

（5）对设备、材料、部件的性能、规格和数量的调整；

（6）因执行基准日期之后新颁布的法律、标准、规范引起的变更；

（7）其他超出合同约定的设计事项；

（8）上述变更所需的附加工作。

2. 采购变更范围

（1）承包人已按发包人批准的名单，与相关供货商签订采购合同或已开始加工制造、供货、运输等，发包人通知承包人选择该名单中的另一家供货商；

（2）因执行基准日期之后新颁布的法律、标准、规范引起的变更；

（3）发包人要求改变检查、检验、检测、试验的地点和增加的附加试验；

（4）发包人要求增减合同中约定的备品备件、专用工具、竣工后试验物资的采购数量；

（5）上述变更所需的附加工作。

3. 施工变更范围

（1）根据设计变更，造成施工方法改变、设备、材料、部件、人工和工程量的增减；

（2）发包人要求增加的附加试验、改变试验地点；

（3）新增加的施工障碍处理；

（4）发包人对竣工试验经验收或视为验收合格的项目，通知重新进行竣工试验；

（5）因执行基准日期之后新颁布的法律、标准、规范引起的变更；

（6）现场其他签证；

（7）上述变更所需的附加工作。

4. 发包人的赶工指令

承包人接受了发包人的书面指示，以发包人认为必要的方式加快设计、施工或其他任何部分的进度时，承包人为实施该赶工指令需对项目进度计划进行调整，并对所增加的措施和资源提出估算，经发包人批准后，作为变更处理。当发包人未能批准此项变更，承包人有权按合同约定的相关阶段的进度计划执行。

因承包人原因，实际进度明显落后于上述批准的项目进度计划时，承包人应自费赶上；竣工日期延误时，承担误期赔偿责任。

5. 调减部分工程

发包人的暂停施工超过 45 日，承包人请求复工时仍不能复工，或因不可抗力持续而无法继续施工的，双方可按合同约定以变更方式调减受暂停影响的部分工程。

6. 其他变更

根据工程的具体特点，在专用条款中约定。

（三）变更程序

1. 变更通知

发包人的变更应事先以书面形式通知承包人。

2. 变更通知的建议报告

承包人接到发包人的变更通知后，有义务在 10 日内向发包人提交书面建议报告。

（1）如承包人接受发包人变更通知中的变更时，建议报告中应包括：支持此项变更的理由、实施此项变更的工作内容、设备、材料、人力、机具、周转材料、消耗材料等资源消耗，以及相关管理费用和合理利润的估算。相关管理费用和合理利润的百分比，应在专用条款中约定。此项变更引起竣工日期延长时，应在报告中说明理由，并提交与此变更相关的进度计划。

承包人未提交增加费用的估算及竣工日期延长，视为该项变更不涉及合同价格调整和竣工日期延长，发包人不再承担此项变更的任何费用及竣工日期延长的责任。

（2）如承包人不接受发包人变更通知中的变更时，建议报告中应包括不支持此项变更的理由，理由包括：

① 此变更不符合法律、法规等有关规定；

② 承包人难以取得变更所需的特殊设备、材料、部件；

③ 承包人难以取得变更所需的工艺、技术；

④ 变更将降低工程的安全性、稳定性、适用性；

⑤ 对生产性能保证值、使用功能保证的实现产生不利影响等。

（3）发包人的审查和批准。发包人应在接到承包人提交的书面建议报告后 10 日内对此项建议给予审查，并发出批准、撤销、改变、提出进一步要求的书面通知。承包人在等待发包人回复的时间内，不能停止或延误任何工作。

① 发包人接到承包人提交的建议报告，对其理由、估算和（或）竣工日期延长经审查批准后，应以书面形式下达变更指令。

发包人在下达的变更指令中，未能确认承包人对此项变更提出的估算和（或）竣工日期延长亦未提出异议的，自发包人接到此项书面建议报告后的第 11 日开始，视为承包人提交的变更估算和（或）竣工日期延长，已被发包人批准。

② 发包人对承包人提交的不接受此项变更的理由进行审查后，发出继续执行、改变、提出进一步补充资料的书面通知，承包人应予以执行。

（4）承包人根据约定提交变更建议书的，其变更程序按照本变更程序的约定办理。

（四）紧急性变更程序

（1）发包人有权以书面形式或口头形式发出紧急性变更指令，责令承包人立即执行此项变更。承包人接到此类指令后，应立即执行。发包人以口头形式发出紧急性变更指令的，须在 48 小时内以书面方式确认此项变更，并送交承包人项目经理。

（2）承包人应在紧急性变更指令执行完成后的 10 日内，向发包人提交实施此项变更的工作内容、资源消耗和估算。因执行此项变更造成工程关键路径延误时，可提出竣工日期延长要求，但应说明理由，并提交与此项变更相关的进度计划。

承包人未能在此项变更完成后的 10 日内提交实际消耗的估算和（或）延长竣工日期的书面资料，视为该项变更不涉及合同价格调整和竣工日期延长，发包人不再承担此项变更的任何责任。

（3）发包人应在接到承包人提交的书面资料后的 10 日内，以书面形式通知承包人被批准的合理估算，和（或）给予竣工日期的合理延长。

发包人在接到承包人的此项书面报告后的 10 日内，未能批准承包人的估算和（或）竣工日期延长亦未说明理由的，自接到该报告的第 11 日后，视为承包人提交的估算和（或）竣工日期延长已被发包人批准。

承包人对发包人批准的变更费用、竣工日期的延长存有争议时，双方应友好协商解决，协商不成时，依据争议和裁决的程序解决。

（五）变更价款确定

变更价款依据以下方法确定。

（1）合同中已有相应人工、机具、工程量等单价（含取费）的，按合同中已有的相应人工、机具、工程量等单价（含取费）确定变更价款。

（2）合同中无相应人工、机具、工程量等单价（含取费）的，按类似于变更工程的价格确定变更价款。

（3）合同中无相应人工、机具、工程量等单价（含取费），亦无类似于变更工程的价格的，双方通过协商确定变更价款。

（4）专用条款中约定的其他方法。

（六）建议变更的利益分享

因发包人批准采用承包人提出的变更建议，使工程的投资减少、工期缩短、发包人获得长期运营效益或其他利益的，双方可按专用条款的约定进行利益分享，必要时双发可另行签订利益分享补充协议，作为合同附件。

（七）合同价格调整

在下述情况发生后 30 日内，合同双方均有权将调整合同价格的原因及调整金额，以书面形式通知对方或监理人。经发包人确认的合理金额，作为合同价格的调整金额，并在支付当期工程进度款时支付或扣减调整的金额。一方收到另一方通知后 15 日内不予确认，也未能提出修改意见的，视为已经同意该项价格的调整。合同价格调整包括以下情况。

（1）合同签订后，因法律、国家政策和需遵守的行业规定发生变化，影响到合同价格增减的。

（2）合同执行过程中，工程造价管理部门公布的价格调整，涉及承包人投入成本增减的。

（3）一周内非承包人原因的停水、停电、停气、道路中断等，造成工程现场停工累计超过 8 小时的（承包人须提交报告并提供可证实的证明和估算）。

（4）发包人根据变更程序中批准的变更估算的增减。

（5）本合同约定的其他增减的款项调整。

对于合同中未约定的增减款项，发包人不承担调整合同价格的责任，法律另有规定时除外。合同价格的调整不包括合同变更。

（八）合同价格调整的争议

经协商，双方未能对工程变更的费用、合同价格的调整或竣工日期的延长达成一致，根据争议和裁决的约定解决。

9.3.7 工程总承包的违约、索赔和争议

（一）违约责任

1. 发包人的违约责任

当发生下列情况时：

（1）发包人未能履行[技术与设计]条款规定的发包人义务，未能按时提供真实、准确、齐全的工艺技术和（或）建筑设计方案、项目基础资料和现场障碍资料；

（2）发包人未能按约定调整合同价格，未能按有关预付款、工程进度款、竣工结算约定的款项类别、金额、承包人指定的账户和时间支付相应款项；

（3）发包人未能履行合同中约定的其他责任和义务。

发包人应采取补救措施，并赔偿因上述违约行为给承包人造成的损失。因其违约行为造成工程关键路径延误时，竣工日期顺延。发包人承担违约责任，并不能减轻或免除合同中约定的应由发包人继续履行的其他责任和义务。

2. 承包人的违约责任

当发生下列情况时：

（1）承包人未能履行对其提供的工程物资进行检验的约定、施工质量与检验的约定，未能修复缺陷；

（2）承包人经三次试验仍未能通过竣工试验，或经三次试验仍未能通过竣工后试验，导致的工程任何主要部分或整个工程丧失了使用价值、生产价值、使用利益；

（3）承包人未经发包人同意，或未经必要的许可，或适用法律不允许分包的，将工程分包给他人；

（4）承包人未能履行合同约定的其他责任和义务。

承包人应采取补救措施，并赔偿因上述违约行为给发包人造成的损失。承包人承担违约责任，并不能减轻或免除合同中约定的由承包人继续履行的其他责任和义务。

（二）索赔

1. 发包人的索赔

发包人认为，承包人未能履行合同约定的职责、责任、义务，且根据本合同约定，与本合同有关的文件、资料的相关情况与事项，承包人应承担损失、损害赔偿责任，但承包人未能按合同约定履行其赔偿责任时，发包人有权向承包人提出索赔。索赔依据法律及合同约定，并遵循如下程序进行：

（1）发包人应在索赔事件发生后的 30 日内，向承包人送交索赔通知。未能在索赔事件发生后的 30 日内发出索赔通知，承包人不再承担任何责任，法律另有规定的除外；

（2）发包人应在发出索赔通知后的 30 日内，以书面形式向承包人提供说明索赔事件的正当理由、条款根据、有效的可证实的证据和索赔估算等相关资料；

（3）承包人应在收到发包人送交的索赔资料后 30 日内与发包人协商解决，或给予答复，或要求发包人进一步补充提供索赔的理由和证据；

（4）承包人在收到发包人送交的索赔资料后 30 日内未与发包人协商、未给予答复、或未向发包人提出进一步要求，视为该项索赔已被承包人认可。

（5）当发包人提出的索赔事件持续影响时，发包人每周应向承包人发出索赔事件的延续影响情况，在该索赔事件延续影响停止后的 30 日内，发包人应向承包人送交最终索赔报告和最终索赔估算。索赔程序与本款第（1）项至第（4）项的约定相同。

2．承包人的索赔

承包人认为，发包人未能履行合同约定的职责、责任和义务，且根据本合同的任何条款的约定，与本合同有关的文件、资料的相关情况和事项，发包人应承担损失、损害赔偿责任及延长竣工日期的，发包人未能按合同约定履行其赔偿义务或延长竣工日期时，承包人有权向发包人提出索赔。索赔依据法律和合同约定，并遵循如下程序进行。

（1）承包人应在索赔事件发生后 30 日内，向发包人发出索赔通知。未在索赔事件发生后的 30 日内发出索赔通知，发包人不再承担任何责任，法律另有规定的除外。

（2）承包人应在发出索赔事件通知后的 30 日内，以书面形式向发包人提交说明索赔事件的正当理由、条款根据、有效的可证实的证据和索赔估算资料的报告。

（3）发包人应在收到承包人送交的有关索赔资料的报告后 30 日内与承包人协商解决，或给予答复，或要求承包人进一步补充索赔理由和证据。

（4）发包人在收到承包人按本款第（3）项提交的报告和补充资料后的 30 日内未与承包人协商，或未予答复，或未向承包人提出进一步补充要求，视为该项索赔已被发包人认可。

（5）当承包人提出的索赔事件持续影响时，承包人每周应向发包人发出索赔事件的延续影响情况，在该索赔事件延续影响停止后的 30 日内，承包人向发包人送交最终索赔报告和最终索赔估算。索赔程序与本款第（1）项至第（4）项的约定相同。

（三）争议和裁决

1．争议的解决程序

根据本合同或与本合同相关的事项所发生的任何索赔争议，合同双方首先应通过友好协商解决。争议的一方，应以书面形式通知另一方，说明争议的内容、细节及因由。在上述书面通知发出之日起的 30 日内，经友好协商后仍存争议时，合同双方可提请双方一致同意的工程所在地有关单位或权威机构对此项争议进行调解；在争议提交调解之日起 30 日内，双方仍存争议时，或合同任何一方不同意调解的，按专用条款的约定通过仲裁或诉讼方式解决争议事项。

2．争议不应影响履约

发生争议后，须继续履行其合同约定的责任和义务，保持工程继续实施。除非出现下列情况，任何一方不得停止工程或部分工程的实施：

（1）当事人一方违约导致合同确已无法履行，经合同双方协议停止实施；

（2）仲裁机构或法院责令停止实施。

3．停止实施的工程保护

停止实施的工程或部分工程，当事人按合同约定的职责、责任和义务，保护好与合同工程有关的各种文件、资料、图纸、已完工程，以及尚未使用的工程物资。

思　考　题

1．简述建设工程总承包合同的概念和特点。

2．《建设项目工程总承包合同示范文本》由哪几部分构成？

3．简述工程总承包合同中发包人和承包人的主要权利和义务。

4．《建设项目工程总承包合同示范文本》中对竣工日期的顺延是如何规定的？

5．分析工程总承包合同中承包人的设计范围和设计义务。

6．《建设项目工程总承包合同示范文本》中，对发包人和承包人提供的物资都有哪些规定？

7．建设项目工程总承包竣工试验和竣工后试验中，发包人和承包人都有哪些权利和义务？

8．简述工程总承包的变更范围和变更程序。

9．简述工程总承包合同中变更价款的确定方法。

10．分析工程总承包合同中的发包人和承包人的违约责任。

11．工程总承包合同中，承包人向发包人索赔应遵循的程序是什么？

第 10 章　建设工程物资采购合同

10.1　建设工程物资采购合同概述

10.1.1　建设工程物资采购合同的概念

建设工程物资采购合同是指具有平等主体的自然人、法人、其他组织之间为实现生产、工程物资的买卖、设立、变更、终止相互权利义务关系的协议。它属于买卖合同，依照协议，出卖人转移工程物质的所有权于买受人，买受人接受工程物质并支付价款。

工程项目建设阶段需要采购的物资种类繁多，合同形式各异，但根据合同标的物的不同，可将涉及的各种合同大致划分为建设材料采购合同和设备采购合同两大类。建筑材料采购合同的标的物是工程建设所需的建筑材料和市场上可直接购买定型生产的中小型通用设备；而设备采购合同的标的物是工程项目所需的大型复杂设备。

10.1.2　建设工程物资采购合同的特征

建设工程物资采购合同除具有买卖合同的一般特征外，还具有如下特征。

（1）物资采购合同应依据施工合同订立。施工合同中确立了关于物资采购的协商条款，发包方和承包方都应依据施工合同采购物资，因此，施工合同一般是订立建设工程物资采购合同的依据。

（2）物资采购合同以转移财物和支付价款为基本内容。采购合同内容繁多，条款复杂，但最为根本的是双方应尽的义务。即卖方按质、按量、按时将建设物资的所有权转归买方；买方按时、按量支付货款。

（3）物资采购合同的标的品种繁多，供货条件复杂。建设工程物资的特点在于品种、质量、数量和价格差异较大，有的数量庞大，有的技术要求高，因此，在合同中必须根据建设工程的需要对各种物资逐一明确。

（4）物资采购合同应实际履行。物资采购合同是根据施工合同订立的，其履行直接影响到施工合同的履行，因此，合同一旦订立，卖方义务一般不能解除，不允许卖方以支付违约金和赔偿金的方式代替合同的履行，除非合同的迟延履行对买方成为不必要。

（5）物资采购合同应采用书面形式。建设工程物资采购合同的标的物用量大，质量要求复杂，且根据工程进度计划分期分批均衡履行，同时还涉及售后维修服务工作，所以合同履行周期一般较长，根据有关规定，应采用书面形式。

10.2 建筑材料采购合同的主要内容

（一）标的

主要包括购销物资的名称（注明品牌、商标）、品种、型号、规格、等级、花色、技术标准或质量要求等。合同中标的物应按照行业主管部门颁布的产品规定正确填写，不能用习惯名称或自行命名，以免产生差错。订购特定产品，最好还要注明其用途，以免产生不必要的纠纷。

标的物的质量要求应该符合国家或者行业现行有关质量标准和设计要求，应该符合以产品采用标准、说明、实物样品等方式表明的质量状况。

约定质量标准的一般原则是：

（1）按颁布的国家标准执行；

（2）没有国家标准而有部颁标准的则按照部颁标准执行；

（3）没有国家标准和部颁标准为依据时，可按照企业标准执行；

（4）没有上述标准或虽有上述标准但采购方有特殊要求，按照双方在合同中约定的技术条件、样品或补充的技术要求执行。

合同内必须写明执行的质量标准代号、编号和标准名称，明确各类材料的技术要求、试验项目、试验方法、试验频率等。采购成套产品时合同内也需要规定附件的质量要求。

（二）数量

合同中应该明确所采用的计量方法，并明确计量单位。凡国家、行业或地方规定有计量标准的产品，合同中应按照统一标准注明计量单位，没有规定的，可由当事人协商执行，不可以用含混不清的计量单位。应当注意的是，若建筑材料或产品有计量换算问题，则应该按照标准计量单位确定订购数量。

供货方发货时所采用的计量单位与计量方法应该与合同一致，并在发货明细表或质量证明书中注明，以便采购方检验。运输中转单位也应该按照供货方发货时所采用的计量方法进行验收和发货。

订购数量必须在合同中注明，尤其是一次订购分期供货的合同，还应明确每次进货的时间、地点和数量。

建筑材料在运输过程中容易造成自然损耗，如挥发、飞散、干燥、风化、潮解、破碎、漏损等，在装卸操作或检验环节中换装、拆包检查等也会造成物资数量的减少，这些都属于途中自然减量。但是，有些情况不能作为自然减量，如非人力所能抗拒的自然灾害所造成的非常损失，由于工作失职和管理不善造成的失误。因此，对于某些建筑材料，还应在合同中写明交货数量的正负尾数差、合理磅差和运输途中的自然损耗的规定及计算方法。

（三）包装

包括包装的标准、包装物的供应和回收。

包装标准是指产品包装的类型、规格、容量以及标记等。产品或者其包装标识应该符合要求，如包括产品名称、生产厂家、厂址、质量检验合格证明等。

包装物一般应由建筑材料的供货方负责供应，并且一般不得另外向采购方收取包装费。如果采购方对包装提出特殊要求时，双方应在合同中商定，超过原标准费用部分由采购方负责；反之，若议定的包装标准低于有关规定标准，也应相应降低产品价格。

包装物的回收办法可以采用如下两种形式之一：

（1）押金回收：适用于专用的包装物，如电缆卷筒、集装箱、大中型木箱等；

（2）折价回收：适用于可以再次利用的包装器材，如油漆桶、麻袋、玻璃瓶等。

（四）交付及运输方式

交付方式可以是采购方到约定地点提货或供货方负责将货物送达指定地点两大类。如果是由供货方负责将货物送达指定地点，要确定运输方式，可以选择铁路、公路、水路、航空、管道运输及海上运输等。一般由采购方在签订合同时提出要求，供货方代办发运，运费由采购方负担。

（五）验收

合同中应该明确货物的验收依据和验收方式。

1．验收依据

（1）采购合同；

（2）供货方提供的发货单、计量单、装箱单及其他有关凭证；

（3）合同约定的质量标准和要求；

（4）产品合格证、检验单；

（5）图纸、样品和其他技术证明文件；

（6）双方当事人封存的样品。

2．验收方式

验收方式有驻厂验收、提运验收、接运验收和入库验收等方式。

（1）驻厂验收：在制造时期，由采购方派人在供应的生产厂家进行材质检验。

（2）提运验收：对加工定制、市场采购和自提自运的物资，由提货人在提取产品时检验。

（3）接运验收：由接运人员对到达的物资进行检查，发现问题当场做出记录。

（4）入库验收：是广泛采用的正式的验收方法，由仓库管理人员负责数量和外观检验。

（六）交货期限

应明确具体的交货时间。如果分批交货，要注明各个批次的交货时间。

交货日期的确定可以按照下列方式：

（1）供货方负责送货的，以采购方收货识记的日期为准；

（2）采购方提货的，以供货方按合同规定通知的提货日期为准；

（3）凡委托运输部门或单位运输、送货或代运的产品，一般以供货方发运产品时承运单位签发的日期为准，而不是以向承运单位提出申请的日期为准。

（七）价格

（1）有国家定价的材料，应按国家定价执行；

（2）按规定应由国家定价的但国家尚无定价的材料，其价格应报请物价主管部门的批准；

（3）不属于国家定价的产品，可由供需双方协商确定价格。

（八）结算

合同中应明确结算的时间、方式和手续。首先应明确是验单付款还是验货付款。结算方式可以是现金支付和转账结算。现金支付适用于成交货物数量少且金额小的合同；转账结算适用于同城或同地区的结算，也适用于异地之间的结算。

（九）违约责任

当事人任何一方不能正确履行合同义务时，都可以违约金的形式承担违约赔偿责任。双方应通过协商确定违约金的比例，并在合同条款内明确。

（1）供货方的违约行为可能包括不能按期供货、不能供货、供应的货物有质量缺陷或数量不足等。如有违约，应依照法律和合同规定承担相应的法律责任。

供货方不能按期交货分为逾期交货和提前交货。发生逾期交货情况，要按照合同约定，依据逾期交货部分货款总价计算违约金。对约定由采购方自提货物的，若发生采购方的其他损失，其实际开支的费用也应由供货方承担。比如，采购方已按期派车到指定地点接收货物，而供货方不能交付时，派车损失应由供货方承担。对于提前交货的情况，如果属于采购方自提货物，采购方接到提前提货通知后，可以根据自己的实际情况拒绝提前提货。对于供货方提前发运或交付的货物，采购方仍可按合同规定的时间付款，而且对多交货部分，以及不符合合同规定的产品，在代为保管期内实际支出的保管、保养费由供货方承担。

供货方不能全部或部分交货，应按合同约定的违约金比例乘以不能交货部分货款来计算违约金。如果违约金不足以偿付采购方的实际损失，采购方还可以另外提出补偿要求。

供货方交付的货物品种、型号、规格、质量不符合合同约定，如果采购方同意利用，应当按质论价；采购方不同意使用时，由供货方负责包换或包修。

（2）需方采购方的违约行为可能包括不按合同要求接受货物、逾期付款或拒绝付款等，应依照法律和合同规定承担相应的法律责任。

合同签订以后，采购方要求中途退货，应向供货方支付按退货部分货款总额计算的违约金，并要承担由此给供货方造成的损失。采购方不能按期提货，除支付违约金以外，还应承担逾期提货给供货方造成的代为保管费、保养费等。

采购方逾期付款，应该按照合同约定支付逾期付款利息。

10.3　设备采购合同的主要内容

成套设备供应合同的一般条款可参照建筑材料供应合同的一般条款，包括产品（设备）的名称、品种、型号、规格、等级、技术标准或技术性能指标；数量和计量单位；包装标准及包装物的供应与回收、交货单位、交货方式、运输方式、交货地点、提货单位、交（提）货期限；验收方式；产品价格；结算方式；违约责任等。此外，还需要注意的是以下几个方面。

（一）设备价格与支付

设备采购合同通常采用固定总价合同，在合同交货期内价格不进行调整。应该明确合同价格所包括的设备名称、套数，以及是否包括附件、配件、工具和损耗品的费用，是否包括调试、保修服务的费用等。合同价内应该包括设备的税费、运杂费、保险费等与合同有关的其他费用。

合同价款的支付一般分三次：

（1）设备制造前，采购方支付设备价格的10%作为预付款；

（2）供货方按照交货顺序在规定的时间内将货物送达交货地点，采购方支付该批设备价的80%；

（3）剩余的10%作为设备保证金，待保证期满，采购方签发最终验收证书后支付。

（二）设备数量

明确设备名称、套数、随主机的辅机、附件、易损耗备用品、配件和安装修理工具等，应于合同中列出详细清单。

（三）技术标准

应注明设备系统的主要技术性能，以及各部分设备的主要技术标准和技术性能。

（四）现场服务

合同可以约定设备安装工作是由供货方负责还是采购方负责。如果由采购方负责，可以要求供货方提供必要的技术服务、现场服务等内容，可能包括：供货方派必要的技术人员到现场向安装施工人员进行技术交底，指导安装和调试，处理设备的质量问题，参加试车和验收试验等。在合同中应明确服务内容，对现场技术人员在现场的工作条件、生活待遇及费用等作出明确规定。

（五）验收和保修

成套设备安装后一般应进行试车调试，双方应该共同参加启动试车的检验工作。试验合格后，双方在验收文件上签字，正式移交采购方进行生产运行。若检验不合格，属

于设备质量原因，由供货方负责修理、更换并承担全部费用；如果由于工程施工质量问题，由安装单位负责拆除后纠正缺陷。

合同中还应明确成套设备的验收办法以及是否保修、保修期限、费用分担等。

思 考 题

1．简述建设工程物资采购合同的特点。

2．建筑材料采购合同中，约定标定物质量标准的一般原则是什么？

3．建筑材料的交付方式包括哪几种？

4．建筑材料的验收依据有哪些？

5．建筑材料的验收方式有哪几种？

6．建筑材料的交货日期如何确定？

7．建筑材料采购合同中，供货方和采购方需承担哪些违约责任？

8．设备采购合同合同价款如何支付？

9．设备的现场安装如果由采购方负责，供货方一般需要提供哪些技术服务和现场服务？

第 11 章　国际工程通用的合同条件

11.1　FIDIC 合同条件

11.1.1　FIDIC 合同条件概述

（一）FIDIC 组织简介

FIDIC（Fédération Internationale Des Ingénieurs Conseils）的中文全称"国际咨询工程师联合会"。该组织在每个国家或地区只吸收一个独立的咨询工程师协会作为团体会员，至今已有 60 多个发达国家和发展中国家或地区的成员，因此它是国际上最具有权威性的咨询工程师组织。我国已于 1996 年正式加入 FIDIC 组织。

FIDIC 下设 2 个地区成员协会：FIDIC 亚洲及太平洋成员协会（ASPAC）；FIDIC 非洲成员协会集团（CAMA）。FIDIC 还设立了许多专业委员会，用于专业咨询和管理。如业主/咨询工程师关系委员会（CCRC）；合同委员会（CC）；执行委员会（EC）；风险管理委员会（ENVC）；质量管理委员会（QMC）；21 世纪工作组（Task Force 21）等。FIDIC 总部机构现设于瑞士洛桑。

（二）FIDIC 合同条件简介

为了规范国际工程咨询和承包活动，FIDIC 先后发表过很多重要的管理文件和标准化的合同文件范本。目前作为惯例已成为国际工程界公认的标准化合同，格式有适用于工程咨询的《业主——咨询工程师标准服务协议书》；适用于施工承包的《土木工程施工合同条件》《电气与机械工程合同条件》《设计——建造与交钥匙合同条件》和《土木工程施工分包合同条件》。1999 年 9 月，FIDIC 又出版了新的《施工合同条件》《工程设备与设计——建造合同条件》《EPC 交钥匙合同条件》及《合同简短格式》。这些合同文件不仅被 FIDIC 成员国广泛采用，而且世界银行、亚洲开发银行、非洲开发银行等金融机构也要求在其贷款建设的土木工程项目实施过程中使用以该文本为基础编制的合同条件。

这些合同条件的文本不仅适用于国际工程，而且修改后同样适用于国内工程，我国有关部委编制的适用于大型工程施工的标准化范本都以 FIDIC 编制的合同条件为蓝本。

1. 施工合同条件（conditions of contract for construction）

该条件简称"新红皮书"，是 1987 年版红皮书《土木工程施工合同条件》的最新修订版。适用条件：①各类大型或复杂二程；②主要工作为施工；③由工程师来监理施工和签发支付证书；④按工程量表中的单价来支付完成的工程量；⑤双方风险分担均衡；⑥业主负责大部分设计工作，但雇主可要求承包商做少量的设计工作，这些设计可以包含土木、机械、电气或构筑物的某些部分。这些部分的范围和设计标准必须在规范中做出明确规定，如果大部分工程都要求承包商设计，红皮书就不适用了。

2. 生产设备和设计——建造合同条件（conditions of contract for plant and design-build）

该条件简称为"新黄皮书"，是 1987 年版黄皮书的最新修订版。适用条件：①机电设备项目、其他基础设施项目以及其他类型的项目，可以包括土木、机械、电气或构筑物的任何组合；②业主只负责编制项目纲要（业主的要求）和永久设备性能要求，承包商负责大部分设计工作和全部施工安装工作；③工程师来监督设备的制造、安装和施工，以及签发支付证书；④在包干价格下实施里程碑支付方式，个别情况下，也可能采用单价支付；⑤双方风险分担均衡。

3. 设计采购施工（EPC）/交钥匙工程合同条件（conditions of contract for EPC/turnkey projects）

该条件简称"新橙皮书"或"银皮书"，是 1995 年版橙皮书的最新修订版。适用条件：①私人投资的生产线或发电厂等工厂或类似设施、基础设施项目或其他类型的开发项目，如 BOT 项目（地下工程太多的工程除外）；②固定总价不变的交钥匙合同，并按里程碑方式支付；③业主代表直接管理项目实施过程，采用较松的管理方式，即不雇用"工程师"指导施工和负责合同管理，但严格竣工检验和竣工后检验，以保证完成项目的质量；④承包商承担项目的设计和施工并提供配备完善的全部设施，雇主介入较少，因此承担项目的大部分风险，但业主愿意为此多付出一定的费用。

4. 简明合同格式（short form of constract）

该合同格式在 FIDIC 合同范本系列中首次出现。适用条件：①施工合同金额较小（如低于 50 万美元）、施工期较短（如低于 6 个月）；②既可以是土木工程，也可以是机电工程；②设计工作既可以是业主负责，也可以是承包商负责；③合同既可以是单价合同，也可以是总价合同，在编制具体合同时，可以在协议书中给出具体规定。

上述 4 个新版的 FIDIC 合同条件不同于 1999 年以前的系列合同条件，体现在：①在语言风格和结构上做了统一；②适用法律面更广，措辞精确，在大陆法系和习惯法系中都适用；③依据工程类型和工作范围的划分，工程复杂程度和风险分摊以及条款的编排上都做了变革，不是在以往合同版本基础上修改，而是进行了重新编写；④淡化了工程师的独立地位；⑤程序更加严谨，更易于操作。这些合同文件不仅被 FIDIC 成员国广泛采用，而且世界银行、亚洲开发银行、非洲开发银行等金融机构也要求在其贷款建设的土木工程项目实施过程中使用以该文本为基础编制的合同条件。

（三）FIDIC 合同文本格式

FIDIC 出版的所有合同文本结构，都是以通用条件、专用条件和标准化文件的格式编制。

1. 通用条件

所谓通用，其含义是工程建设项目不论属于哪个行业，也不管处于何地，只要是土木工程类的施工均可适用。条款内容涉及：合同履行过程中业主和承包商各方的权利与义务，工程师（交钥匙合同中为业主代表）的权利和职责，各种可能预见到的事件发生后的责任界限，合同正常履行过程中各方应遵循的工作程序，以及因意外事件而使合同被迫解除时各方应遵循的工作准则等。

2. 专用条件

专用条件是相对于通用条件而言，要根据准备实施的项目的工程专业特点，以及工程所在地的政治、经济、法律、自然条件等地域特点，针对通用条件中条款的规定加以具体化。可以对通用条件中的规定进行相应的补充完善、修订或取代其中的某些内容，以及增补通用条件中没有规定的条款。专用条件中条款序号应与通用条件中要说明条款的序号对应，通用条件和专用条件内相同序号的条款共同构成对某一问题的约定责任。如果通用条件内的某一条款内容完备、适用，专用条件内可不再重复列此条款。

3. 标准化的文件格式

编制的标准化合同文本，除了通用条件和专用条件以外，还包括标准化的投标书（及附录）和协议书的格式文件。投标书的格式文件只有一项内容，是投标人愿意遵守招标文件规定的承诺表示。投标人只需填写投标报价并签字后，即可与其他材料一起构成法律效力的投标文件。投标书附件列出了通用条件和专用条件内涉及工期和费用内容的明确数值，与专用条件中的条款序号和具体要求相一致，以使承包商在投标时予以考虑。这些数据经承包商填写并签字确认后，合同履行过程中作为双方遵照执行的依据。

协议书是业主与中标承包商签订施工承包合同的标准化格式文件，双方只要在空格内填入相应内容并签字盖章后合同即可生效。

11.1.2 FIDIC 施工合同条件的主要内容

（一）一般规定

1. 词语定义

通用条件定义了 58 个术语，部分术语的定义如下所述。

（1）"中标函"（letter of acceptance）指雇主对投标文件签署的正式接受函包括其后所附的备忘录（由合同各方达成并签订的协议构成）。在没有此中标函的情况下，"中标函"一词就指合同协议书，颁发或接收中标函的日期就指双方签订合同协议书的日期。

（2）"投标函"（letter of tender）指名称为投标函的文件，由承包商填写，包括已签字的对雇主的工程报价。

（3）"规范"（specification）指合同中名称为规范的文件，以及根据合同规定时规范的增加和修改。此文件具体描述了工程。

（4）"雇主"（employer）指在投标函附录中指定为雇主的当事人或此当事人的合法继承人。

（5）"承包商"（contractor）指在雇主收到的投标函中指明为承包商的当事人（一个或多个）及其合法继承人。

（6）"工程师"（engineer）指雇主为合同的目的指定作为工程师工作并在投标函附录中指明的人员，或由雇主任命并通知承包商的其他人员。

（7）"中标合同金额"（accepted contract amount）指在中标函中所认可的工程施工、竣工和修补任何缺陷所需的费用。

（8）"合同价格"（contract price）指按照合同各条款所规定的价格，包括承包商完成建造和保修任务后，按照合同所做的调整。

（9）"成本"（cost）指承包商现场内外发生的（或将发生的）所有合理开支，包括管理费用及类似的支出，但不包括利润。当业主应当给承包商补偿时，将承包商的成本称为费用。

（10）"暂列金额"（provisional sum）实际上是指一笔业主方的备用金，用于招标时对尚未确定或不可预见项目的储备金额。施工过程中工程师有权依据工程进展的实际需要经业主同意后，用于工程某一部分的事实，或用于提供生产设备、材料或服务等内容的开支，也可以作为供意外用途的开支，工程师有权全部使用、部分使用或完全不用。既可以用于承包商完成的工作，也可以用于指定分包商完成的工作。

（11）"基准日期"（base date）指提交投标文件截止日前 28 天的当日。确定基准日期的作用在于据以确定投标报价所使用的货币与结算使用货币之间的汇率以及确定因工程所在国法律变化带来风险的分担界限。基准日期之后因工程所在国法律发生变化给承包商带来损失，承包商可获得赔偿。

（12）"合同工期"（time for completion）是指所签合同内注明的完成全部工程的时间，加上合同履行过程中因非承包商负责原因导致变更和索赔事件发生后，经工程师批准顺延工期之和。如有分部移交工程，也需在专用条件的条款内明确约定。合同内约定的工期指承包商在投标附录中承诺的竣工时间。合同工期的时间确定作为衡量承包商是否按合同约定期限履行施工义务的标准。

（13）"施工期"（time between commencement date and completion date）从工程师按合同约定发布的"开工令"中指明的应开工之日起，至工程接收证书注明的竣工日止的日历天数为承包商的施工期。用施工期与合同工期做比较，判定承包商的施工是提前竣工还是延误竣工。

（14）"缺陷通知（责任）期"（defects notification period）即国内施工合同示范文本所指的质量保修期，自工程接收（移交）证书中写明的竣工日开始，至工程师颁发履约证书为止的日历天数。尽管工程移交前进行了竣工检验，但只是证明承包商的施工工艺达到了合同规定的标准，设置缺陷通知期的目的是考验工程在动态运行条件下是否达到了合同技术规范的要求。因此，从开工之日起至颁发履约证书（解除缺陷责任证书）为止，承包商要对工程的施工质量负责。合同工程的缺陷通知期及分阶段移交工程的缺陷通知期，应在专用条件内具体约定。次要部位工程通常为半年；主要工程及设备大多为一年，个别重要设备也可以约定为一年半。

颁发的工程接收〔移交〕证书应注明基本竣工日期，其作用在于确认基本竣工，明确业主提前占用日期以及列出尚需完成的工程量。一个工程可有多个移交证书，可以对单位工程、分部工程颁发工程移交证书，但不允许对分项工程颁发。

颁发解除缺陷责任证书的作用是对工程质量的最终确认；一旦颁发，工程师再无权向承包商发布任何指令；但工程师的任何检验不解除承包商的责任。一项工程，仅有一个解除缺陷责任证书。

（15）"合同有效期"（contract validation period）简称"合同期"，自合同签字日起至承包商提交给业主的"结清单"生效日止，施工承包合同对业主和承包商均具有法律约束力。颁发履约证书只是表示承包商的施工义务终止，合同约定的权利义务并未完全结束，还剩有管理和结算等手续。结清单生效是指业主已按工程师签发的最终支付证书中的金额付款，并退还承包商的履约保函。结清单一经生效，承包商在合同内享有的索赔权利也自行终止。

2．文件的优先次序

构成合同的各个文件应被视作互为说明。为解释的目的，各文件的优先次序如下：

（1）合同协议书（如有时）；

（2）中标函；

（3）投标函；

（4）专用条件；

（5）通用条件；

（6）规范；

（7）图纸；

（8）资料表以及其他构成合同一部分的文件。

如果在合同文件中发现任何含混或矛盾之处，工程师应颁发任何必要的澄清或指示。

3．合同协议书

除非双方另有协议，否则双方应在承包商收到中标函后的 28 日内签订合同协议书。合同协议书应以专用条件后所附的格式为基础。法律规定的与签订合同协议书有关的印花税和其他类似费用（如有时）应由雇主承担。

4．转让

任一方都不得转让整个或部分合同或转让根据合同应得的利益或权益。但一方：①经另一方的事先同意可以转让整个或部分合同，决定权完全在于另一方；②可将其按照合同对任何到期或将到期的金额所享有的权利，以银行或金融机构作为受益人，作为抵押转让出去。

（二）雇主

（1）进入现场的权利。雇主应在投标函附录中注明的时间（或各时间段）内给予承包商进入和占用现场所有部分的权利。此类进入和占用权可不为承包商独享。

（2）许可、执照和批准。雇主应根据承包商的请求，为以下事宜向承包商提供合理的协助，以帮助承包商：①获得与合同有关的但不易取得的工程所在国的法律的副本；②申请法律所要求的许可、执照或批准。

（3）雇主的人员。雇主有责任保证现场的人员和其他承包商为承包商的工作提供合作。

（4）雇主的资金安排。在接到承包商的请求后，雇主应在28天内提供合理的证据，表明他已作出了资金安排，并将一直坚持实施这种安排，如果雇主想要对其资金安排做出任何实质性变更，雇主应向承包商发出通知并提供详细资料。

（5）雇主的索赔。如果雇主认为按照任何合同条件或其他与合同有关的条款规定他有权获得支付和（或）缺陷通知期的延长，则雇主或工程师应向承包商发出通知并说明细节。当雇主意识到某事件或情况可能导致索赔时应尽快地发出通知。涉及任何延期的通知应在相关缺陷通知期期满前发出。

（三）工程师

1．工程师的职责和权力

雇主应任命工程师，该工程师应履行合同中赋予他的职责。工程师的人员包括有执业资格的工程师以及其他有能力履行职责的专业人员。工程师无权修改合同。当工程师行使某种需经雇主批准的权力时，则被认为他已从雇主处得到任何必要的批准。除非合同条件中另有说明，否则：①当履行职责或行使合同中明确规定的或必然隐含的权力时，均认为工程师为雇主工作；②工程师无权解除任何一方依照合同具有的任何职责、义务或责任；③工程师的任何批准、审查、证书、同意、审核、检查、指示、通知、建议、请求、检验或类似行为，不能解除承包商依照合同应具有的任何责任，包括对其错误、漏项、误差以及未能遵守合同的责任。

2．工程师的授权

工程师可以随时将他的职责和权力委托给助理，并可撤回此类委托或授权。这些助理包括现场工程师和（或）指定的对设备和（或）材料进行检查和（或）检验的独立检查人员。此类委托、授权或撤回应是书面的并且在合同双方接到副本之后才能生效。

3．工程师的指示

工程师可以按照合同的规定向承包商发出指示以及为实施工程和修补缺陷所必须附加或修改的图纸。承包商只能从工程师以及授权的助理处接受指示。承包商必须遵守工程师或授权助理对有关合同的某些问题所发出的书面指示。

4．工程师的撤换

如果雇主准备撤换工程师，则必须在准备撤换日期截止日 42 天以前向承包商发出通知说明拟替换的工程师的姓名、地址及相关经历。如果承包商对替换人选向雇主发出了拒绝通知，并附具体的证明资料，则雇主不能撤换工程师。

5．决定

合同条件要求工程师按照规定对某一事项作出商定或决定时，工程师应与合同双方协商并尽力达成一致。如果未能达成一致，工程师应按照合同规定在考虑到所有有关情况后做出公正的决定。

（四）承包商

（1）承包商的一般义务。承包商应按照合同的规定以及工程师的指示对工程进行设计、施工和竣工，并修补其任何缺陷；承包商应为工程的设计、施工、竣工以及修补缺陷提供所需的临时性或永久性的设备、合同中注明的承包商的文件、所有承包商的人员、货物、消耗品以及其他物品或服务；承包商应对所有现场作业和施工方法的完备性、稳定性和安全性负责。

（2）履约保证。承包商应取得一份保证其恰当履约的履约保证，保证的金额和货币种类应与投标函附录中的规定保持一致。

承包商应在收到中标函后 28 日内将此履约保证提交给雇主，并向工程师提交一份副本。该保证应在雇主批准的实体和国家（或其他管辖区）管辖范围内颁发，并采用专用条件附件中规定的格式或雇主批准的其他格式。

在承包商完成工程和竣工并修补任何缺陷之前，承包商应保证履约保证将持续有效。如果该保证的条款明确说明了其期满日期，而且承包商在此期满日期前第 28 日还无权收回此履约保证，则承包商应相应延长履约保证的有效期，直至工程竣工并修补缺陷。

雇主应在接到履约证书副本后 21 日内将履约保证退还给承包商。

（3）承包商的代表。承包商应任命代表，并授予他在按照合同代表承包商工作时所必需的一切权力。没有工程师的事先同意，承包商不得撤销对承包商的代表的任命或对其进行更换。

（4）分包商。承包商不得将整个工程分包出去。承包商应将分包商、分包商的代理人或雇员的行为或违约视为承包商自己的行为或违约，并为之负全部责任。

（5）分包合同利益的转让。如果分包商的义务超过了缺陷通知期的期满之日，且工程师在此期满日前已指示承包商将此分包合同的利益转让给雇主，则承包商应按指示行事。

（6）合作。承包商应按照合同的规定或工程师的指示，为雇主的人员、雇主雇用的任何其他承包商以及任何合法公共机构的人员从事其工作提供一切适当的条件。

（7）放线。承包商应根据合同中规定的或工程师通知的原始基准点、基准线和参照标高对工程进行放线。承包商应对工程各部分的正确定位负责，并且矫正工程的位置、标高或尺寸中出现的任何差错。

（8）安全措施。承包商应积极采取措施，确保安全：①遵守所有适用的安全规章；②注意有权进入现场的所有人员的安全；③清理现场和工程不必要的障碍，以避免对人员造成伤害；④提供工程的围栏、照明、防护及看守，直至竣工和进行移交；⑤提供因工程实施，为邻近地区的所有者和占有者以及公众提供便利和保护所必需的任何临时工程（包括道路、人行道、防护及围栏）。

（9）质量保证。承包商应按照合同的要求建立一套质量保证体系，以保证符合合同要求。工程师有权审查质量保证体系的任何方面。但遵守该质量保证体系不应解除承包商依据合同具有的任何职责、义务和责任。

（10）现场数据。雇主应向承包商提供掌握的一切现场地表以下及水文条件的有关数据。承包商应负责对所有数据的解释。

（11）接受合同款额的完备性。承包商应被认为是基于现场提供的数据、解释、必要资料、检查、审核及其他相关资料的基础上已完全接受中标合同金额。除非合同中另有规定，接受的合同款额应包括承包商在合同中应承担的全部义务（如有暂定金额时，包括根据暂定金额应承担的义务），以及为实施和完成工程并修补任何缺陷必需的全部有关事宜。

（12）不可预见的外界条件。"外界条件"是指承包商在实施工程中遇见的外界自然条件及人为的条件和其他外界障碍和污染物，包括地表以下和水文条件，但不包括气候条件。如果承包商遇到了在他看来是无法预见的外界条件，那么承包商应尽快通知工程师。

（13）道路通行权和设施。承包商应为包括进入现场临时的道路通行权承担全部费用和开支。承包商还应自担风险和费用获得为工程目的其自身所需的现场以外的任何附加设施。

（14）避免干扰。承包商不应随意进入和使用以及占用即使是公共的或是在雇主或其他人的占用之下的所有道路和人行道，并且不得影响公众的通行方便。

承包商应保障并使雇主免受干扰带来的后果而遭受的损害、损失和开支（包括法律费用和开支）。

（15）承包商的设备。所有承包商的设备一经运至现场，都应视为专门用于该工程的实施。没有工程师的同意，承包商不得将任何主要的承包商的设备移出现场。但负责将货物或承包商的人员运离现场的运输工具，不必经过同意。

（16）环境保护。承包商应采取一切合理步骤保护现场内外的环境，并限制因其施工作业引起的污染、噪音及其他后果对公众和财产造成的损害和妨碍。承包商应保证其产生的散发物、地面排水及排污既不能超过规范允许的数值，也不能超过法律允许的数值。

（17）电、水、气。承包商应对其所需的所有电力、水及其他服务的供应负责。

（18）雇主的设备和免费提供的材料。雇主应按规范中说明的细节、安排和价格，在实施工程中向承包商提供雇主的设备（如有时）。

（19）进度报告。除非专用条件中另有说明，承包商应编制月进度报告，并将 6 份副本提交给工程师。第一次报告所包含的期间应从开工日期起至紧随开工日期的第一个月的最后一天止。此后每月应在该月最后一天之后的 7 日内提交月进度报告。报告应持续至承包商完成了工程接收证书上注明的完工日期时尚未完成的所有工作为止。

（20）承包商的现场工作和保安。承包商应负责阻止未获授权的人员进入现场。承包商应采取一切必要的预防措施以保证他的人员与设备处在现场之内，并避免他们进入邻地。在工程实施期间，承包商应存放并妥善处置承包商的任何设备或剩余材料并从现场清除。在颁发接收证书后，承包商应立即从该接收证书涉及的那部分现场和工程中清除并运走承包商的所有设备、剩余材料、残物、垃圾和临时工程。

（五）指定分包商

（1）定义与指定。指定分包商是由业主（或工程师）指定（或选定），完成某项特定工作内容并与承包商签订分包合同的特殊分包商。合同条款规定，雇主有权将部分工作项目的施工任务或设计、材料、设备、服务供应等工作内容发包给指定分包商实施。

但在选择指定分包商时，业主必须保护承包商合法利益不受侵害，因此，当承包商有合理理由时，有权拒绝某一单位作为指定分包商。为了保证工程施工的顺利进行，业主选择指定分包商应首先征求承包商的同意，不能强行要求承包商接受他有理由反对的或是拒绝与承包商签订保障承包商利益不受损害的分包合同的指定分包商。

（2）对指定分包商的支付。承包商应向指定分包商支付工程师证实的依据分包合同应支付的款额。给指定分包商的付款从"暂列金额"项内开支。

（3）支付的证据。承包商在每个月末报送工程进度款支付报表时，工程师有权要求其出示以前已按指定分包合同给指定分包商付款的证明。如果承包商没有合法理由而扣押了指定分包商上个月应得工程款的话，业主有权按工程师出具的证明从本月应得款内扣除这笔金额直接付给指定分包商。

（六）职员和劳工

（1）职员和劳工的雇用。除非另有规定，承包商应安排从当地或其他地方雇用所有的职员和劳工，并负责他们的报酬、住房、膳食和交通。

（2）工资标准和劳动条件。承包商所付的工资标准及劳动条件应不低于其从事工作的地区同类工商业现行的标准和条件。

（3）工作时间。在当地公认的休息日，或在投标函附录中规定的正常工作时间以外，不得在现场进行任何工作，除非：①合同另有规定；②工程师同意；③为了抢救生命或财产，或为了工程的安全，该工作是无法避免的或必须进行的，在此情况下，承包商应立即通知工程师。

（4）为职员和劳工提供的设施。除非另有规定，承包商应为其人员提供并维护所有必须的膳宿及福利设施。承包商还应为雇主的人员提供规定的设施。承包商不得允许任何承包商的人员在构成永久工程部分的构筑物内保留任何临时或永久的居住场所。

（5）健康和安全。承包商应采取合理的预防措施以维护其人员的健康和安全。一旦发生事故，承包商应及时向工程师通报事故详情。承包商应按工程师的合理要求，保障有关人员的健康、安全和福利以及财产损坏的记录并写出报告。

（6）承包商的人员和设备的记录。承包商应向工程师提交记录，详细说明现场各类人员及各类承包商设备的数量。该记录在每个日历月向工程师提交，直至承包商完成了在工程接收证书中注明的竣工日期时尚未完成的所有工程。

（七）永久设备、材料和工艺

（1）实施方式。承包商应进行永久设备、材料的制造和生产，并实施所有其他工程。在工程使用材料之前，承包商应向工程师提交材料的有关资料并获得同意。

（2）检查。雇主的人员在一切合理的时间内都应顺畅进入工地并有权在生产、制造和施工期间对材料和工艺进行审核、检查、测量与检验，并对永久设备的制造进度和材料的生产及制造进度进行审查。承包商应为雇主的人员进行检查提供方便。

（3）检验。承包商应提供所有为有效进行检验所需的装置、协助、文件和其他资料、电、燃料、消耗品、仪器、劳工、材料与适当的有经验的合格职员。承包商应与工程师商定对任何永久设备、材料和工程其他部分进行规定检验的时间和地点。工程师应提前至少 24 个小时将其参加检验的意向通知给承包商。如果工程师未在商定的时间和地点参加检验，除非工程师另有指示，承包商可着手进行检验，并且此检验应被视为是在工程师在场的情况下进行的。

（4）拒收。如果从审核、检查、测量或检验的结果看，发现任何永久设备、材料或工艺是有缺陷的或不符合合同规定的，工程师可拒收此永久设备、材料或工艺，并通知承包商，同时说明理由。承包商应立即修复缺陷并保证促使被拒收的项目符合合同规定。

（5）补救工作。不论以前是否进行了任何检验或颁发了证书，工程师仍可以指示承包商：①将工程师认为不符合合同规定的永久设备或材料从现场移走并进行替换；②把不符合合同规定的任何其他工程移走并重建；③实施任何因保护工程安全而急需的工作，无论是因为事故、不可预见事件或其他事件。承包商应在指示规定的期限内在合理的时间内或立即执行该指示。如果承包商未能遵守该指示，则雇主有权雇用其他人来实施工作，并予以支付。同时承包商向雇主支付因其末完成工作而导致的费用。

（6）对永久设备和材料的拥有权。符合工程所在国法律规定范围内的每项永久设备和材料均应成为雇主的财产，无任何留置权和其他限制权。

（八）开工、延误和暂停

（1）工程的开工。工程师应至少提前 7 天通知承包商开工日期。除非专用条件中另有说明，开工日期应在承包商接到中标函后的 42 日内。

（2）竣工时间。承包商应在工程或区段（如有时）的竣工时间内完成合同中规定的所有工作，并通过竣工检验。

（3）进度计划。在接到通知后 28 日内承包商应向工程师提交详细的进度计划。除非工程师在接到进度计划后 21 日内通知承包商该计划不符合合同规定，否则承包商应按照此进度计划履行义务，但不应影响到合同中规定的其他义务。

承包商应及时通知工程师，具体说明可能发生将对工程造成不利影响、使合同价格增加或延误工程施工的事件或情况。如果在任何时候工程师通知承包商该进度计划不符合合同规定，或与实际进度及承包商说明的计划不一致，承包商应按规定向工程师提交一份修改的进度计划。

（4）竣工时间的延长。承包商可依据相应要求延长竣工时间的情形有：①一项变更或其他合同中包括的任何一项工程数量上的实质性变化；②导致承包商根据合同条件的某条款有权获得延长工期的延误原因；③异常不利的气候条件；④由于传染病或其他政府行为导致人员或货物可获得的不可预见的短缺；⑤由雇主、雇主人员或现场中雇主的其他承包商直接造成的或认为属于其责任的任何延误、干扰或阻碍。

（5）进展速度。当承包商实际进度过于缓慢以致无法按竣工时间完工和（或）进度已经（或将要）落后于进度计划中规定的现行进度计划，除了由于竣工时间的延长的原因导致的落后，工程师可以指示承包商按照相应规定提交一份修改的进度计划以及证明文件，详细说明承包商为加快施工并在竣工时间内完工拟采取的修正方法。

（6）误期损害赔偿费。如果承包商不能按约定时间竣工，承包商应为此违约向雇主支付误期损害赔偿费。

（7）工程暂停。工程师可随时指示承包商暂停进行部分或全部工程。暂停期间，承包商应保护、保管该部分或全部工程免遭任何损失或损害。工程师还应通知停工原因。

（8）暂停时对永久设备和材料的支付。①有关永久设备的工作或永久设备以及材料的运送被暂停超过 28 天；②承包商根据工程师的指示已将这些永久设备和材料标记为雇主的财产。当发生以上情形时，承包商有权获得未被运至现场的永久设备以及材料的支付，付款应为该永久设备以及材料在停工开始日期时的价值。

（9）持续的暂停。如果暂停已持续 84 日以上，承包商可要求工程师同意继续施工。若在接到请求后 28 日内工程师未给予许可，则承包商可以通知工程师将把暂停影响到的工程视为变更和调整中所述的删减。如果此类暂停影响到整个工程，承包商可根据相应规定发出通知，提出终止合同。

（10）复工。在接到继续工作的许可或指示后，承包商应和工程师一起检查受到暂停影响的工程以及永久设备和材料。承包商应修复在暂停期间发生在工程、永久设备或材料中的任何损失、缺陷或损失。

（九）竣工检验

（1）承包商的义务。承包商应提前 21 日将某一确定日期通知工程师，说明在该日期后他将准备好进行竣工检验。除非另有商定，应在该日期后 14 日内于工程师指示的某日或数日内进行检验。

（2）延误的检验。如果雇主无故延误竣工检验，则根据合同处理。如果承包商无故延误竣工检验，工程师可通知承包商要求他在收到该通知后 21 日内进行检验。若承包商未能在 21 日的期限内进行竣工检验，雇主的人员可着手进行检验，其风险和费用均由承包商承担。竣工检验应被视为是在承包商在场的情况下进行的且检验结果应被认为是准确的。

（3）重新检验。如果工程或某区段未能通过竣工检验，则工程师或承包商可要求按相同条款或条件，重复进行未通过的检验以及对任何相关工作的竣工检验。

（4）未能通过竣工检验。当整个工程或某区段未能通过根据相应规定所进行的重复竣工检验时，工程师应有权再进行一次重复的竣工检验。

（十）雇主的接收

（1）对工程和区段的接收。当工程根据合同已竣工，且已颁发或认为已颁发工程接收证书时，雇主应接收工程。

承包商可在他认为工程将完工并准备移交前 14 日内，向工程师发出申请接收证书的通知。工程师在收到承包商的申请后 28 日内，应该向承包商颁发接收证书，说明根据合同工程或区段完工的日期，但某些不会影响实质工程或区段按其预定目的使用的扫尾工作以及缺陷除外（直到或当该工程已完成且已修补缺陷时）；或驳回申请，提出理由并说明为使接收证书得以颁发承包商尚需完成的工作。

若在 28 日期限内工程师既未颁发接收证书也未驳回承包商的申请，而当工程或区段基本符合合同要求时，应视为在规定期限内的最后一天已经颁发了接收证书。

（2）对部分工程的接收。在雇主的决定下，工程师可以为部分永久工程颁发接收证书。

（3）对竣工检验的干扰。如果由于雇主负责的原因妨碍承包商进行竣工检验已达 14 日以上，则应认为雇主已在本应完成竣工检验之日接收了工程或区段。工程师随后应相应地颁发一份接收证书，并且承包商应在缺陷通知期期满前尽快进行竣工检验。工程师应提前 14 天发出通知，要求进行竣工检验。

（十一）缺陷责任

（1）修补缺陷的费用。如果所有完成扫尾工作和修补缺陷的工作是由以下原因引起的：①承包商负责的设计；②永久设备、材料或工艺不符合合同要求；③承包商履行其义务，则应由承包商自担风险和费用。

（2）缺陷通知期的延长。如果工程、区段或主要永久设备由于缺陷或损害而不能按照预定的目的进行使用，则雇主有权依据相应规定要求延长工程或区段的缺陷通知期。但缺陷通知期的延长不得超过 2 年。

（3）未能补救缺陷。如果承包商未能在某一合理时间内修补任何缺陷或损害，雇主（或雇主授权的他人）可确定一日期，规定在该日或该日之前修补缺陷或损害，并且应向承包商发出一个合理的通知。

（4）清除有缺陷的部分工程。若缺陷或损害不能在现场迅速修复时，在雇主的同意下，承包商可将任何有缺陷或损害的永久设备移出现场进行修理。雇主可要求承包商以该部分的重置费用增加履约保证的款额或提供其他适当的保证。

（5）进一步的检验。如果任何缺陷或损害的修补工作可能影响到工程运行时，工程师可要求重新进行合同中列明的任何检验。该要求应在修补缺陷或损害后 28 日内通知承包商。

（6）承包商的检查。工程师可以要求承包商在其指导下调查产生任何缺陷的原因。除非缺陷已由承包商支付费用进行了修补，否则调查费用及其合理的利润应由工程师做出商定或决定，并加入合同价格。

（7）履约证书。只有在工程师向承包商颁发了履约证书后，才说明承包商已依据合同完成了其义务。工程师应在最后一个缺陷通知期期满后 28 日内颁发履约证书，只在拥有履约证书时才视为工程被接受。

（8）未履行的义务。在履约证书颁发之后，每一方仍应负责完成届时尚未履行的任何义务。对于未履行义务的性质和范围，仍然以合同为准。

（9）现场的清理。在接到履约证书以后，承包商应从现场运走其所有设备、剩余材料、残物、垃圾或清理临时工程。若在颁发履约证书后 28 日内上述物品还未被运走，则雇主可对此留下的任何物品予以出售或另做处理。雇主应有权获得出售此类物品的所得或整理现场时所支付的有关费用。

（十二）测量和估价

（1）需测量的工程。当工程师要求对工程的任何部分进行测量时，承包商的代表应立即参加或派一名合格的代表协助工程师进行测量并且提供工程师所要求的全部详细资料。

如果承包商在审查之后不同意上述记录，不签字表示同意，承包商应通知工程师并说明认为不准确的各个方面。在接到通知后，工程师应复查记录，或予以确认或予以修改。如果承包商在被要求对记录进行审查后 14 日内未向工程师发出通知，则认为它们是准确的并被接受。

（2）估价。工程师应通过对每一项工作的估价，来商定或决定合同价格。对每一项工作，该项合适的费率或价格应该是合同中对此项工作规定的费率或价格，如果合同中没有与该项有关的规定，则采用其类似工作所规定的费率或价格。

（十三）变更和调整

（1）有权变更。在颁发工程接收证书前的任何时间，工程师可通过发布指示或要求承包商递交建议书的方式，提出变更。承包商应执行每项变更并受每项变更的约束，除非承包商马上通知工程师（附具体的证明资料）并说明承包商无法得到变更所需的货物。在接到此通知后，工程师应取消、确认或修改指示。在工程师发出指示或同意变更前，承包商不应对永久工程作任何更改或修改。

（2）变更程序。在工程师发布任何变更指示之前要求承包商提交一份建议书，则承包商应尽快提交：①将要实施的工作的说明书以及该工作实施的进度计划；②承包商依据相应规定对进度计划和竣工时间做出任何必要修改的建议书；③承包商对变更估价的建议书。

工程师在接到上述建议后，应尽快予以答复，说明批准与否或提出意见。

（3）以适用的货币支付。如果合同规定合同价格以一种以上的货币支付，则在按已商定、批准或决定调整的同时，应规定货币支付的金额，在规定每种货币的金额时，应参照变更工作费用的实际或预期的货币比例以及为支付合同价格所规定的各种货币比例。

（4）计日工。对于数量少或偶然进行的零散工作，工程师可以指示规定在计日工的基础上实施任何变更，应按合同中包括的计日工报表中的规定进行估价。

（5）法规变化引起的调整。如果在基准日期以后，能够影响承包商履行其合同义务的工程所在国的法律或官方政府的解释的变更导致费用的增减，则合同价格应做出相应调整。

（6）费用变化引起的调整。支付给承包商的款额应根据劳务、货物以及其他投入工程的费用的涨落进行调整，根据所列公式确定款额的增减。如果规定不包括对费用的任何涨落进行充分补偿，接受的合同款额应被视为已包括了其他费用涨落的不可预见费的款额。

对于其他应支付给承包商的款额，其价值依据合适的报表以及已证实的支付证书决定，所作的调整应按支付合同价格的每一种货币的公式加以确定。此调整不适用于基于费用或现行价格计算价值的工作。

（十四）合同价格和支付

1．合同价格

（1）合同价格应根据相应规定来商定或决定，并应根据合同对其进行调整。

（2）承包商应根据合同支付所有税费、关税和费用，而合同价格不应进行调整。

（3）工程量清单或其他报表中可能列出的任何工程量仅为估算的工程量。在编写支付证书时，工程师可以将价格分解表考虑在内，但不应受其制约。

2．预付款

当承包商提交了银行预付款保函时，雇主应向承包商支付一笔预付款，作为对承包商动员工作的无息贷款。预付款总额、分期预付的次数与时间（1次以上时），以及适用的货币与比例应符合投标函附录中的规定。

在工程师收到报表，并且雇主收到了由承包商提交的规定的履约保证和一份金额和货币与预付款相同的银行预付款保函后，工程师应为第一笔分期付款颁发一份期中支付证书。该保函应由雇主认可的机构和国家签发，并且其格式应使用专用条件中所附的格式或业主认可的其他格式。

在预付款完全偿还之前，承包商应保证该银行预付款保函一直有效，但该银行预付款保函的总额应随承包商在期中支付证书中所偿还的数额逐步冲销而降低。

3．期中支付证书的申请

承包商应按工程师批准的格式在每个月月末之后向工程师提交一份报表，一式6份，详细说明承包商认为自己有权得到的款额，同时提交各证明文件和当月进度情况的详细报告。

4. 支付表

若合同包括支付表，则其中规定了合同价格的分期付款数额。如果在合同中没有支付表，则每个季度承包商应就其到期应得的款额向雇主提交一份不具约束力的估价单。第一份估价单应在开工日期后 42 日之内提交，修正的估价单应按季度提交，直到工程的接收证书已经颁发。

5. 期中支付证书的颁发

在雇主收到并批准了履约保证之后，工程师才能为任何付款开具支付证书。此后，在收到承包商的报表和证明文件后 28 日内，工程师应向雇主签发期中支付证书，列出他认为应支付承包商的金额，并提交详细证明资料。

6. 支付

（1）雇主应在中标函颁发之日起 42 日内，或收到相关的文件之日起 21 日内，二者中取较晚者向承包商支付首次分期预付款额。

（2）在工程师收到报表及证明文件之日起 56 日内雇主支付期中支付证书中开具的款额。

（3）在雇主收到最终支付证书之日起 56 日内支付证书中开具的款额。

7. 延误的支付

如果承包商没有收到应获得的任何款额，承包商应有权就未付款额按月所计复利收取延误期的融资费。延误期应认为是从规定的支付日期开始计算的，而不考虑期中支付证书颁发的日期。

8. 保留金的支付

当工程师已经颁发了整个工程的接收证书时，工程师应开具证书将保留金的前一半支付给承包商。如果颁发的接收证书只是限于一个区段或工程的一部分，则应就相应百分比的保留金开具证书并给予支付。

在缺陷通知期期满时，工程师应立即开具证书将保留金尚未支付的部分支付给承包商。如果颁发的接收证书只限于一个区段，则在这个区段的缺陷通知期期满后，应立即就保留金的后一半的相应百分比开具证书并给予支付。

但如果在此时尚有任何工作仍需完成，工程师有权在工作完成之前扣发与完成工作所需费用相应的保留金余额的支付证书。

9. 竣工报表

在收到工程的接收证书后 84 日内，承包商应向工程师提交按其批准的格式编制的竣工报表，一式 6 份，并附要求的证明文件，详细说明。

（1）到工程的接收证书注明的日期为止，根据合同所完成的所有工作的价值。

（2）承包商认为应进一步支付给他的任何款项。

（3）承包商认为根据合同将应支付给他的任何其他估算款额。估算款额应在此竣工报表中单独列出。

10．申请最终支付证书

在颁发履约证书 56 日内，承包商应向工程师提交按其批准的格式编制的最终报表草案，一式 6 份，并附证明文件，详细说明以下内容。

（1）根据合同所完成的所有工作的价值。

（2）承包商认为根据合同或其他规定应进一步支付给他的任何款项。

11．结清单

在提交最终报表时，承包商应提交一份书面结清单，确认最终报表的总额为根据或参照合同应交付给他的所有款项的全部和最终的结算额。该结清单可注明，只有在全部未支付的余额得到支付且履约保证退还给承包商当日起，该结清单才能生效。

12．最终支付证书的颁发

在收到最终报表及书面结清单后 28 日内，工程师应向雇主发出一份最终支付证书，说明：

（1）最终应支付的款额；

（2）在对雇主以前支付过的款额与雇主有权得到的全部金额加以核算后，雇主还应支付给承包商，或承包商还应支付给雇主的余额。

（十五）雇主提出终止

1．通知改正

如果承包商未能根据合同履行任何义务，工程师可通知承包商，要求他在合理时间内改正过失。

2．雇主提出终止

（1）未能遵守履约保证或发出的通知改正。

（2）放弃工程或证明他不愿继续按照合同履行义务。

（3）无正当理由而未能按时开工、延误和暂停实施工程或在接到通知后 28 日内，拒收或颁发补救工作通知。

（4）未按要求经过许可便擅自将整个工程分包出去或转让合同。

（5）破产或无力偿还债务，或停业清理，或已由法院委派其破产案财产管理人或遗产管理人，或为其债权人的利益与债权人达成有关协议，或在财产管理人、财产委托人或财务管理人的监督下营业，或承包商所采取的任何行动或发生的任何事件（根据有关适用的法律）具有与前述行动或事件相似的效果。

（6）给予或提出给予（直接或间接）任何人以任何贿赂、礼品、小费、佣金或其他有价值的物品，作为引诱或报酬，使该人员采取或不采取与该合同有关的任何行动或者使该人员对与该合同有关的任何人员表示赞同或不赞同。但是，给予承包商的人员的合法奖励和报酬应不会导致合同终止。

如果发生上述事件或情况，则雇主可在向承包商发出通知 14 日后，终止合同，并将承包商逐出现场。

3．终止日期时的估价

在发出的终止通知生效后，工程师应尽快根据相应规定，商定或决定工程、货物和承包商的文件的价值，以及就其根据合同实施的工作承包商应得到的所有款项。

4．终止后的支付

在发出的终止通知生效后，雇主可以提出索赔，扣留向承包商支付的进一步款项，直至雇主确定了施工、竣工和修补任何工程缺陷的费用、误期损害赔偿费（如有时），以及雇主花费的所有其他费用。在收回损失和超支费用后，雇主应向承包商支付任何结存金额。

5．雇主终止合同的权力

在任何雇主认为适宜时，雇主有权在收到该终止通知的日期或雇主退还履约保证的日期两者较晚者后 28 日向承包商发出终止通知，终止合同。

（十六）承包商提出暂停和终止

1．承包商有权暂停工作

如果工程师未能开具支付证书，或者雇主未能按照规定安排资金或执行支付，则承包商可在提前 21 天以上通知雇主，暂停工作（或降低工作速度）。

2．承包商提出终止

如果发生下述情况，承包商有权终止合同

（1）在根据承包商有权暂停工作的规定发出通知（有关于雇主未能按照雇主的资金安排的规定执行）后 42 日内，承包商没有收到合理的证明。

（2）在收到报表和证明文件后 56 日内，工程师未能颁发相应的支付证书。

（3）在规定的支付时间期满后 42 日内，承包商没有收到按开具的期中支付证书应向其支付的应付款额。

（4）雇主基本上没有执行合同规定的义务。

（5）雇主未能按照合同协议书或转让的规定执行。

（6）持续的暂时停工影响到整个工程。

（7）雇主破产或无力偿还债务，或停业清理，或已由法院委派其破产案财产管理人或遗产管理人，或为其债权人的利益与债权人达成有关协议，或在财产管理人、财产委托人或财务管理人的监督下营业，或承包商所采取的任何行动或发生的任何事件具有与前述行动或事件相似的效果。如果发生上述事件或情况，则承包商可在向雇主发出通知 14 日后，终止合同。

3．终止时的支付

承包商提出终止通知生效后，雇主应尽快将履约保证退还给承包商，并向承包商进行支付，以及向承包商支付因终止合同承包商遭受的任何利润的损失或其他损失或损害的款额。

（十七）风险和责任

（1）承包商对工程的照管。从工程开工日期起直到颁发接收证书的日期为止，承包商应对工程的照管负全部责任。此后，照管工程的责任移交给雇主。

（2）雇主的风险。该风险包括：①战争、敌对行动、入侵、外敌行动；②工程所在国内的叛乱、恐怖活动、革命、暴动、军事政变或篡夺政权或内战；③暴乱、骚乱或混乱，完全局限于承包商的人员以及承包商和分包商的其他雇用人员中间的事件除外；④工程所在国的军火、爆炸性物质、离子辐射或放射性污染；⑤以音速或超音速飞行的飞机或其他飞行装置产生的压力波；⑥雇主使用或占用永久工程的任何部分，合同中另有规定的除外；⑦因工程任何部分设计不当而造成的，而设计是由雇主的人员提供的，或由雇主所负责的其他人员提供的；⑧一个有经验的承包商不可预见且无法合理防范的自然力的作用。

（3）雇主的风险造成的后果。如果雇主的风险导致了工程、货物或承包商的文件的损失或损害，则承包商应尽快通知工程师，并且应按工程师的要求弥补损失或修复损害。

（4）知识产权和工业产权。雇主应保障和保护承包商免遭任何对于侵权的索赔；承包商应保障和保护雇主免遭任何其他索赔。

（5）责任限度。任何一方均不负责赔偿另一方可能遭受的与合同有关的任何工程的使用损失、利润损失、任何其他合同损失，或任何间接或由之引起的损失或损害。承包商根据合同规定的雇主应负的全部责任，不应超过专用条件中注明的金额，或者不应超过接受的合同款额。

（十八）保险

（1）有关保险的总体要求。当承包商作为保险方时，他应按照雇主批准的承保人及条件办理保险。这些条件应与中标函颁发日期前达成的条件保持一致。当雇主作为保险方时，他应按照专用条件后所附详细说明的承保人及条件办理保险。如果某一保险单被要求对联合被投保人进行保障，则该保险应适用于每一单独的被投保人，其效力应和向每一联合被投保人颁发了一张保险单的效力一致。如果保险方未能按合同要求办理保险并使之保持有效，或未能按要求提供令另一方满意的证明和保险单的副本，则另一方可以为违约相关的险别办理保险并支付应交的保险费。保险方应向另一方支付保险费的款额，同时合同价格应做相应的调整。

（2）工程和承包商的设备的保险。保险方应为工程、永久设备、材料以及承包商的文件投保，该保险的最低限额应不少于全部复原成本，包括补偿拆除和移走废弃物以及专业服务费和利润。保险方应为承包商的设备投保，该保险的最低限额应不少于全部重量价值（包括运至现场）。对于每项承包商的设备，该保险应保证其运往现场的过程中以及设备停留在现场或附近期间，均处于被保险之中，直至不再将其作为承包商的设备使用为止。

（3）人员伤亡和财产损害的保险。保险方应为履行合同引起的，并在履约证书颁发之前发生的任何物资财产的损失或损害，或任何人员的伤亡引起的每一方的责任办理保险。该保险每一次事故的最低限额应不少于投标函附录中规定的数额，对于事故的数目并无限制。

（4）承包商人员的保险。承包商应为由于承包商或任何其他承包商的人员雇用的任何人员的伤害、疾病、病疫或死亡所导致的一切索赔、损害、损失和开支的责任投保，并使之保持有效。雇主和工程师也应能够依此保险单得到保障，但保险不承保由雇主或雇主的人员的任何行为或疏忽造成的损失和索赔。该保险人员协助实施工程的整个期间都要保持完全有效。对于分包商的雇员，保险可由分包商来办理。

（十九）不可抗力

1．不可抗力的定义

不可抗力指如下所述的特殊事件或情况：①无法控制的；②在签订合同前无法合理防范的；③情况发生时，无法合理回避或克服的；④主要不是由于对方造成的。

不可抗力可包括（但不限于）下列特殊事件或情况：①战争、敌对行动、入侵、外敌行动；②叛乱、恐怖活动、革命、暴动、军事政变或篡夺政权，或内战；③暴乱、骚乱、混乱、罢工或停业；④军火、炸药、离子辐射或放射性污染；⑤自然灾害，如地层、飓风、台风或火山爆发。

2．不可抗力的通知

如果由于不可抗力因素，一方已经或将要无法依据合同履行他的任何义务，则该方应将构成不可抗力的事件或情况通知另一方，并具体说明已经无法或将要无法履行的义务及工作。该方应在注意到（或应该开始注意到）构成不可抗力的相应事件或情况发生后 14 日内发出通知。在发出通知后，该方应在不可抗力持续期间免除义务的履行。

3．减少延误的责任

只要合理，自始至终，每一方都应尽力履行合同规定的义务，以减少由于不可抗力导致的任何延误。当不可抗力的影响终止时，一方应通知另一方。

4．不可抗力引起的后果

如果由于不可抗力，承包商无法依据合同履行他的任何义务，而且已经发出了相应的通知，并且由于承包商无法履行义务而使其遭受工期的延误和（或）费用的增加，则承包商有权就任何延误获得延长的工期，以及获得任何费用的支付款额。

5．可选择的终止、支付和返回

如果由于不可抗力，导致整个工程的施工无法进行已经持续了 84 日，且已发出了相应的通知，或如果由于同样原因停工时间的总和已经超过了 140 日，则任一方可向另一方发出终止合同的通知。在这种情况下，合同将在通知发出后 7 日内终止，同时承包商应停止工作及撤离承包商的设备。一旦发生终止，工程师应决定已完成的工作的价值，并颁发支付证书。

6．依法解除履约

如果合同双方无法控制的任何事件或情况（包括但不限于不可抗力）的发生使任一

方（或合同双方）履行他（或他们）的合同义务已变为不可能或非法，或者根据适用的法律，合同双方均被解除进一步的履约，但不影响之前享有的权利。

（二十）索赔、争端和仲裁

1. 承包商的索赔

如果承包商根据合同条件的任何条款或参照合同的其他规定，认为他有权获得任何竣工时间的延长和（或）任何附加款项，他应通知工程师，说明引起索赔的事件或情况。该通知应尽快发出，并应不迟于承包商开始注意到，或应该开始注意到这种事件或情况之后 28 日。

如果承包商未能在 28 日内发出索赔通知，竣工时间将不被延长，承包商将无权得到附加款项，并且雇主将被解除有关索赔的一切责任。

承包商还应提交一切与事件或情况有关的任何其他通知，以及索赔的详细证明报告。

承包商应在现场或工程师可接受的另一地点保持用以证明任何索赔可能需要的同期记录。工程师在收到发出的通知后，在不必事先承认雇主责任的情况下，监督记录的进行，可指示承包商保持进一步的同期记录。承包商应允许工程师审查所有记录，如果工程师指示的话，并应向工程师提供复印件。

在承包商开始注意到，或应该开始注意到，引起索赔的事件或情况之日起 42 日内，或在承包商可能建议且由工程师批准的其他时间内，承包商应向工程师提交一份足够详细的索赔说明，包括一份完整的证明报告，详细说明索赔的依据以及索赔的工期和（或）索赔的金额。如果引起索赔的事件或情况具有连续影响：

（1）该全面详细的索赔应被认为是临时的；

（2）承包商应该按月提交进一步的临时索赔，说明累计索赔工期和（或）索赔款额，以及工程师可能合理要求的进一步的详细报告；

（3）在索赔事件所产生的影响结束后的 28 日内，承包商应提交一份最终索赔报告。

在收到索赔报告或该索赔的任何进一步的详细证明报告后 42 日内，工程师应表示批准或不批准，不批准时要给予详细的评价。他可能会要求任何必要的进一步的详细报告，但他应在这段时间内就索赔的原则作出反应。

每一份支付证明应将根据相关合同条款应支付并已被合理证实的索赔金额纳入其中。如果承包商提供的详细报告不足以证明全部的索赔，则承包商仅有权得到已被证实的那部分索赔。

2. 争端裁决委员会（Dispute Adjudication Board，DAB）的委任

争端应由争端裁决委员会进行裁决。合同双方应在投标函附录规定的日期内，共同任命争端裁决委员会。该争端裁决委员会应由具有恰当资格的成员组成，成员的数目可为一名或三名，具体情况按投标函附录中的规定。如果争端裁决委员会由三名成员组成，则合同每一方应提名一位成员，由对方批准。合同双方应与这两名成员协商，并应商定第三位成员（作为主席）。合同双方与唯一的成员（"裁决人"）或三个成员中的每一个人的协议书（包括各方之间达成的修正）应编入附在通用条件后的争端裁决协议书的通

用条件中。

关于唯一成员或三个成员中的每一个人的报酬的支付条件，应由合同双方在协商任命条件时共同商定。每一方应负责支付此类酬金的一半。

在经合同双方都表示同意的任何时候，他们可以共同将事宜提交给争端裁决委员会，使其给出意见。没有另一方的同意，任一方不得就任何事宜向争端裁决委员会征求建议。

在合同双方同意的任何时候，他们可以任命一个合格人选（或多个合格人选）替代争端裁决委员会的任何一个或多个成员。除非合同双方另有协议，只要某一成员拒绝履行其职责或由于死亡、伤残、辞职或其委任终止而不能尽其职责，该任命即告生效。

3. 获得争端裁决委员合的决定

如果在合同双方之间产生起因于合同或实施过程或与之相关的任何争端，包括对工程师的任何证书的签发、决定、指示、意见或估价的任何争端，任一方可以将争端事宜以书面形式提交争端裁决委员会，供其裁定，并将副本送交至另　方和工程师。

合同双方应立即向争端裁决委员会提供为对争端进行裁决的目的而可能要求的所有附加资料、进一步的现场通道和适当的设施。争端裁决委员不应被视为仲裁人。

在争端裁决委员会收到上述争端事宜的提交后 84 日内，或在争端裁决委员会建议并由双方批准的其他时间内，争端裁决委员会应做出决定，该决定应是合理的。该决定对双方都有约束力，合同双方应立即执行争端裁决委员会做出的每项决定。

如果合同双方中任一方对争端裁决委员会的裁决不满意，则他可在收到该决定的通知后第 38 日内或此前将其不满通知对方。如果争端裁决委员会未能在其收到不满通知后 84 日内做出决定，那么合同双方中的任一方均可在期满后 28 日之内将其不满通知对方。任何一方若未发出表示不满的通知，均无权就该争端要求开始仲裁。

如果争端裁决委员会已将其对争端做出的决定通知了合同双方，而双方中的任一方在收到争端裁决委员会的决定的第 28 日或此前未将其不满事宜通知对方，则该决定应被视为最终决定并对合同双方均具有约束力。

4. 友好解决

已发出表示不满的通知后，合同双方在仲裁开始前应尽力以友好的方式解决争端。仲裁将在表示不满的通知发出后第 56 日或此后开始。

5. 仲裁

如果争端裁决委员会有关争端的决定未能成为最终决定并具有约束力，那么此类争端应由国际仲裁机构最终裁决。

仲裁人应有全权公开、审查和修改工程师的任何证书的签发、决定、指示、意见或估价，以及任何争端裁决委员会有关争端事宜的决定。无论如何，工程师都不会失去被作为证人以及向仲裁人提供任何与争端有关的证据的资格。

合同双方的任一方在仲裁人的仲裁过程中均不受以前为取得争端裁决委员会的决

定而提供的证据或论据或其不满意通知中提出的不满理由的限制。在仲裁过程中，可将争端裁决委员会的决定作为一项证据。

工程竣工之前或之后均可开始仲裁。但在工程进行过程中，合同双方、工程师以及争端裁决委员会的各自义务不得因任何仲裁正在进行而改变。

6. 争端裁决委员会的委任期满

如果合同双方之间产生了起因于或相关于合同或工程的实施过程的某一争端，而此时不存在一个争端裁决委员会（无论是因为争端裁决委员会的任命已到期还是因为其他原因），该争端直接通过仲裁最终解决。

11.2 英国 JCT 合同条件

英国合同审定联合会（Joint Contracts Tribunal，JCT）是一个关于审议合同的组织，在 ICE 合同基础上制定了建筑工程合同的标准格式。JCT 的建筑工程合同条件（JCT 98）用于业主和承包商之间的施工总承包合同，主要适用于传统的施工总承包，属于总价合同。另外还有适用于 DB 模式、MC 模式的合同条件。

JCT98 是 JCT 的标准合同，在 JCT 98 的基础上发展形成了 JCT 合同系列。JCT 98 主要用于传统采购模式，也可以用于 CM 采购模式，共有 6 种不同的版本。JCT 98 的适用条件如下：

（1）传统的房屋建筑工程，发包前的准备工作完善；

（2）项目复杂程度由低到高都可以适用，尤其适用项目比较复杂. 有较复杂的设备安装或专业工作；

（3）设计与项目管理之间的配合紧密程度高，业主主导项目管理的全过程，对业主项目管理人员的经验要求高；

（4）大型项目，合同总金额高，工期较长，至少 1 年以上；

（5）从设计到施工的执行速度较慢；

（6）对变更的控制能力强，成本确定性较高；

（7）索赔条件较清晰；

（8）违约和质量缺陷的风险主要由承包商承担，但工期延误风险由业主和承包商共同承担。

11.3 美国 AIA 系列合同条件

（一）概述

美国建筑师学会（The American Institute of Architects，AIA）作为建筑师的专业社团已经有近 140 年的历史，成员总数达 56 000 名，遍布美国及全世界。AIA 出版的系列合同文件在美国建筑业界及国际工程承包界，特别在美洲地区具有较高的权威性，应用广泛。

经过多年的发展，AIA 合同文件已经系列化，形成了包括 80 多个独立文件在内的复杂体系，这些文件适用于不同的工程建设管理模式、合同类型以及项目的不同方面，根据文件的不同性质，AIA 合同文件分为 A、B、C、D、F、G、INT 系列。其中：

A 系列，是关于业主与承包人之间的合同文件；

B 系列，是关于业主与建筑师之间的合同文件；

C 系列，是关于建筑师与提供专业服务的咨询机构之间的合同文件；

D 系列，是建筑师行业所用的有关文件；

F 系列，财务管理报表；

G 系列，是合同和办公管理中使用的文件和表格；

INT 系列，用于国际工程项目的合同文件（为 B 系列的一部分）。

每个系列又有不同的标准合同文件，如 A 系列有：

A101-业主与承包商协议书格式——总价；

A105-业主与承包商协议书标准格式——用于小型项目；

A205-施工合同一般条件——用于小型项目（与 A105 配合）；

A107-业主与承包商协议书简要格式——总价——用于限定范围项目；

A111-业主与承包商协议书格式——成本补偿；

A121-业主与 CM 经理协议书格式；

A131-业主与 CM 经理协议书格式——成本补偿；

A171-业主与承包商协议书格式——总价——用于装饰工程；

A191-业主与设计——建造承包商协议；

A201-施工合同通用条件；

A271-施工合同通用条件——用于装饰工程；

A401-承包商与分包商协议书标准格式；

A491-设计——建造承包商与承包商协议书。

AIA 合同条件主要用于私营的房屋建筑工程，在美洲地区具有较高的权威性，应用广泛。

（二）施工合同通用条件

AIA 系列合同中的文件 A201，即施工合同通用条件，类似于 FIDIC 的施工合同条件，是 AIA 系列合同中的核心文件。

1. 关于建筑师

AIA 合同中的建筑师类似于 FIDIC 红皮书中的工程师，是业主与承包商之间的联系纽带，是施工期间业主的代表，在合同规定的范围内有权代表业主行事。建筑师的主要权力如下所述。

（1）检查权：检查工程进度和质量，有权拒绝不符合合同文件的工程。

（2）支付确认权：审查、评价承包商的付款申请，检查证实支付数额并签发支付证书。

（3）文件审批权：对施工图、文件资料和样品的审查批准权。

（4）编制变更指令权：负责编制变更指令，施工变更指示和次要变更令，确认竣工日期。

尽管 AIA 合同规定建筑师在做出解释和决定时对业主和承包商要公平对待，但建筑师的"业主代表"身份和"代表业主行事"的实际职能更强调建筑师维护业主的一面，相应淡化了维护承包商权益的一面，这与 FIDIC 红皮书强调工程师"独立性"和"第三方"的特点有所不同。

2. 由于不支付而导致的停工

AIA 合同在承包商申请付款问题上有倾向于承包商的特点。例如，规定在承包商没有过错的情况下，如果建筑师在接到承包商付款申请后 7 日内不签发支付证书，或在收到建筑师签发支付证书的情况下，业主在合同规定的支付日到期 7 日内没有向承包商付款，则承包商可以在下一个 7 日内书面通知业主和建筑师将停止工作，直到收到应得的款额才开始工作，并要求补偿因停工造成的工期和费用损失。与 FIDIC 相比，AIA 合同从承包商催款到停工的时间间隔更短，操作性更强。三个 7 日的时间限定和停工后果的严重性会促使三方避免长时间扯皮，特别是业主面临停工压力，要迅速解决付款问题，体现了美国工程界的工作效率，这也是美国建筑市场未造成工程款严重拖欠的原因之一。

3. 关于保险

AIA 合同将保险分为三部分，即承包商责任保险、业主责任保险、财产保险。与 FIDIC 红皮书相比，AIA 合同中业主明显地要承担更多的办理保险、支付保费方面的义务。AIA 合同规定，业主应按照合同总价以及由他人提供材料或安装设备的费用投保并持有财产保险，该保险中包括业主以及承包商、分包商的权益，并规定业主如果不准备按照合同条款购买财产保险，业主应在开工前通知承包商，这样承包商可以自己投保，以保护承包商、分包商的利益，承包商将以工程变更令的形式向业主收取该保险费用。比较而言，承包商责任保险的种类较少，主要是人身伤亡方面的保险。

4. 业主义务

在 AIA 合同文本中对业主的支付能力做出了明确的规定，AIA2.2.1 规定，按照承包商的书面要求，工程正式开工之前，业主必须向承包商提供一份合理的证明文件，说明业主方面已根据合同开始履行义务，做好了用于该项目的资金调配工作。提供这份证明文件是工程开工或继续施工的先决条件。证明文件提供后，在未通知承包商前，业主的资金安排不得再轻易变动。该规定可以对业主资金准备工作起到一定的推动和监督作用，同时也说明 AIA 合同在业主和承包商的权利义务分配方面处理得比较公正合理。

思 考 题

1. 最新版的 FIDIC 系列合同条件包括哪些合同条件？各自的适用条件有哪些？

2. FIDIC 施工合同条件中，对承包商提交的履约保证是如何规定的？

3. FIDIC 施工合同条件中，承包商可依据相应要求延长竣工时间的情形有哪些？

4. FIDIC 施工合同条件中，关于争端裁决委员会（Dispute Adjudication Board，DAB）的委任如何规定？

5. 英国 JCT 的建筑工程合同条件（JCT98）的适用条件有哪些？

6. 美国 AIA 合同文件包括哪几个系列？

7. 美国 AIA 的《施工合同通用条件》与 FIDIC 的《施工合同条件》相比有哪些不同？

第12章　建设工程合同的签约和履行

12.1　建设工程合同的签约

12.1.1　合同谈判前的合同审查

根据我国《招标投标法》及《房屋建筑和市政基础设施工程施工招投标管理办法》规定，发包人和承包人必须在中标通知书发出之日起 30 日内签订合同。为了切实维护自己的合法利益，在合同谈判之前，无论是发包人还是承包人都必须认真仔细地研究招标文件及双方在招标投标过程中达成的协议，审查每一个合同条款，即开展合同审查分析。建设工程合同审查是一项技术性很强的综合性工作，它要求合同管理中必须熟悉与合同相关的法律法规，精通合同条款，对工程环境有全面的了解，有合同管理的实际工作经验，并有足够的细心和耐心。合同审查分析的内容如下所述。

（一）合同的合法性审查分析

合同必须在合同的法律基础的范围内签订和实施，否则会导致合同全部或部分无效。这是一个最严重的、影响最大的问题。合同的合法性分析通常包括如下内容。

（1）当事人的资格审查。他们应具有相应的民事权利和民事行为能力。如我国对承包人的资格审查就要求他们不仅需要相应的权利能力（营业执照、许可证），而且要有相应的行为能力（资质等级证书），这样合同主体资格才有效。

（2）工程项目已具备招标投标、签订和实施合同的一切条件，包括：

① 具有各种工程建设项目的批准文件；

② 各种工程建设的许可证，建设规划文件，城建部门的批准文件；

③ 招标投标过程符合法定的程序。

（3）工程合同的内容符合合同法和其他各种法律的要求。例如，税赋和免税的规定、外汇额度条款、劳务进出口、劳动保护、环境保护等条款要符合相应的法律规定，或具有相应的标准文件。

（4）合同订立过程的审查。工程项目在招投标过程中应按照法定的程序进行。

在不同的国家，对不同的工程项目，合同合法性的具体内容可能不同。这方面的审查分析，通常由律师完成。这是对合同有效性的控制。

（二）合同的完备性审查分析

一个工程合同是要完成一个确定范围的工程，则该合同所应包含的合同事件（或工程活动），工程本身各种说明，工程过程中所涉及的、可能出现的各种问题的处理双方责任和权益等，应有一定的范围。所以合同的内容应有一定范围。广义地说，合同的完备性包括相关的合同文件的完备性和合同条款的完备性。

1）合同文件的完备性是指属于该合同的各种文件（特别是环境、水文地质等方面的说明文件和技术设计文件，如图纸，规范等）齐全。在获取招标文件后应对照招标文件目录和图纸目录做这方面的检查。如果发现不足，则应要求业主（工程师）补充提供。

2）合同条款的完备性是指合同条款齐全，对各种问题都有规定，不漏项。这是合同完整性分析的重点。通常它与使用什么样的合同文本有关。

（1）如果采用标准的合同文本，如使用 FIDIC 条件，则一般认为该合同完整性问题不太大。因为标准文本条款齐全，内容完整，如果又是一般的工程项目，则可以不作合同的完整性分析。但对特殊的工程，双方就会需要有一些特殊的要求，有时需要增加内容，即使 FIDIC 合同也需作一些补充。这里主要分析特殊条款的适宜性。

（2）如果未使用标准文本，但存在该类合同的标准文件，则可以以标准文本为样板，将所签订的合同与标准文本的对应条款一一对照，就可以发现该合同缺少哪些必需条款。例如，签订一个国际土木工程施工合同，而合同文本是由业主自己起草的，则可以将它与 FIDIC 条件相比，以检查所签订的合同条款的完整性。

（3）对无标准文本的合同类型（如联营合同、劳务合同），合同起草者应尽可能多地收集实际工程中的同类合同文本，进行对比分析和互相补充，以确定该类合同范围和结构形式，再将被分析的合同按结构拆分开，可以方便地分析出该合同是否缺少，或缺少哪些必需条款。这样起草合同就可能比较完备。

合同条款的完备性是相对的。早期的合同都十分简单，条款很少。现在逐渐完备起来，同时也复杂起来。另外，对于常规的工程，双方比较信任，具有完备的规范和惯例，则合同条款可以简单一些，合同文件也可以少一些。

（三）合同双方责权利关系分析

合同应公平合理地分配双方的责任和权益，使它们达到总体平衡。在合同条件分析中首先按合同条款列出双方各自的责任和权益，在此基础上对它们的关系进行分析。

1. 合同双方的责任和权益互为前提

（1）业主有一项合同权益，则必然是承包商的一项合同责任；反之，承包商的一项权益，又必是业主的一项合同责任。

（2）对于合同任何一方，他有一项权益，他必然又有与此相关的一项责任；他有一项责任，则必然又有与此相关的一项权益。

（3）合同所定义的事件或工程活动之间有一定的联系（即逻辑关系），构成合同事件网络，则双方的责任之间又必然存在一定的逻辑关系。

通过这几方面的分析，可以确定合同双方责权利是否平衡，合同有无逻辑问题，即执行上的矛盾。

2．在承包合同中要注意合同双方责任和权力的制约关系

（1）如果合同规定业主有一项权力，则要分析该项权力的行使对承包商的影响；该项权力是否需要制约，业主有无滥用这个权力的可能；业主使用该权力应承担什么责任。这样可以提出对这项权力的反制约。如果没有这个制约，则业主的权力不平衡。

（2）如果合同规定承包商有一项责任，则他常常又应有相应的权力。这个权力可能是他完成这个责任所必需的，或由这个责任引申的。

（3）如果合同规定承包商有一项责任，则应分析，完成这项合同责任有什么样的前提条件。如果这些前提条件应由业主提供或完成，则应作为业主的一项责任，在合同中作明确规定，进行反制约。如果缺少这些反制约，则合同双方责权利关系不平衡。

（4）在承包工程中，合同双方的有些责任是连环的、互为条件的。

则应具体定义这些活动的责任和时间限定。这在索赔和反索赔中是十分重要的，在确定干扰事件的责任时常常需要分析这种责任连环。

3．业主和承包商的责任和权益应尽可能地具体、详细，并注意其范围的限定

例如，某合同中地质资料说明，地下为普通地质，砂土。合同条件规定："如果出现岩石地质，则应根据商定的价格调整合同价。"在实际工程中地下出现建筑垃圾和淤泥，造成施工的困难，承包商提出费用索赔要求，但被业主否决，因为只有"岩石地质"才能索赔，索赔范围太小，承包商的权益受到限制。对于出现"普通砂土地质"和"岩石地质"之间的其他地质情况，也会造成承包商费用的增加和工期的延长，而按本合同条件规定，属于承包商的风险。如果将合同中"岩石地质"换成"与标书规定的普通地质不符合的情况"，则索赔范围就扩大了。

4．应有保护双方权益的条款

一个完备的合同应对双方的权益都能形成保护，对双方的行为都有制约。这样才能保证项目的顺利进行。

（四）合同条款之间的联系分析

通常合同分析首先针对具体的合同条款（或合同结构中的子项）。根据它的表达方式，分析它的执行将会带来什么问题和后果。

在此基础上还应注意合同条款之间的内在联系。同样一种表达方式，在不同的合同环境中，有不同的上下文，则可能有不同的风险。

由于合同条款所定义的合同事件和合同问题具有一定的逻辑关系（如实施顺序关系，空间上和技术上的互相依赖关系，责任和权力的平衡和制约关系，完整性要求等），使得合同条款之间有一定的内在联系，共同构成一个有机的整体，即一份完整的合同。

（五）承包商合同风险分析

1. 承包工程中常见的风险

主要有以下四类。

（1）工程的技术、经济、法律等方面的风险。

① 现代工程规模大，功能要求高，需要新技术，特殊的工艺，特殊的施工设备，工期紧迫。

② 现场条件复杂，干扰因素多；施工技术难度大，特殊的自然环境，如场地狭小，地质条件复杂，气候条件恶劣；水电供应、建材供应不能保证等。

③ 承包商的技术力量、施工力量、装备水平、工程管理水平不足，在投标报价和工程实施过程中会有这样或那样的失误，例如：技术设计、施工方案、施工计划和组织措施存在缺陷和漏洞，计划不周，报价失误。

④ 承包商资金供应不足，周转困难。

⑤ 在国际工程中还常常出现对当地法律、语言不熟悉，对技术文件、工程说明和规范理解不正确或出错的现象。

在国际工程中，以工程所在国的法律作为合同的法律基础，这本身就隐藏着很大的风险。而许多承包商对此常常不够重视，最终导致经济损失。另外我国许多建筑企业初涉国际承包市场，不了解情况，不熟悉国际工程惯例和国际承包业务。这里也包含很大的风险。

（2）业主资信风险

业主是工程的所有者，是承包商的最重要的合作者。业主资信情况对承包商的工程施工和工程经济效益有决定性影响。属于业主资信风险的有以下几个方面。

① 业主的经济情况变化，如经济状况恶化，濒于倒闭，无力继续实施工程，无力支付工程款，工程被迫中止。

② 业主的信誉差，不诚实，有意拖欠工程款。

③ 业主为了达到不支付，或少支付工程款的目的，在工程中苛刻刁难承包商，滥用权力，施行罚款或扣款。

④ 业主经常改变主意，如改变设计方案、实施方案，打乱工程施工秩序，但又不愿意给承包商以补偿等。

这些情况无论在国际和国内工程中，都是经常发生的。在国内的许多地方，长期拖欠工程款已成为妨碍施工企业正常生产经营的主要原因之一。在国际工程中，也常有工程结束数年，而工程款仍未完全收回的实例。

（3）外界环境的风险

① 在国际工程中，工程所在国政治环境的变化，如发生战争、禁运、罢工、社会动乱等造成工程中断或终止。

② 经济环境的变化，如通货膨胀、汇率调整、工资和物价上涨。物价和货币风险在承包工程中经常出现，而且影响非常大。

③ 合同所依据的法律的变化，如新的法律颁布，国家调整税率或增加新税种，新的外汇管理政策等。

④ 自然环境的变化，如百年未遇的洪水、地震、台风等，以及工程水文、地质条件的不确定性。

2. 承包合同风险的特性

合同风险是指合同中的不确定性。它有两个特性。

（1）合同风险事件，可能发生，也可能不发生；但一经发生就会给承包商带来损失。风险的对立面是机会，它会带来收益。

但在一个具体的环境中，双方签订一个确定内容的合同，实施一个确定规模和技术要求的工程，则工程风险有一定的范围，它的发生和影响有一定的规律性。

（2）合同风险是相对的，通过合同条文定义风险及其承担者。在工程中，如果风险成为现实，则由承担者主要负责风险控制，并承担相应损失责任。所以对风险的定义属于双方责任划分问题，不同的表达，有不同的风险，因而有不同的风险承担者。如在某合同中规定：

"……乙方无权以任何理由要求增加合同价格，如……国家调整海关税……。"

"……乙方所用进口材料，机械设备的海关税和相关的其他费用都由乙方负责交纳……"

国家对海关的调整完全是承包商的风险，如果国家提高海关税率，则承包商要蒙受损失。

而如果在该合同条款中规定，进口材料和机械设备的海关税由业主交纳，乙方报价中不包括海关税，则这对承包商已不再是风险，海关税风险已被转嫁给业主。

而如果按国家规定，该工程进口材料和机械设备免收海关税，则也不存在海关税风险。

作为一份完备的合同，不仅应对风险有全面地预测和定义，而且应全面地落实风险责任，在合同双方之间公平合理地分配风险。

12.1.2　合同谈判和签订

（一）合同谈判程序

1. 一般讨论

谈判开始阶段通常都是先广泛交换意见，各方提出自己的设想方案，探讨各种可能性，经过商讨逐步将双方意见综合并统一起来，形成共同的问题和目标，为下一步详细谈判做好准备。不要一开始就使会谈进入实质性问题的争论或逐条讨论合同条款。要先弄清楚基本概念和双方的基本观点，在双方相互了解了基本观点之后，再逐条逐项仔细地讨论。

2. 技术谈判

在一般讨论之后，就要进入技术谈判阶段。主要对原合同中技术方面的条款进行讨论，包括工程范围、技术规范、标准、施工条件、施工方案、施工进度、质量检查、竣工验收等。

3. 商务谈判

主要对原合同中商务方面的条款进行讨论，包括工程合同价款、支付条件、支付方式、预付款、履约保证、保留金、货币风险的防范、合同价格的调整等。需要注意的是，技术条款与商务条款往往是密不可分的，因此，在进行技术谈判和商务谈判时，不能将两者分割开来。

4. 合同拟定

谈判进行到一定阶段后，在双方都已表明了观点，对原则问题双方意见基本一致的情况下，相互之间就可以交换书面意见或合同稿了。然后以书面意见或合同稿为基础，逐条逐项审查讨论合同条款。先审查一致性问题，后审查讨论不一致的问题。对双方不能确定，达不成一致意见的问题，再请示上级审定，下次谈判继续讨论，直至双方对新形成的合同条款一致同意并形成合同草案为止。

（二）合同谈判和签订应注意的问题

1. 符合承包商的基本目标

承包商的基本目标是取得工程利润，所以"合于利而动，不合于利而止"（孙子兵法·火攻篇）。这个"利"可能是该工程的盈利，也可能是承包商的长远利益。合同谈判和签订应服从企业的整体经营战略。"不合于利"，即使丧失工程承包资格，失去合同，也不能接受责权利不平衡，明显导致亏损的合同。这应作为基本方针。

承包商在签订承包合同中常常会犯如下这样的错误。

（1）由于长期承接不到工程而急于求战，急于使工程成交，而盲目签订合同。

（2）初到一个地方，急于打开局面，承接工程，而草率签订合同。

（3）由于竞争激烈，怕丧失承包资格而接受条件苛刻的合同。

上述这些情况很少有不失败的。所以，作为承包商应牢固地确立：宁可不承接工程，也不能签订不利的，明显导致亏损的合同。"利益原则"不仅是合同谈判和签订的基本原则，而且是整个合同管理和工程项目管理的基本原则。

2. 积极地争取自己的正当权益

《合同法》和其他经济法规赋予合同双方以平等的法律地位和权力。按公平原则，合同当事人双方应享有对等的权利和应尽的义务，任何一方得到的利益应与支付给对方的代价之间平衡。但在实际经济活动中，这个地位和权力还要靠承包商自己争取。而且在合同中，这个"平等"常常难以具体地衡量。如果合同一方自己放弃这个权力，盲目地、草率地签订合同，致使自己处于不利地位，受到损失，常常法律难以对他提供帮助和保护。所以在合同签订过程中放弃自己的正当权益，草率地签订合同是一种"自杀"行为。

承包商在合同谈判中应积极地争取自己的正当权益，争取主动。如有可能，应争取合同文本的拟稿权。对业主提出的合同文本，应进行全面的分析研究。在合同谈判中，双方应对每个条款作具体地商讨，争取修改对自己不利的苛刻的条款，增加承包商权益的保护条款。对重大问题不能客气和让步，应针锋相对。承包商切不可在观念上把自己放在被动地位上，有处处"依附于人"的感觉。

当然，谈判策略和技巧是极为重要的。通常，在决标前，即承包商尚要与几个对手竞争时，必须慎重，处于守势，尽量少提出对合同文本做大的修改。在中标后，即业主已选定承包商作为中标人，应积极争取修改风险型条款和过于苛刻的条款，对原则问题不能退让和客气。

3. 重视合同的法律性质

分析国际和国内承包工程的许多案例可以看出，许多承包合同失误是由于承包商不了解或忽视合同的法律性质，没有合同意识造成的。

合同一经签订，即成为合同双方的最高法律，它不是道德规范。合同中的每一条都与双方利害相关。签订合同是个法律行为，所以在合同谈判和签订中，既不能用道德观念和标准要求和指望对方，也不能用它们来束缚自己。这里要注意如下几点。

（1）一切问题，必须"先小人，后君子"，"丑话说在前"。对各种可能发生的情况和各个细节问题都要考虑到，并作明确的规定，不能有侥幸心理。

尽管从取得招标文件到投标截止时间很短，承包商也应将招标文件内容，包括投标人须知、合同条件、图纸、规范等弄清楚，并详细地了解合同签订前的环境，切不可期望到合同签订后再做这些工作。这方面的失误承包商自己负责，对此也不能有侥幸心理，不能为将来合同实施留下麻烦和"后遗症"。

（2）一切都应明确地、具体地、详细地规定。对方已"原则上同意"，"双方有这个意向"常常是不算数的。在合同文件中一般只有确定性、肯定性语言才有法律约束力，而商讨性、意向性用语很难具有约束力。通常意向书不属于确认文件，它并不产生合同，实际用途较小。

在国际工程中，有些国家工程、政府项目，合同授予前须经政府批准或认可。对此，通常业主先给已选定的承包商一份意向书。这一意向书不产生合同。如果在合同正式授予前，承包商为工程作前期准备工作（如调遣队伍，订购材料和设备，甚至作现场准备等），而由于各种原因合同最终没有签订，承包商很难获得业主的费用补偿。因为意向书对业主一般没有约束力，除非在意向书中业主指令承包商在中标函发出前进行某些准备工作（一般为了节省工期），而且明确表示对这些工作付款，否则，承包商的风险很大。

对此比较好的处理办法是，如果在中标函发出前业主要求承包商着手某些工作，则双方应签订一项单独施工准备合同。如果本工程承包合同不能签订，则业主对承包商作费用补偿。如果工程承包合同签订，则该施工准备合同无效（已包括在主合同中）。

（3）在合同的签订和实施过程中，不要轻易相信任何口头承诺和保证，少说多写。双方商讨的结果，做出的决定，或对方的承诺，只有写入合同，或双方文字签署才算确定；相信"一字千金"，不相信"一诺千金"。

（4）对在标前会议上和合同签订前的澄清会议上的说明、允诺、解释和一些除合同外的要求，都应以书面的形式确认，如签署附加协议、会谈纪要、备忘录等，或直接修改合同文件，写入合同中。这些书面文件也作为合同的一部分，具有法律效力，常常可以作为索赔的理由。

但是在合同签订前，双方需要对合同条件、中标函、投标书中的部分内容作修改，或取消这些内容，则必须直接修改上述文件，通常不能以附加协议、信件、会谈纪要等修改或确认。因为合同签订前的这些确认文件、协议等法律优先地位较低。当它们与合同协议书、合同条件、中标函、投标书等内容不一致或相矛盾时，后者优先。同样，在工作量表规范中也不能有违反合同条件的规定。

4. 重视合同的审查和风险分析

不计后果地签订合同是危险的，也很少有不失败的。在合同签订前，承包商应认真地、全面地进行合同审查和风险分析，弄清楚自己的权益和责任，完不成合同责任的法律后果。对每一条款的利弊得失都应清楚了解。承包商应委派有丰富合同工作经验和经历的专家承担这项工作。

合同风险分析和对策一定要在报价和合同谈判前进行，以作为投标报价和合同谈判的依据。在合同谈判中，双方应对各合同条款和分析出来的风险进行认真商讨。

在谈判结束，合同签约前，还必须对合同作再一次的全面分析和审查。其重点如下所述。

（1）前面合同审查所发现的问题是否都有了落实，得到解决，或都已处理过；不利的、苛刻的、风险型条款，是否都已作了修改。

（2）经过修改或补充的合同条文还可能带来新的问题和风险，与原来合同条款之间可能有矛盾或不一致，仍可能存在漏洞和不确定性。在合同谈判中，投标书及合同条件的任何修改，签署任何新的附加协议、补充协议，都必须经过合同审查并备案。

（3）对仍然存在的问题和风险，是否都已分析出来，承包商是否都十分明了或已认可，已有精神准备或有相应的对策。

（4）合同双方是否对合同条款的理解有完全的一致性。业主是否认可承包商对合同的分析和解释。对合同中仍存在着的不清楚、未理解的条款，应请业主作书面说明和解释。

最终将合同检查的结果以简洁的形式（如表和图）和精练的语言表达出来，交承包商，由他对合同的签约作最后决策。

在合同谈判中，合同主谈人是关键。他的合同管理和合同谈判知识、能力和经验对合同的签订至关重要。但他的谈判必须依赖于合同管理人员和其他职能人员的支持；对复杂的合同，只有充分地审查，分析风险，合同谈判才能有的放矢，才能在合同谈判中争取主动。

5. 尽可能使用标准的合同文本

现在，无论在国际工程中或在国内工程中都有通用的，标准的合同文本。由于标准的合同文本内容完整，条款齐全；双方责权利关系明确，而且比较平衡；风险较小，而且易于分析；承包商能得到一个合理的合同条件。这样可以减少招标文件的编制和审核时间，减少漏洞，双方理解一致，极大地方便合同的签订和合同的实施控制，对双方都有利。作为承包商，如果有条件（如有这样的标准合同文本）则应建议采用标准合同文本。

6．加强沟通和了解

在招标投标阶段，双方本着真诚合作的精神多沟通，达到互相了解和理解。实践证明，双方理解越正确、越全面、越深刻，合同执行中对抗越少，合作越顺利，项目越容易成功。作为承包商应抓住如下几个环节。

（1）正确理解招标文件，吃透业主的意图和要求。

（2）有问题可以利用标前会议，或通过通信手段向业主提出。一定要多问，不可自以为是地解释合同。

（3）在澄清会议上将自己的投标意图和依据向业主说明，同时又可以进一步了解业主的要求。

（4）在合同谈判中进一步沟通，详细地交换意见。

12.2 建设工程合同的履行

12.2.1 建设工程合同履行的概述

（一）工程合同履约的概念

合同的签订，只是履行合同的前提和基础。合同的最终实现，还需要当事人双方严格按照合同约定，认真全面地履行各自的合同义务。工程合同一经签订，即对合同当事人双方产生法律约束力，任何一方都无权擅自修改或解除合同。如果任何一方违反合同规定，不履行合同义务，或履行合同不符合合同约定而给对方造成损失时，都应当承担赔偿责任。由于建设工程施工合同具有合同金额大、履约周期长的特点，合同能否顺利履行将直接对当事人的经济效益乃至社会效益产生很大的影响。因此，在合同订立后，当事人必须认真分析合同条款，明确自己的责任和义务，做好合同交底和合同控制工作，以保证合同能够顺利履行。

建设工程施工合同的履行是指工程建设项目的发包方和承包方根据合同规定的时间、地点、方式、内容及标准等要求，各自完成合同义务的行为。根据当事人履行合同义务的程度，合同履行可分为全部履行、部分履行和不履行。建设工程施工合同的履行，其内容之丰富，履行期限之长，是其他合同所无法比拟的，因此对建设工程施工合同的履行，尤其应强调贯彻合同的履行原则。

（二）工程合同履行的原则

工程合同履行过程中，需要履行以下五项原则。

1．实际履行原则

当事人订立合同的目的是满足一定的经济利益，满足特定的生活经营活动的需要。

当事人一定要按合同约定履行义务，不能用违约金或赔偿金来代替合同的标的。

2. 全面履行原则

当事人应当严格按合同约定的数量、质量、标准、价格、方式、地点、期限等完成合同义务。全面履行原则对合同的履行具有重要意义，它是判断合同各方是否违约以及违约应当承担何种违约责任的根据和尺度。

3. 协作履行原则

协作履行原则即合同当事人各方在履行合同过程中，应当互谅、互助，尽可能地为对方履行合同义务提供相应的便利条件。

贯彻协作履行原则对工程合同的履行具有重要意义，因为工程承包合同的履行过程是一个经历时间长、涉及面广、质量、技术要求高的复杂过程，一方履行合同义务的行为往往就是另一方履行合同义务的必要条件，只有贯彻协作履行原则，才能达到双方预期的合同目的。因此，承包商双方必须严格按照合同约定履行自己的每一项义务；本着共同的目的，相互之间应进行必要的监督检查，及时发现问题，平等协商解决，保证工程顺利实施；当一方违约给工程实施带来不良影响时，另一方应及时指出，违约方应及时采取补救措施；发生争执时，双方应顾全大局，尽可能不采取极端化行为等。

4. 诚实信用原则

诚实信用原则是《合同法》的基本原则，它是指当事人在签订和执行合同时，应讲究诚实，恪守信用，实事求是，以善意的方式行使权力并履行义务，不得回避法律和合同，以使双方所期待的正当利益得以实现。

对施工合同来说，业主在合同实施阶段应按照合同规定向承包方提供施工场地，及时支付工程款，聘请工程师进行公正的现场协调和监理；承包方应当认真制订计划，组织好施工，努力按质、按量在规定时间内完成施工任务，并履行合同所规定的其他义务。在遇到合同文件没有作出具体规定或规定矛盾或含糊时，双方应当善意地对待合同，在合同规定的总体目标下公正行事。

5. 情势变更原则

情势变更是指在合同订立后，如果发生了订立合同时当事人不能预见并不能克服的情况，改变了订立合同时的基础，使合同的履行失去意义或者履行合同将使当事人之间的利益发生重大失衡，应当允许受不利情况影响的当事人变更合同或者解除合同。情势变更原则实际上是按诚实信用原则履行合同的延伸，其目的在于消除合同因情势变更所产生的不公平后果。

12.2.2　建设工程合同的履行控制

（一）合同控制概述

1. 合同控制的概念

要完成目标就必须对其实施有效的控制，控制是项目管理的重要职能之一。所谓控制，就是在行为主体为保证在变化的条件下实现其目标，按照事先拟订的计划和标准，通过各种办法，对被控制对象实施中发生的各种实际情况与计划情况进行检查、对比、分析和纠正，以保证工程按预订的计划进行，顺利实现预定目标。

合同控制是指承包商的合同管理组织为保证合同所约定的各项义务的全面完成及各项权利的实现，以合同分析的成果为基准，对整个合同实施过程进行全面监督、检查、对比和纠正的管理工作。

2. 合同实施控制的程序

（1）合同实施监督

合同实施监督是工程管理的日常事务性工作，首先应表现在对工程活动的监督上，即保证按照预先确定的各种计划、设计、施工方案实施过程。工程实施状况反映在原始的工程资料上，如质量检测报告、分项工程进度报告、记工单、用料单、成本核算凭证等。

（2）合同跟踪

合同跟踪即将收集到的工程资料和实际数据进行整理，便可得到能够反映工程实施状况的各种信息，如各种质量报告、各种实际进度报表、各种成本和费用收支报表以及它们的分析报告。将这些信息与工程目标进行对比分析，就可以发现两者的差异。差异的大小，即为工程实施偏离目标的程度。如果没有差异，或差异较小，则可以按原计划继续实施工程。

（3）合同诊断

即分析差异的原因，采取调整措施。差异表示工程实施偏离目标的程度，必须详细分析差异产生的原因以及带来的影响，并对症下药，采取措施进行调整。在工程实施过程中要不断进行调整，使工程能够一直围绕合同目标实施。

（4）合同调整与纠偏

详细分析差异产生的原因以及带来的影响，并对症下药，采取措施进行调整。

3. 合同控制的主要内容

合同实施控制包括成本控制、质量控制、进度控制、合同控制几方面的内容。各种控制的目的、目标、依据参见表 12-1。成本、质量、工期是由合同定义的三大目标，承

表 12-1　合同控制的主要内容

序号	控制内容	控制目的	控制目标	控制依据
1	成本控制	保证按计划成本完成工程，防止成本超支和费用增加	计划成本	各分部分项工程、总工程的计划成本、人力、材料、资金计划，计划成本曲线
2	质量控制	保证按合同规定的质量完成工程，使工程顺利通过验收，交付使用，达到预定的功能要求	合同规定的质量标准	工程说明、规范、图纸、工作量表
3	进度控制	按预定进度计划进行施工，按期交付工程，防止承担工期拖延责任	合同规定的工期	合同规定的总工期计划、业主批准的详细施工进度计划
4	合同控制	按合同全面完成承包商的责任，防止违约	合同规定的各项责任	合同范围内的各种文件，合同分析资料

包商最根本的合同责任是达到这三大目标，所以合同控制是其他控制的保证。通过合同控制可以使质量控制、进度控制、成本控制协调一致，形成一个有序的项目管理过程。

（二）合同实施控制

1. 合同实施监督

合同责任是通过具体合同实施工作完成的。有效的合同监督可以分析合同是否按照计划或修正的计划实施进行，是正确分析合同实施状况的有利保证。合同监督的主要工作如下所述。

（1）落实合同实施计划

落实合同实施计划，为各工程队（小组）、分包商的工作提供必要的保证，如施工现场的平面布置，人、材、机等计划的落实，各工序间搭接关系的安排和其他一些必要的准备工作。

（2）对合同执行各方进行合同监督

① 现场监督各工程小组、分包商的工作。合同管理人员与项目的其他职能的人员对各工程小组和分包商进行工作指导，作经常性的合同解释，使各工程小组都有全局观念，对工程中发现的问题提出意见、建议或警告。

② 对业主、监理工程师进行合同监督。在工程施工过程中，业主、监理工程师常常变更合同内容，包括本应由其提供的条件未及时提供，本应及时参与的检查验收工作不及时参与。对这些问题，合同管理人员应及时发现，及时解决或提出补偿要求。此外，当承包方与业主或监理工程师就合同中一些未明确划分责任的工程活动发生争执时，合同管理人员要协助项目部，及时进行判定和调解工作。

③ 对其他合同方的合同监督。在工程施工过程中，不仅要与业主打交道，还要在材料、设备的供应、运输、供用水、电、气、租赁、保管、筹集资金等方面，与众多企业或单位发生合同关系，这些关系在很大程度上影响施工合同的履行。因此，合同管理部门和人员对这类合同的监督也不能忽视。

（3）对文件资料及原始记录的审查和控制

文件资料和原始记录不仅包括各种产品合格证，检验、检测、验收、化验报告，施工实施情况的各种记录，而且包括与业主（监理工程师）的各种书面文件进行合同方面的审查和控制。

（4）会同监理工程师对工程及所用材料和设备质量进行检查监督

按合同要求，对工程所用材料和设备进行开箱检查或验收，检查是否符合质量、符合图纸和技术规范等的要求。进行隐蔽工程和已完工程的检查验收，负责验收文件的起草和验收的组织工作。

（5）对工程款申报表进行检查监督

会同造价工程师对向业主提出的工程款申报表和分包商提交来的工程款申报表进行审查和确认。

（6）处理工程变更事宜

合同管理工作一经进入施工现场后，合同的任何变更，都应由合同管理人员负责提出。对向分包商的任何指令，向业主的任何文字答复、请示，都须经合同管理人员审查，并记录在案。承包商与业主、与总（分）包商的任何争议的协商和解决都必须有合同管理人员的参与，并对解决结果进行合同和法律方面的审查、分析和评价。这样不仅保证工程施工一直处于严格的合同控制中，而且使承包商的各项工作更有预见性，能及早地预计行为的法律后果。

2. 合同的跟踪

工程实施过程中，由于实际情况的千变万化，导致合同实施与预定目标（计划和设计）的偏差。如果不采取措施，这种偏差常常由小到大，逐渐积累。合同跟踪可以不断地找出偏离，不断地调整合同实施，使之与总目标一致。合同跟踪是合同控制的主要手段。通过合同实施情况分析，在整个工程过程中，使项目管理人员清楚地了解合同实施现状、趋向和结果，出现问题时，找出偏离，以便及时采取措施，调整合同实施过程，达到合同总目标。

（1）合同跟踪的依据

合同跟踪时，判断实际情况与计划情况是否存在差异的依据主要有：合同和合同分析的结果，如各种计划、方案、合同变更文件等，它们是比较的基础，是合同实施的目标和方向；各种实际的工程文件，如原始记录、各种工程报表、报告、验收结果、量方结果等；工程管理人员每天对现场情况的直观了解，如通过施工现场的巡视、与各种人谈话、召集小组会议、检查工程质量和量方，通过报表、报告等。

（2）合同跟踪的对象

① 对具体的合同事件进行跟踪。对照合同事件表的具体内容，分析该事件的实际完成情况。一般包括：完成工作的数量、质量、时间，费用等情况，检查每个合同活动或合同事件的执行情况。当实际与计划存在较大偏差时，找出偏差的原因和责任所在。

② 对工程小组或分包商的工程和工作进行跟踪。在实际工程中常常因为某一工程小组或分包商的工作质量不高或进度拖延而影响整个工程施工。合同管理人员应协调他们之间的工作，对工程缺陷提出意见、建议或警告。

③ 对业主和工程师的工作进行跟踪。业主和工程师是承包商的主要合同伙伴，对他们的工作进行监督和跟踪是十分重要的。承包商应积极主动地做好工作，及时收集各种工程资料，有问题及时与工程师沟通。如提前催要图纸、材料，对工作事先通知。这样不仅让业主和工程师及早准备，而且还能建立良好的合作关系，保证工程顺利实施。

④ 对工程项目进行跟踪。在工程施工中，对这个工程项目的跟踪也非常重要。对工程整体施工环境进行跟踪；对已完工程没通过验收或验收不合格、出现大的工程质量问题、工程试生产不成功或达不到预定的生产能力等进行跟踪；对计划和实际的进度、成本进行描绘。

3．合同的诊断

在合同跟踪的基础上对合同进行诊断。合同诊断是对合同执行情况的评价、判断和趋向进行分析、预测。它包括如下内容。

（1）合同执行差异的原因分析

通过对不同监督和跟踪对象的计划和实际的对比分析，不仅可以得到合同执行的差异，而且可以探索引起这个差异的原因。原因分析可以采用鱼刺图、因果关系分析图（表）、成本量差、价差、效率差分析等方法定性或定量地进行。

例如，通过计划成本和实际成本累计曲线的对比分析，不仅可以得到总成本的偏差值，而且可以进一步分析差异产生的原因。引起上述计划和实际成本累计曲线偏离的原因可能有：整个工程加速或延缓；工程施工次序被打乱；工程费用支出增加，如材料费、人工费上升；增加新的附加工程，使主要工程的工程量增加；工作效率低下，资源消耗增加等。

上述每一类偏差原因还可进一步细分，如引起工作效率低下可以分为：内部干扰，如施工组织不周，夜间加班或人员调整频繁；机械效率低，操作人员不熟悉新技术，违反操作规程，缺少培训；经济责任不落实，工人劳动积极性不高等。外部干扰，如图纸出错，设计修改频繁；气候条件差；场地狭窄，现场混乱，施工条件如水、电、道路等受到影响等。在上述基础上还应分析出各原因对偏差影响的权重。

（2）合同差异责任分析

即分析合同执行差异产生的原因，造成合同执行差异的责任人或有关的人员，这常常是索赔的理由。只要以合同为依据，分析详细，有根有据，则责任划分自然清楚。

（3）合同实施趋向预测

考虑不采取调控措施和采取调控措施，以及采取不同的调控措施情况下合同的最终执行结果。

① 最终的工程状况，包括总工期的延误、总成本的超支、质量标准、所能达到的生产能力（或功能要求）等。

② 承包商将承担什么样的后果，如被罚款、被清算，甚至被起诉，对承包商资信、企业形象、经营战略的影响等。

③ 最终工程经济效益（利润）水平。

4．合同实施情况偏差处理

根据合同实施情况偏差分析的结果，承包商应采取相应的调整措施。调整措施可分为以下几种。

（1）组织措施，如增加人员投入，重新进行计划或调整计划，派遣得力的管理人员。

（2）技术措施，例如，变更技术方案，采用新的更高效率的施工方案。

（3）经济措施，如增加投入；对工作人员进行经济激励等。

（4）合同措施，例如，进行合同变更，签订新的附加协议、备忘录，通过索赔解决费用超支问题等。合同措施是承包商的首选措施，该措施主要有承包商的管理合同机构来实施。承包商采取合同措施时通常应考虑如何保护和充分行使自己的合同权利，以及充分限制对方的合同权利，找出业主的责任。

5. 合同实施后评价

在合同执行后进行合同后评价。将合同签订和执行过程中的利弊得失、经验教训总结出来，作为以后工程合同管理的借鉴。包括合同签订情况评价、合同执行情况评价、合同管理工作评价、合同条款分析。

12.2.3 建设工程合同的变更管理

（一）概述

1. 工程变更的概念及性质

工程变更一般是指在工程施工的过程中，根据合同约定对施工的程序、工程的数量、质量要求及标准等作出的变更。

工程变更是一种特殊的合同变更。合同变更是指合同成立后、履行完毕以前由双方当事人依法对原合同的内容所进行的修改。但工程变更与一般的合同变更存在一定的差异。一般合同变更的协商，发生在履约过程中合同内容变更之时，而工程变更则较为特殊：双方在合同中已经授予工程师进行工程变更的权利，但此时对变更工程的价款最多只能作出原则性的约定；在施工过程中，工程师直接行使合同赋予的权利发出工程变更指令，根据合同约定承包商应该先行实施该指令；此后，双方可对变更工程的价款进行协商。这种标的变更在前，价款变更协商在后的特点容易导致合同处于不确定的状态。

2. 合同变更的原因

合同内容频繁的变更是工程合同的特点之一。对一个较为复杂的工程合同，实施中的变更事件可能有几百项，合同变更产生的原因通常有如下几方面。

（1）工程范围发生变化

① 业主新的指令，对建筑新的要求，要求增加或删减某些项目、改变质量标准，项目用途发生变化；

② 政府部门对工程项目有新的要求如国家计划变化、环境保护要求、城市规划变动等。

（2）设计变更

由于设计考虑不周，不能满足业主的需要或工程施工的需要，或设计错误等，必须对设计图纸进行修改。

（3）施工条件变化

在施工中遇到的实际现场条件同招标文件中的描述有本质的差异，或发生不可抗力等。即预订的工程条件不准确。

（4）合同实施过程中出现的问题

主要包括业主未及时交付设计图纸等及未按规定交付现场、水、电、道路等；由于产生新的技术和知识，有必要改变原实施方案以及业主或监理工程师的指令改变了原合同规定的施工顺序，打乱施工部署等。

3. 工程变更对合同实施的影响

由于发生上述这些情况，造成原"合同状态"的变化，必须对原合同规定的内容作相应的调整。

合同变更实质上是对合同的修改，是双方新的要约和承诺。这种修改通常不能免除或改变承包商的工程责任，但对合同实施影响很大，主要表现在如下几方面。

（1）定义工程目标和工程实施情况的各种文件，如设计图纸、成本计划和支付计划、工期计划、施工方案、技术说明和适用的规范等，都应作相应的修改和变更。

当然相关的其他计划也应作相应调整，如材料采购订货计划，劳动力安排，机械使用计划等。所以它不仅引起与承包合同平行的其他合同的变化，而且会引起所属的各个分合同，如供应合同、租赁合同、分包合同的变更。有些重大的变更会打乱整个施工部署。

（2）引起合同双方，承包商的工程小组之间，总承包商和分包商之间合同责任的变化。如工程量增加，则增加了承包商的工程责任，增加了费用开支和延长了工期，对此，按合同规定应有相应的补偿。这也极容易引起合同争执。

（3）有些工程变更还会引起已完工程的返工，现场工程施工的停滞，施工秩序打乱，已购材料的损失等，对此也应有相应的补偿。

（二）工程变更方式和程序

1. 工程变更方式

工程的任何变更都必须获得监理工程师的批准，监理工程师有权要求承包商进行其认为是适当的任何变更工作，承包商必须执行工程师为此发出的书面变更指示。如果监理工程师由于某种原因必须以口头形式发出变更指示时，承包商应遵守该指示，并在合同规定的期限内要求监理工程师书面确认其口头指示，否则，承包商可能得不到变更工作的支付。

2. 工程变更程序

工程变更应有一个正规的程序，应有一整套申请、审查、批准手续。

1）提出工程变更要求

监理工程师、业主和承包商均可提出工程变更请求。

（1）监理工程师提出工程变更

在施工过程中，由于设计中的不足或错误抑或施工时环境发生变化，监理工程师以节约工程成本、加快工程进度和保证工程质量为原则，提出工程变更。

（2）承包商提出工程变更

承包商在两种情况下提出工程变更：①工程施工中遇到不能预见的地质条件或地下障碍；②承包商考虑为便于施工，降低工程费用，缩短工期之目的，提出工程变更。

（3）业主提出工程变更

业主提出工程的变更则常常是为了满足使用上的要求。但如果业主方提出的工程变更内容超出了合同限定的范围，则属于新增工程，只能另签合同进行处理，除非承包商同意变更。

2）监理工程师的审查和批准

对工程的任何变更，无论是哪一方提出的，监理工程师都必须与项目业主进行充分的协商，最后由监理工程师发出书面变更指示。项目业主可以委任监理工程师一定的批准工程变更的权限（一般是规定工程变更的费用额），在此权限内，监理工程师可自主批准工程变更，超出此权限则由业主批准。

3）编制工程变更文件，发布工程变更指示

一项工程变更应包括以下文件。

（1）工程变更指令

主要说明工程变更的原因及详细的变更内容说明（应说明根据合同的哪一条款发出变更指示；变更工作是马上实施，还是在确定变更工作的费用后实施；承包商发出要求增加变更工作费用和延长工期的通知的时间限制；变更工作的内容等）。

（2）工程变更指令的附件

包括工程变更设计图纸、工程量表和其他与工程变更有关的文件等。

4）承包商项目部的合同管理负责人员向监理工程师发出合同款调整和/或工期延长的意向通知

（1）由承包商将变更工作所涉及的合同款变化量或变更费率或价格及工期变化量（如果有）的意图通知监理工程师。承包商在收到监理工程师签发的变更指示时，应在指示规定的时间内，向监理工程师发出该通知，否则承包商将被认为自动放弃调整合同价款和延长工期的权利。

（2）由监理工程师将其改变费率或价格的意图通知承包商。工程师改变费率或价格的意图，可在签发的变更指示中进行说明，也可单独向承包商发出此意向通知。

5）工程变更价款和工期延长量的确定

工程变更价款的确定原则如下。

（1）如监理工程师认为适当，应以合同中规定的费率和价格进行计算。

（2）如合同中未包括适用于该变更工作的费率和价格，则应在合理的范围内使用合同中的费率和价格作为估价的基础。

（3）如监理工程师认为合同中没有适用于该变更工作的费率和价格，则工程师在与业主和承包商进行适当的协商后，由监理工程师和承包商议定合适的费率和价格。

（4）如未能达成一致意见，则监理工程师应确定他认为适当的此类另外的费率和价格，并相应地通知承包商，同时将一份副本呈交给业主。

上述费率和价格在同意或决定之前，工程师应确定暂行费率和价格以便有可能作为暂付款，包含在当月发出的证书中。

工期补偿量依据变更工程量和由此造成的返工、停工、窝工、修改计划等引起的损失情况由双方洽谈协商来确定。

6）变更工作的费用支付及工期补偿

如果承包商已按工程师的指示实施变更工作，工程师应将已完成的变更工作或已部分完成的变更工作的费用，加入合同总价中，同时列入当月的支付证书中支付给承包商。

将同意延长的工期加入合同工期。

（三）工程变更的管理

（1）对业主（监理工程师）的口头变更指令，承包商也必须遵照执行，但应在规定的时间内书面向监理工程师索取书面确认。而如果监理工程师在规定的时间内未予书面否决，则承包商的书面要求信即可作为监理工程师对该工程变更的书面指令。监理工程师的书面变更指令是支付变更工程款的先决条件之一。

（2）工程变更不能超过合同规定的工程范围。如果超过这个范围，承包商有权不执行变更或坚持先商定价格后再进行变更。

（3）注意变更程序上的矛盾性。合同通常都规定，承包商必须无条件执行变更指令（即使是口头指令），所以应特别注意工程变更的实施、价格谈判和业主批准三者之间在时间上的矛盾性。在工程中常有这种情况，工程变更已成为事实，而价格谈判仍达不成协议，或业主对承包商的补偿要求不批准，价格的最终决定权却在监理工程师。这样承包商已处于被动地位。

例如，某合同的工程变更条款规定：

"由监理工程师下达书面变更指令给承包商，承包商请求监理工程师给以书面详细的变更证明。在接到变更证明后，承包商开始变更工作，同时进行价格调整谈判。在谈判中没有监理工程师的指令，承包商不得推迟或中断变更工作。"

"价格谈判在两个月内结束。在接到变更证明后 4 个月内，业主应向承包商递交有约束力的价格调整和工期延长的书面变更指令。超过这个期限承包商有权拖延或停止变更。"

一般工程变更在 4 个月内早已完成，"超过这个期限""停止"和"拖延"都是空话。在这种情况下，价格调整主动权完全在业主，承包商的地位很为不利。这常常会存在较大的风险。

对此可采取如下措施：

（1）控制（即拖延）施工进度，等待变更谈判结果。这样不仅损失较小，而且谈判回旋余地较大；

（2）争取以点工或按承包商的实际费用支出计算费用补偿，如采取成本加酬金方法。这样避免价格谈判中的争执；

（3）应有完整的变更实施的记录和照片，请业主、监理工程师签字，为索赔做准备。

（4）在合同实施中，合同内容的任何变更都必须由合同管理人员提出。与业主，与总（分）包之间的任何书面信件、报告、指令等都应经合同管理人员进行技术和法律方面的审查。这样才能保证任何变更都在控制中，不会出现合同问题。

（5）在商讨变更，签订变更协议过程中，承包商必须提出变更补偿（即索赔）问题。在变更执行前就应明确补偿范围，补偿方法，索赔值的计算方法，补偿款的支付时间等；双方应就这些问题达成一致。这是对索赔权的保留，以防日后引发争执。

在工程变更中，特别应注意因变更造成返工、停工、窝工、修改计划等引起的损失，注意这方面证据的收集。在变更谈判中应对此进行商谈。

思　考　题

1．合同谈判前的合同审查包括哪些内容？其中，合同的合法性审查的具体内容有哪些？

2．合同谈判包括哪几个步骤？

3．合同谈判和签订应注意的问题有哪些？

4．建设工程合同的履行原则有哪些？

5．什么叫合同控制？合同控制包括哪几个步骤？

6．简述合同控制的主要内容。

7．合同跟踪的对象有哪些？

8．合同诊断的内容包括哪些？

9．合同实施偏差的调整包括哪些？工程变更的概念及性质如何？

10．什么叫作工程变更？工程变更有哪些性质？

11．合同产生变更的原因主要有哪些？

12．简述工程变更的程序。

第13章　建设工程合同索赔管理

13.1　索赔概述

13.1.1　索赔概念、原因和特征

（一）索赔概念

索赔一词具有广泛的含义，其一般含义是指对某事某物权利的一种主张、要求和坚持等。建设工程索赔是指当事人在合同实施过程中，根据法律、合同规定及惯例，对并非由于自己的过错，而是应由合同对方承担责任或风险的事件造成损失后，向对方提出补偿的权利要求。在工程建设的各个阶段，都有可能发生索赔，但在施工阶段发生较多。

索赔具有广义和狭义两种解释：广义的索赔是指合同双方向对方提出的索赔，包括施工合同履行中承包商向业主的索赔和业主向承包商的索赔，分包合同履行中分包商向总承包商的索赔和总承包商向分包商的索赔，采购合同履行中业主向供货方的索赔和供货方向业主的索赔，等等。狭义的索赔一般是指承包商向业主的索赔。

（二）索赔原因

与其他行业相比，建筑业是一个索赔多发的行业。这是由建筑产品、建筑生产过程、建筑产品市场经营方式决定的。在现代建筑工程承包中，特别在国际承包工程中，索赔经常发生，而且索赔额很大。这主要是由以下几方面原因造成的。

1．合约初始状态的原因

对于大多数工程，合同均是由业主或业主的委托技术咨询人员，在工程招标之前就已起草完成，合同作为招标文件的组成部分，在发布招标公告时，向投标人发布。投标人会根据招标文件的具体内容以及合同规定的责、权、利关系，进行投标报价，回避风险，追求利润。由于是业主方起草合同，合同的责、权、利关系必然向业主方倾斜，由于工程建设市场是绝对的买方市场，投标人只得接受合同。但是，在合同的执行过程中必然会以各种原因求得索赔。

2．招标时对于报价额度可控性的要求

在招标时，假设投标的项目在没有任何干扰、理想的工程建设环境中进行的，工程建设没有除合同与招标文件中阐述内容以外的风险。投标人不要将各种不必要的风险因素考虑在投标报价范围内，这样业主可以求得相对的低价报价，对于业主是有利的。但实际工程进行过程中，意外事件发生时，这种影响所导致的费用与工期的增加，业主应给予补偿，但前提是承包商要对此提出自己的主张——索赔。

3．工程本身的原因

现代承包工程的特点是工程量大、投资多、结构复杂、技术和质量要求高、工期长。工程本身和工程的环境有许多不确定性，它们在工程实施中会有很大变化。最常见的有：地质条件的变化、建筑市场和建材市场的变化、货币贬值、城建和环保部门对工程新建议和要求或干涉、自然条件的变化等。它们形成了对工程实施的内部干扰，直接影响工程设计和计划，进而影响工期和成本。

4．工程环境原因

承包合同在工程开始前签订，是基于对未来情况的预测。对如此复杂的工程和环境，合同不可能对所有的问题作出预见和规定，不可能对所有的工程作出准确的说明。工程承包合同条件越来越复杂，合同中难免有考虑不周的条款、缺陷和不足之处，如措辞不当、说明不清楚、有二义性，同时技术设计也可能有许多错误。这会导致在合同实施中双方责任、权利和义务的争执。而这一切往往都与工期、成本和价格相联系。

5．工程合作原因

工程参加单位多，各方面技术和经济关系错综复杂，互相联系又互相影响。各方面技术和经济责任的界面常常很难明确划分。在实际工作中，管理的失误是不可避免的。但一方失误不仅会造成自己的损失，而且会殃及其他合作者，甚至影响整个工程的实施。

6．合同理解原因

由于合同文件十分复杂，数量多，分析困难，再加上双方的立场、角度不同，会造成对合同权利和义务的范围、界限的划定理解不一致，从而造成合同争执。

7．风险分担不均的原因

工程建设市场在相当长的时间内一直是买方市场，虽然施工的风险相对于施工合同的双方均存在，但是业主和承包商承担的合同风险并不均等，承包商承担着更大的风险。因此，承包商必须通过施工索赔，弥补风险引起的损失。

（三）索赔的特征

（1）索赔是一种正当的权利要求，不是无理争利。大部分索赔可以通过协商、调解的方式解决，少部分情形得由仲裁或诉讼解决。

（2）索赔是双向的，合同的双方都可向对方提出索赔要求。但在工程实践中，发包人往往处于主动和有利的地位，对承包人的违约行为或可归责于承包人的其他原因造成的发包人的经济损失，发包人可以通过扣抵工程款，或通过履约保函来弥补自己的损失。所以在工程实践中发生较多的是承包人向发包人索赔。

（3）索赔要有合理的依据和充足的证据。如果依据不合理、证据不充分，索赔是不可能成功的，所以在平时的施工管理中要注意各种形式资料的保留和整理。

（4）索赔的目的是补偿索赔方在工期和经济上的损失。

（5）只有实际发生了经济损失或权利损害，一方才能向对方索赔，这是提出索赔的一个基本条件。经济损失是指造成了合同外的额外支出，如人工费、材料费、机械费等。权利损害是指虽然没有经济方面的损失，但造成了其他方面的损害，如工期的延误。

（6）索赔是一种未经对方确认的单方行为，对对方尚未形成约束力，不同于工程签证。工程签证是在施工过程中承发包双方就额外费用或工期延长等达成一致的书面证明材料和补充协议，它可以直接作为工程款结算或最终增减工程造价的依据。但是如果索赔成功，就可以形成工程签证。

（四）索赔作用

随着世界经济全球化和一体化进程的加快以及中国加入 WTO 的要求，中国引进外资和涉外工程要求按照国际惯例进行施索赔管理，中国建筑业走向国际建筑市场同样要求按国际惯例进行施索赔管理。施索赔的健康开展，对于培育和发展建筑市场，促进建筑业的发展，提高工程建设的效益，将发挥非常重要的作用。施索赔的作用主要有如下几个方面。

（1）索赔可以促进双方内部管理、保证合同正确、完全地履行索赔的权利是施工合同的法律效力的具体体现，索赔的权利可以对施工合同的违约行为起到制约作用。索赔有利于促进双方加强内部管理、维护市场正常秩序。

（2）索赔有助于对外承包的开展。施索赔的健康开展，能促进双方迅速掌握索赔和处理索赔的方法和技巧，有利于他们熟悉国际惯例，有助于对外开放，有助于对外承包的开展。

（3）促使工程造价更加合理。施索赔的健康开展，把原来打入工程报价的一些不可预见费用，改为按实际发生的损失支付，有助于降低工程报价，使工程造价更为合理。

（4）有助于政府转变职能。施索赔的健康开展，可使双方依据合同和实际情况实事求是地协商调整工程造价和工期，有助于政府转变职能，并使它从烦琐的调整概算和协调双方关系等微观管理工作中解脱出来。

13.1.2 索赔的分类

（一）按索赔的目的分

1. 工期索赔

由于非承包商责任的原因而导致施工进程延误，承包商向业主要求延长工期，合理顺延合同工期。由于合理的工期延长，可以使承包商免于承担误期罚款。

2．费用索赔

承包商要求取得合理的经济补偿，即要求业主补偿不应该由承包商承担的经济损失或额外费用，或者业主向承包商要求因为承包商违约导致业主的经济损失补偿。

（二）按干扰事件的性质分

1．工程延误索赔

因发包人未按合同要求提供施工条件，如未及时交付设计图纸、施工现场、道路等，或因发包人指令工程暂停或不可抗力事件等原因造成工期延误的，承包人对此提出索赔。这是工程中常见的一类索赔。

2．工程变更索赔

由于发包人或监理工程师指令增加或减少工程量或增加附加工程、修改设计、变更工程顺序等，造成工期延长和费用增加，承包人对此提出索赔。

3．合同被迫终止的索赔

由于发包人或承包人违约以及不可抗力时间等原因造成合同正常终止，无责任的受害方因其蒙受经济损失而向对方提出索赔。

4．工程加速索赔

由于发包人或工程师指令承包人加快施工速度，缩短工期，引起承包人人、财、物的额外开支而提出的索赔。

5．意外风险和不可预见因素索赔

在工程施工过程中，因人力不可抗拒的自然灾害、特殊风险以及一个有经验的承包人通常不能合理预见的不利施工条件或外界障碍，如地下水、地质断层、溶洞、地下障碍物等引起的索赔。

6．其他索赔

如因货币贬值、汇率变化、物价、工资上涨、政策法令变化等原因引起的索赔。

（三）按索赔的起因划分

1．延期索赔

延期索赔是由于业主的原因使承包商不能按原定计划进行施工所引起的索赔。例如，出现下列情况时，承包商向业主可提出延期索赔：①业主不按时提供材料；②图纸和规范有错误或遗漏；③建筑法规的改变；④业主不能按时提交图纸或各种批准等。

2．工程变更索赔

工程变更索赔指因合同中规定的工作范围变化而引起的索赔。发生工程变更索赔的主要情况有：①业主和设计者主观意志的改变引起的设计变更；②设计的错误和遗漏引起的设计变更等。

3．施工加速索赔

加速施工索赔是指由于业主要求工程提前竣工或提出其他赶工要求引起的索赔。施工加速往往使承包商的劳动生产率降低，因此施工加速索赔又称劳动生产率损失索赔。

4．不利现场条件索赔

不利现场条件索赔是指合同的图纸和技术规范中所描述的现场条件与实际情况有实质性的不同，或者合同中未作描述，是一个有经验的承包商无法预料的情况而产生的索赔。

不利现场条件主要出现在地下的水文地质条件和隐藏着的地面条件方面，是施工项目中的固有风险因素，业主往往要求纳入投标报价，索赔相当困难。

（四）按索赔的处理方式划分

1．单项索赔

单项索赔是针对某一干扰事件提出的。索赔的处理是在合同实施过程中，干扰事件发生时，或发生后立即进行的。它由合同管理人员处理，并在合同规定的索赔有效期内向业主提交索赔意向书和索赔报告。

2．总索赔

总索赔又称一揽子多索赔或综合索赔，是在国际工程中经常采用的索赔处理和解决方法。一般在工程竣工前，承包商将工程实施过程中未解决的单项索赔集中起来，提出总索赔报告。合同双方在工程交付前或交付后进行最终谈判，以一揽子方案解决索赔问题。

（五）按索赔的合同依据分类

索赔的依据是按合同中条款的规定，因此索赔按合同的依据分类如下。

（1）合同内索赔（合同中明示的索赔）。此种索赔是以合同条款为依据，在合同中有明文规定的索赔，如工程延误、工程变更、工程师给出错误数据导致放线的差错、业主不按合同规定支付进度款等。

（2）合同外索赔（合同中默示的索赔）。此种索赔一般是难于直接从合同的某项条款中找到依据，但可以从对合同条件的合理推断或同其他的有关条款联系起来论证该索赔是合同规定的索赔。例如，因天气的影响给承包商造成的损失一般应由承包商自己负责，如果承包商能证明损失是由特殊反常的气候条件（如百年一遇的洪水，50年一遇的暴雨）造成的，就可利用合同条款中规定的"一个有经验的承包商无法合理预见不利的条件"而得到了工期延长的回报。合同外的索赔需要承包商非常熟悉合同和相关法律，并有比较丰富的索赔经验。

13.1.3　索赔依据与证据

（一）工程索赔依据

索赔的一般依据如下。

（1）构成合同的原始文件（招标文件、施工合同文本及附件、工程图纸、技术规范等）。这是索赔的主要依据。由于不同的具体工程有不同的合同文件，索赔的依据也就不完全相同，合同当事人的索赔权利也不同。

（2）订立合同所依据的法律法规。工程索赔是合同当事人双方正确履行合同，维护自身权利的一种重要手段，也是依法进行工程项目管理的重要方法。《民法通则》与《合同法》等一系列法律法规构成了工程索赔的法律依据。

（3）相关证据。索赔证据是关系到索赔成败的重要文件之一。工程实践中，承包人即使抓住施工合同履行中的索赔机会，但如果拿不出索赔证据或证据不充分，其索赔要求往往难以成功或被大打折扣。如果承包人拿出的索赔证据漏洞百出，前后自相矛盾，经不起对方的推敲和质疑，不仅不能促进索赔的成功，反而会被对方作为反索赔的证据，使自己在索赔问题上处于极为不利的地位。因此，收集有效的索赔证据是搞好索赔管理不可忽视的。

（二）工程索赔证据

《建设工程施工合同》中规定："当一方向另一方提出索赔时，要有正当索赔理由，而且要有索赔事件发生时的有效证据。"任何索赔事件的确立，其前提条件是必须有正当的索赔理由，对正当索赔理由的说明必须具有证据。索赔主要是靠证据说话，没有证据或证据不足，索赔则难以成功。

1. 索赔证据应满足的要求

（1）真实性。索赔证据必须是在实施合同过程中确实存在和发生的，必须完全反映实际情况，能经得住推敲。

（2）全面性。所提供的证据应能说明事件的全过程。索赔报告中涉及的索赔理由、事件过程、影响、索赔值等都应有相应证据，不能零乱和支离破碎。

（3）关联性。索赔的证据应当能互相说明，相互具有关联性，不能互相矛盾。

（4）及时性。索赔证据的取得和提出应当及时。

（5）具有法律证据效力。一般要求证据必须是书面文件，有关记录、协议、纪要必须是双方签署的；工程重大事件、特殊情况的记录和统计必须由工程师签证认可。

2. 工程索赔证据的种类

（1）招标文件、工程合同文件及附件、业主认可的工程实施计划、施工组织设计、工程图纸、技术规范等。

（2）工程各项有关设计交底记录、变更图纸、变更施工指令等。

（3）工程各项经业主或工程师签认的签证。

（4）工程各项往来信件、指令、信函、通知、答复等。

（5）工程各项会议纪要。

（6）施工计划及现场实施情况记录。

（7）施工日报及工程工作日志、备忘录。

（8）工程送电、送水、道路开通、封闭的日期及数量记录。

（9）工程停电、停水和干扰事件影响的日期及恢复施工的日期。

（10）工程预付款、进度款拨付的数额及日期记录。

（11）图纸变更、交底记录的送达份数及日期记录。

（12）工程有关施工部位的照片及录像等。

（13）工程现场气候记录。如有关天气的温度、风力、雨雪等。

（14）工程验收报告及各项技术鉴定报告等。

（15）工程材料采购、订货、运输、进场、验收、使用等方面的凭据。

（16）工程会计核算资料。

（17）国家、省、市有关影响工程造价和工期的文件、规定等。

13.1.4　索赔工作程序

（一）索赔的工作程序

要做好索赔，不仅要善于发现和把握住索赔的机会，更重要的是要按照程序进行索赔，索赔的程序包括以下步骤。

1．提交索赔意向通知

当出现索赔事项后，承包人以书面的索赔通知书形式，在索赔事项发生后 28 天内，向工程师正式提出索赔意向通知。一般包括以下内容。

（1）指明合同依据。

（2）索赔事件发生的时间、地点。

（3）事件发生的原因、性质、责任。

（4）承包商在事件发生后所采取的控制事件进一步发展的措施。

（5）说明索赔事件的发生已经给承包商带来的后果，如工期、费用的增加。

（6）申明保留索赔的权利。

2．报送索赔资料和索赔报告

承包商在索赔通知书发出之后 28 日内，向工程师提出延长工期和（或）补偿经济损失的索赔报告及有关资料。当索赔事件持续进行时，承包商应当阶段性地向工程师发出索赔意向，在索赔事件终了后 28 日内，向工程师递交索赔的有关资料和最终索赔报告。

3．工程师审查索赔文件

（1）判定索赔是否成立

工程师判定承包人索赔成立的条件如下所述。

① 与合同相对照，事件已经造成了承包人施工成本的额外支出或总工期延误。

② 造成费用增加或工期延误的，按合同约定不属于承包人应承担的责任，包括行

为责任和风险责任。

③ 承包人按合同规定的程序提交了索赔意向通知和索赔报告。

上述 3 个条件没有先后主次之分，应当同时具备。只有工程师认定索赔成立，才能进一步处理。

（2）审核承包人的索赔申请

在接到正式索赔报告以后，工程师应认真研究承包人报送的索赔资料。

① 在不确认责任归属的情况下，客观分析事件发生的原因。

② 通过对事件的分析，依据合同条款划清责任界限，必要时还可以要求承包人进一步提供补充资料。尤其是承包人与发包人或工程师都负有一定责任的事件，更应划出各方应该承担合同责任的比例。

③ 审查承包人提出的索赔补偿要求，剔除其中的不合理部分，拟定自己计算的合理索赔额和工期顺延天数。

在审查过程中，承包商应对工程师提出的各种质疑作出圆满的答复。

4. 工程师对索赔的处理和决定

在经过认真分析研究，与承包人、发包人广泛讨论后，工程师应该向发包人和承包人提出自己的"索赔处理决定"。

工程师收到承包人送交的索赔报告和有关资料后，于 28 日内给予答复或要求承包人进一步补充索赔理由和证据。如果在 28 日内既未予以答复，也未对承包人作进一步要求，则视为承包人提出的该项索赔要求已经被认可。

5. 发包人审查索赔处理决定

发包人首先根据事件发生的原因、责任范围、合同条款，审核承包人的索赔申请和工程师的处理报告，再依据工程建设的目的、投资控制、竣工投产日期要求、承包人在施工中的缺陷或违反合同规定等有关情况，决定是否同意工程师的处理意见。

例如，承包人的某项索赔理由成立，工程师根据相应条款规定，既同意给予一定的费用补偿，也批准顺延相应的工期，但发包人权衡了施工的实际情况和外部条件的要求后，可能不同意顺延工期，而是宁可给承包人增加费用补偿额，要求他采取赶工措施，按期或提前完工，这样的决定只有发包人才有权作出。索赔报告经发包人同意后，工程师即可签发有关证书。

6. 承包人对最终索赔处理的回应

如果承包人接受最终的索赔处理决定，索赔事件的处理即告结束。如果承包人不同意，就会导致合同争议。通过协商，双方达成互谅互让的解决方案，是处理争议的最理想方式。如达不成谅解，承包人有权提交仲裁或通过诉讼解决。

（二）索赔文件的编写

1. 索赔文件的组成

索赔文件是承包商向业主索赔的正式书面材料，也是业主审议承包商索赔请求的主要依据。索赔文件通常包括总述部分、论证部分、索赔款项或工期的计算部分、证据部分四部分。

2. 索赔文件的编制

（1）总述部分

总述部分是承包商致业主或工程师的一封简短的提纲性信函，概要论述索赔事件发生的日期和过程，承包商为该索赔事件所付出的努力和附加开支，承包商的具体索赔要求。

应通过总述部分把其他材料贯通起来，其主要内容包括以下几项。

① 说明索赔事件

② 列举索赔理由

③ 提出索赔金额与工期

④ 附件说明

（2）论证部分

论证部分是索赔报告的关键部分，其目的是说明自己有索赔权，是索赔能否成立的关键。要注意引用的每个证据的效力或可信程度，对重要的证据资料必须附以文字说明或确认。

（3）索赔款项或工期计算部分

该部分需列举各项索赔的明细数字及汇总数据，要求正确计算索赔款项与索赔工期。

（4）证据部分

① 索赔报告中所列举事实、理由、影响因果关系等证明文件和证据资料。

② 详细计算书，这是为了证实索赔金额的真实性而设置的，为了简明可以大量运用图表。

3. 索赔文件编制应注意的问题

整个索赔文件应该简要概括索赔事实与理由，通过叙述客观事实，合理引用合同规定，建立事实与损失之间的因果关系，证明索赔的合理合法性；同时应特别注意索赔材料的表述方式对索赔解决的影响。一般要注意以下几方面。

（1）索赔事件要真实、证据确凿。索赔针对的事件必须实事求是，有确凿的证据，令对方无可推卸和辩驳。

（2）计算索赔款项和工期要合理、准确。要将计算的依据、方法、结果详细说明列出，这样易于对方接受，避免发生争端。

（3）责任分析清楚。一般索赔所针对的事件都是由于非承包商责任而引起的，因此，在索赔报告中必须明确对方负全部责任，而不可以使用含糊不清的词语。

（4）明确承包商为避免和减轻事件的影响和损失而作的努力。在索赔报告中，要强调事件的不可预见性和突发性，说明承包商对它的发生没有任何的准备，也无法预防，并且承包商为了避免和减轻该事件的影响和损失已尽了最大的努力，采取了能够采取的措施，从而使索赔理由更加充分，更易于对方接受。

（5）阐述由于干扰事件的影响，使承包商的工程施工受到严重干扰，并为此增加了支付，拖延了工期，表明干扰事件与索赔有直接的因果关系。

（6）索赔文件书写用语应尽量婉转，避免使用强硬语言，否则会给索赔带来不利影响。

13.1.5　索赔的组织

一般单项索赔作为一项日常的合同管理业务，由合同管理人员在项目经理的领导下在项目实施过程中处理。但同时索赔是一项复杂细致的工作，涉及面广，需要项目各职能人员和总部各职能部门的配合。

对重大索赔或一揽子索赔必须成立专门的索赔小组，由他们负责具体的索赔处理工作和谈判。索赔小组的工作对索赔成败起关键作用。索赔小组应及早成立并进入工作，因为他们要熟悉合同签订和实施的全部过程和各方面资料。对一个复杂的工程，合同文件和各种工程资料非常多，研究和分析要花许多时间，不能到谈判时才拼凑人马。索赔小组需要全面的知识、能力和经验，主要有如下几方面。

（1）具备合同法律方面的知识，合同分析、索赔处理方面的知识，能力和经验。有时要请法律专家进行咨询，或直接聘请法律专家参与工作。即使国外一些专门的咨询公司或索赔公司，在索赔处理中遇到重大的合同问题还得请当地法律专家作咨询或做鉴定。

具备合同管理方面的经历和经验，特别应参与该工程合同谈判和合同实施过程，熟悉该工程合同条款内容和工程过程中的各个细节问题，了解详细情况。

（2）现场施工和组织计划安排方面的知识、能力和经验。能进行实际施工过程的网络计划编制和关键线路分析，计划网络和实际网络的对比分析。应参与本工程的施工计划的编制和实际的管理工作。

（3）工程成本核算和财务会计核算方面的知识、能力和经验。参与该工程报价，工程计划成本的编制。懂得工程成本核算方法，如成本项目的划分和分摊方法等。

（4）其他方面，如索赔的计划和组织能力，合同谈判能力、经历和经验，写作能力和语言表达能力，在国际工程中的外语水平等。

所以，通常索赔小组由组长（一般由工程项目经理担任）、合同经理、法律专家或索赔专家、估算师、会计师、工程施工工程师等组成。而项目的其他职能人员，总部的各职能科室则提供信息资料，予以积极的配合，以保证索赔的圆满成功。

索赔小组在能力、知识结构、性格上应互补，构成一个有机的整体。索赔是一项非常复杂的工作。索赔小组人员的忠诚是必须保证的，这是取得索赔成功的前提条件。主要表现在如下几个方面。

（1）全面领会和贯彻执行总部的索赔总战略。索赔是企业经营战略的一部分，承包商不仅要取得索赔的成功，取得利益，而且要搞好合同双方的关系，为将来进一步合作创造条件，不能损害企业信誉。在索赔中必须防止索赔小组成员好大喜功，为了自己的业务工作成果而片面追求索赔额。

（2）索赔小组应努力争取索赔的成功。在索赔中充分发挥每人的工作能力和工作积极性，为企业追回损失，增加盈利。

所以索赔小组既要追求索赔的成功，又要追求好的信誉，保持双方良好的合作关系，这是很难把握的。

（3）加强索赔过程中的保密工作。承包商所确定的索赔战略，总计划和总要求，具体谈判过程中的内部讨论结果，问题的对策都应绝对保密。特别是索赔战略和在谈判过程中的一些策略，作为企业的绝密文件，不仅在索赔中，而且在索赔后也要保密，这不仅关系到索赔的成败，而且影响到企业的声誉，影响到企业将来的经营。

（4）要取得索赔的成功，必须经过索赔小组认真细致地工作。不仅要在大量的复杂的合同文件、各种实际工程资料、财务会计资料中分析研究索赔机会、索赔理由和证据，不放弃任何机会，不遗漏任何线索；而且要在索赔谈判中耐心说服对方。在国际工程中一个稍微复杂的索赔谈判能经历几个、十几个，甚至几十个回合，经历几年时间。索赔小组如果没有锲而不舍的精神，是很难达到索赔目标的。

（5）对复杂的合同争执必须有详细的计划安排，否则很难达到目的。

13.2 工期索赔

13.2.1 工期延误的含义与分类

（一）工期延误的含义

工期延误又称为工程延误或进度延误，是指工程实施过程中任何一项或多项工作的实际完成日期迟于计划规定的完成日期，从而可能导致整个合同工期的延长。工期延误对合同双方一般都会造成损失。工期延误的后果是形式上的时间损失，实质上会造成经济损失。

（二）工期延误的分类

1．按照工期延误的原因划分

（1）因业主和工程师原因引起的延误

由于业主和工程师的原因所引起的工期延误可能有以下几种：

① 业主未能及时交付合格的施工现场；

② 业主未能及时交付施工图纸；

③ 业主或工程师未能及时审批图纸、施工方案、施工计划等；

④ 业主未能及时支付预付款或工程款；

⑤ 业主未能及时提供合同规定的材料或设施；

⑥ 业主自行发包的工程未能及时完工或其他承包商违约导致的工程延误；

⑦ 业主或工程师拖延关键线路上工序的验收时间导致下道工序施工延误；

⑧ 业主或工程师发布暂停施工指令导致延误；

⑨ 业主或工程师设计变更导致工程延误或工程量增加；

⑩ 业主或工程师提供的数据错误导致的延误。

（2）因承包商原因引起的延误

由于承包商原因引起的延误一般是由于其管理不善所引起，可能有以下几种：

① 施工组织不当，出现窝工或停工待料等现象；

② 质量不符合合同要求而造成返工；

③ 资源配置不足；

④ 开工延误；

⑤ 劳动生产率低；

⑥ 分包商或供货商延误等。

（3）不可控制因素引起的延误

例如，人力不可抗拒的自然灾害导致的延误、特殊风险如战争或叛乱等造成的延误、不利的施工条件或外界障碍引起的延误等。

2. 按照索赔要求和结果划分

按照承包商可能得到的要求和索赔结果划分，工程延误可以分为可索赔延误和不可索赔延误。

（1）可索赔延误

可索赔延误是指非承包商原因引起的工程延误，包括业主或工程师的原因和双方不可控制的因素引起的索赔。根据补偿的内容不同，可以进一步划分为以下三种情况：

① 只可索赔工期的延误；

② 只可索赔费用的延误；

③ 可索赔工期和费用的延误。

（2）不可索赔延误

不可索赔延误是指因承包商原因引起的延误，承包商不应向业主提出索赔，而且应该采取措施赶工，否则应向业主支付误期损害赔偿。

3. 按照延误工作所在的工程网络计划的线路划分

按照延误工作所在的工程网络计划的线路性质，工程延误划分为关键线路延误和非关键线路延误。

由于关键线路上任何工作（或工序）的延误都会造成总工期的推迟，因此，非承包商原因造成关键线路延误都是可索赔延误。而非关键线路上的工作一般都存在机动时间，其延误是否会影响到总工期的推迟取决于其总时差的大小和延误时间的长短。如果延误时间少于该工作的总时差，业主一般不会给予工期顺延，但可能给予费用补偿；如果延误时间大于该工作的总时差，非关键线路的工作就会转化为关键工作，从而成为可索赔延误。

4. 按照延误事件之间的关联性划分

（1）单一延误

单一延误是指在某一延误事件从发生到终止的时间间隔内，没有其他延误事件的发生，该延误事件引起的延误称为单一延误。

（2）共同延误

当两个或两个以上的延误事件从发生到终止的时间完全相同时，这些事件引起的延误称为共同延误。共同延误的补偿分析比单一延误要复杂一些。当业主引起的延误或双方不可控制因素引起的延误与承包商引起的延误共同发生时，即可索赔延误与不可索赔延误同时发生时，可索赔延误就将变成不可索赔延误，这是工程索赔的惯例之一。

（3）交叉延误

当两个或两个以上的延误事件从发生到终止只有部分时间重合时，称为交叉延误。由于工程项目是一个较为复杂的系统工程，影响因素众多，常常会出现由多种原因引起的延误交织在一起的情况，这种交叉延误的补偿分析更加复杂。

比较交叉延误和共同延误，不难看出，共同延误是交叉延误的一种特例。

13.2.2　工期索赔的依据和条件

工期索赔，一般是指承包商依据合同对由于非自身的原因而导致的工期延误向业主提出的工期顺延要求。

（一）工期索赔的具体依据

承包商向业主提出工期索赔的具体依据主要有：

（1）合同约定或双方认可的施工总进度规划；

（2）合同双方认可的详细进度计划；

（3）合同双方认可的对工期的修改文件；

（4）施工日志、气象资料；

（5）业主或工程师的变更指令；

（6）影响工期的干扰事件；

（7）受干扰后的实际工程进度等。

（二）《建设工程施工合同（示范文本）》（GF-2013-0201）确定的可以顺延工期的条件

《建设工程施工合同（示范文本）》（GF-2013-0201）第 7.5.1 项规定，在合同履行过程中，因下列情况导致工期延误和（或）费用增加的，由发包人承担由此延误的工期和（或）增加的费用，且发包人应支付承包人合理的利润：

（1）发包人未能按合同约定提供图纸或所提供图纸不符合合同约定的；

（2）发包人未能按合同约定提供施工现场、施工条件、基础资料、许可、批准等开工条件的；

（3）发包人提供的测量基准点、基准线和水准点及其书面资料存在错误或疏漏的；

（4）发包人未能在计划开工日期之日起 7 日内同意下达开工通知的；

（5）发包人未能按合同约定日期支付工程预付款、进度款或竣工结算款的；

（6）监理人未按合同约定发出指示、批准等文件的；

（7）专用合同条款中约定的其他情况。

因发包人原因未按计划开工日期开工的，发包人应按实际开工日期顺延竣工日期，确保实际工期不低于合同约定的工期总日历天数。因发包人原因导致工期延误需要修订施工进度计划的，按照第 7.2.2 项〔施工进度计划的修订〕执行。

13.2.3　工期索赔的分析和计算方法

（一）工期索赔的分析

工期索赔的分析包括延误原因分析、延误责任的界定、网络计划（CPM）分析、工期索赔的计算等。

运用网络计划（CPM）方法分析延误事件是否发生在关键线路上，以决定延误是否可以索赔。在工期索赔中，一般只考虑对关键线路上的延误或者非关键线路因延误而变为关键线路时才给予顺延工期。

（二）工期索赔的计算方法

1．直接法

如果某干扰事件直接发生在关键线路上，造成总工期的延误，可以直接将该干扰事件的实际干扰时间（延误时间）作为工期索赔值。

2．比例分析法

如果某干扰事件仅仅影响某单项工程、单位工程或分部分项工程的工期，要分析其对总工期的影响，可以采用比例分析法。

采用比例分析法时，可以按工程量的比例进行分析。例如：某工程基础施工中出现了意外情况，导致工程量由原来的 2 800m³ 增加到 3 500m³，原定工期是 40 天，则承包商可以提出的工期索赔值是：

工期索赔值=原工期×新增工程量/原工程量=40×（3 500−2 800）/2 800=10 天；

本例中，如果合同规定工程量增减 10%为承包商应承担的风险，则工期索赔值应该是：

工期索赔值=40×（3 500−2 800×110%）/2 800=6 天；

工期索赔值也可以按照造价的比例进行分析。例如：某工程合同价为 1 200 万元，总工期为 24 个月，施工过程中业主增加额外工程 200 万元，则承包商提出的工期索赔值为：

工期索赔值=原合同工期×附加或新增工程造价/原合同总价=24×200/1 200=4 个月。

3．网络分析法

在实际工程中，影响工期的干扰事件可能会很多，每个干扰事件的影响程度可能都不一样，有的直接在关键线路上，有的不在关键线路上。多个干扰事件的共同影响结果究竟是多少可能引起合同双方很大的争议，采用网络分析方法是比较科学合理的方法。其思路是：假设工程按照双方认可的工程网络计划确定的施工顺序和时间施工，当某个或某几个干扰事件发生后，网络中的某个工作或某些工作受到影响，使其持续时间延长或开始时间推迟，从而影响总工期，则将这些工作受干扰后的新的持续时间和开始时间等代入网络中，重新进行网络分析和计算，得到的新工期与原工期之间的差值就是干扰事件对总工期的影响，也就是承包商可以提出的工期索赔值。

网络分析方法通过分析干扰事件发生前和发生后网络计划的计算工期之差来计算工期索赔值，可以用于各种干扰事件和多种干扰事件共同作用所引起的工期索赔。

【例】 某工程项目的进度计划如图 13-1 所示，总工期为 32 周，在实施过程中发生了延误，工作②→④由原来的 6 周延至 7 周，工作③→⑤由原来的 4 周延至 5 周，工作④→⑥由原来的 5 周延至 9 周。其中工作②→④的延误是因承包商自身原因造成的，其余均由非承包商原因造成。

将延误后的持续时间代入原网络计划，即得到工程实际网络图，如图 13-2 所示。比较图 13-1 和图 13-2，可以发现实际总工期变为 35 周，延误了 3 周。承包商责任造成的延误（1 周）不在关键线路上。因此，承包商可以向业主要求延长工期 3 周。

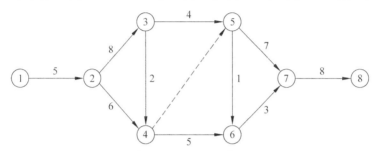

图 13-1 某项目分部工程进度计划网络图

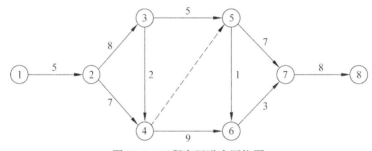

图 13-2 工程实际进度网络图

13.3 费用索赔

13.3.1 费用索赔计算的基本原则

在现代承包工程中特别是在国际承包工程中索赔经常发生而且索赔额很大。在承包工程中对承包商施工单位来说索赔的范围十分广泛。一般只要不是承包商自身责任而是由于外界干扰造成工期延长或成本增加都有可能提出索赔而索赔值的计算是十分复杂的，需要广博的知识和实践经验。根据近年来国内、国际建筑市场的发展并结合在现实施工索赔中遇到的问题简单地分析了费用索赔计算的基本原则和方法。

费用索赔是整个合同索赔的重点和最终目标，工期索赔在很大程度上也是为了费用索赔。在承包工程中干扰事件对成本和费用的影响的定量分析和计算是极为困难和复杂的，目前还没有大家统一认可的、通用的计算方法，而选用不同的计算方法对索赔值影响很大。计算方法必须符合大家所公认的基本原则且能够为业主、监理工程师、调解人或仲裁人接受，如果计算方法不合理使费用索赔值计算明显过高会使整个索赔报告和索赔要求被否定。所以费用索赔要注意以下几个计算原则。

（一）实际损失原则

费用索赔都以赔补偿实际损失为原则，在费用索赔计算中它体现在如下几个方面。

（1）实际损失即为干扰事件对承包商工程成本和费用的实际影响，这个实际影响即可作为费用索赔值。按照索赔原则，承包商不能因为索赔事件而受到额外的收益或损失，索赔对业主不具有任何惩罚性质。实际损失包括两个方面。

① 直接损失即承包商财产的直接减少。在实际工程中常常表现为成本的增加和实际费用的超支。

② 间接损失即可能获得的利益的减少。例如，由于业主拖欠工程款使承包商失去这笔款的存款利息收入。

（2）所有干扰事件引起的实际损失以及这些损失的计算都应有详细的具体的证明，在索赔报告中必须出具这些证据，没有证据索赔要求是不能成立的。实际损失以及这些损失计算的证据通常有：各种费用支出的账单，工资表、工资单，现场用工、用料、用机的证明，财务报表，工程成本核算资料，甚至还包括承包商同期企业经营和成本核算资料等。监理工程师或业主代表在审核承包商索赔要求时常常要求承包商提供这些证据并全面审查。

（3）当干扰事件属于对方的违约行为时，如果合同中有违约条款按照合同法原则先用违约金抵充实际损失，不足的部分再赔偿。

（二）合同原则

费用索赔计算方法必须符合合同的规定。赔偿实际损失原则并不能理解为必须赔偿承包商的全部实际费用超支和成本的增加。在实际工程中许多承包商常常以自己的实际生产值、实际成生效率、工资水平和费用开支水平来计算索赔值，他们认为这即为赔偿实际损失原则。这是一种误解。这样常常会过高地计算索赔值而使整个索赔报告被对方否定。在索赔值的计算中还必须考虑以下几个因素。

（1）扣除承包商自己责任造成的损失即由于承包商自己管理不善、组织失误等原因造成的损失应由他自己负责。

（2）符合合同规定的赔补偿条件，扣除承包商应承担的风险。任何工程承包合同都有承包商应承担的风险条款，对风险范围内的损失由承包商自己承担。如某合同规定合同价格是固定的，承包商不得以任何理由增加合同价格，如市场价格上涨、货币价格浮动、生活费用提高、工资基限提高、调整税法等。在此范围内的损失是不能提出索赔的。此外超过索赔有效期提出的索赔要求无效。

（3）合同规定的计算基础。合同既是索赔的依据又是索赔值计算的依据，合同中的人工费单价、材料费单价、机械费单价、各种费用的取值标准和各分部、分项工程合同单价都是索赔值的计算基础。当然有时按合同规定可以对它们做调整，例如，由于社会福利费增加造成人工工资基限提高而合同规定可以调整即可以提高人工费单价。

（4）有些合同对索赔值的计算规定了计算方法、计算公式、计算过程等。

（三）合理性原则

（1）符合规定的或通用的会计核算原则。索赔值的计算是在成本计算和成本核算基础上通过计划和实际成本对比进行的。实际成本的核算必须与计划成本、报价成本的核算有一致性而且符合通用的会计核算原则。例如，采用正确的成本项目的划分方法、各成本项目的核算方法、工地管理费和总部管理费的分摊方法等。

（2）符合工程惯例即采用能被业主、调解人、仲裁人认可的在工程中常用的计算方法。

（四）有利原则

如果选用不利的计算方法会使索赔值计算过低使自己的实际损失得不到应有的补偿或失去可能获得的利益。通常索赔值中应包括如下几个方面的因素。

（1）承包商所受的实际损失。它是索赔的实际期望值也是最低目标。如果最后承包商通过索赔从业主处获得的实际补偿低于这个值则导致亏本。有时承包商还希望通过索赔弥补自己其他方面的损失，如报价低、报价失误、合同规定风险范围内的损失、施工中管理失误造成的损失等。

（2）对方的反索赔。在承包商提出索赔后对方常常采取各种措施反索赔以抵销或降低承包商的索赔值。例如，在索赔报告中寻找薄弱环节以否定其索赔要求抓住承包商工程中的失误或问题向承包商提出罚款、扣款或其他索赔以平衡承包商提出的索赔。业主的管理人员、监理工程师或业主代表需要反索赔的业绩和成就感故而会积极地进行反索赔。

（3）最终解决中的让步。对重大的索赔特别是对重大的一揽子索赔在最后解决中承包商常常必须作出让步，即在索赔值上打折扣以争取对方对索赔的认可，争取索赔的早日解决。

这几个因素常常使得索赔报告中的费用赔偿要求与最终解决即双方达成一致的实际赔偿值相差甚远。承包商在索赔值的计算中应考虑这几个因素而留有余地，索赔要求应大于实际损失值，这样最终解决才会有利于承包商。不过也应该提出理由，不能被对方轻易察觉。

13.3.2 索赔费用组成与计算

（一）可索赔费用的组成

索赔权的事项，导致了工程成本的增加，承包商都可以提出费用索赔。一般索赔费用主要包括以下几个方面的内容。

1. 人工费

人工费是构成工程成本中直接费的主要项目之一，主要包括生产工人的基本工资、工资性质的津贴、辅助工资、劳保福利费、加班费、奖金等。索赔费用中的人工费，需要考虑以下几个方面。

（1）完成合同计划以外的工作所花费的人工费用。

（2）由于非承包商责任的施工效率降低所增加的人工费用。

（3）超过法定工作时间的加班劳动费用。

（4）法定人工费的增长。

（5）由于非承包商的原因造成工期延误只是人员窝工增加的人工费等。

2．材料费

材料费在直接费中占有很大比重。由于索赔事项的影响，在某些情况下，会使材料费的支出超过原计划的材料费支出。索赔的材料费主要包括以下内容。

（1）由于索赔事项材料实际用量超过计划用量而增加的材料费。

（2）对于可调价格合同，由于客观原因材料价格大幅度上涨。

（3）由于非承包商责任使工期延长导致材料价格上涨。

（4）由于非承包商原因致使材料运杂费、材料采购与保管费的上涨等。

索赔的材料费中应包括材料原价、材料运输费、采保费、包装费、材料的运输损耗等。但由于承包商自身管理不善等原因造成材料损坏、失效等费用损失不能计入材料费索赔。

3．施工机械使用费

由于索赔事项的影响，使施工机械使用费的增加主要体现在以下几个方面。

（1）由于完成工程师指示的，超出合同范围的工作所增加的施工机械使用费。

（2）由于非承包商的责任导致的施工效率降低增加的施工机械使用费。

（3）由于业主或者工程师原因导致的机械停工窝工费等。

4．管理费

（1）工地管理费。工地管理费的索赔是指承包商为完成索赔事项工作，业主指示的额外工作及合理的工期延长期间所发生的工地管理费用，包括工地管理人员的工资、办公费、通信费、交通费等。

（2）总部管理费。索赔款中的总部管理费是指索赔事项引起的工程延误期间所增加的管理费用，一般包括总部管理人员工资、办公费用、财务管理费用、通信费用等。

（3）其他直接费和间接费。国内工程一般按照相应费用定额计取其他直接费和间接费等项，索赔时可以按照合同约定的相应费率计取。

5．利润

承包商的利润是其正常合同报价中的一部分，也是承包商进行施工的根本目的。所以当索赔事项发生时，承包商会相应提出利润的索赔。但是对于不同性质的索赔，承包商可能得到的利润补偿也会不同。一般由于业主方工作失误造成承包商的损失，可以索赔利润，而业主方也难以预见的事项造成的损失，承包商一般不能索赔利润。在 FIDIC

合同条件中，对于以下几项索赔事项，明确规定了承包商可以得到相应的利润补偿。

（1）工程师或者业主提供的施工图或指示延误。

（2）业主未能及时提供施工现场。

（3）合同规定或工程师通知的原始基准点、基准线、基准标高错误。

（4）不可预见的自然条件。

（5）承包商服从工程师的指示进行试验（不包括竣工试验），或由于雇主应负责的原因对竣工试验的干扰。

（6）因业主违约，承包商暂停工作及终止合同。

（7）一部分应属于雇主承担的风险等。

6．利息

在实际施工过程中，由于工程变更和工期延误，会引起承包商投资的增加。业主拖期支付工程款，也会给承包商造成一定的经济损失，因此承包商会提出利息索赔。利息索赔一般包括以下几个方面。

（1）业主拖期支付工程进度款或索赔款的利息。

（2）由于工程变更和工期延长所增加投资的利息。

（3）业主错误扣款的利息等。

无论是何种原因致使业主错误扣款，由承包商提出反驳并被证明是合理的情况下，业主一方错误扣除的任何款项都应该归还，并应支付扣款期间的利息。

如果工程部分进行分包，分包商的索赔款同样也包括上述各项费用。当分包商提出索赔时，其索赔要求如数列入总包商的索赔要求中一并向工程师提交。

（二）费用索赔的计算

1．人工费的计算

要计算索赔的人工费，就要知道人工费的单价和人工的消耗量。

人工费的单价，首先要按照报价单中的人工费标准确定。如果是额外工作，要按照国家或地区统一制定发布的人工费定额来计算。随着物价的上涨，人工费也在不断上涨。如果是可调价合同，在进行索赔人工费计算时，也要考虑到人工费的上涨可能带来的影响。如果因为工程拖期，使得大量工作推迟到人工费涨价以后的阶段进行，人工费会大大超过计算标准。这时再进行单价计算，一定要明确工程延期的责任，以确定相应人工费的合理单价。如果施工现场同时出现人工费单价的提高和施工效率的降低，则在人工费计算时要分别考虑这两种情况对人工费的影响，分别进行计算。

人工的消耗量，要按照现场实际记录、工人的工资单据以及相应定额中的人工消耗量定额来确定。如果涉及现场施工效率降低，要做好实际效率的现场记录，与报价单中的施工效率相比，确定出实际增加的人工数量。

2．材料费的计算

索赔的材料费，要计算增加的材料用量和相应材料的单价。

材料单价的计算，首先要明确材料价格的构成。材料的价格一般包括材料供应价、包装费、运输费、运输损耗费和采购保管费五部分。如果不涉及材料价格的上涨，可以直接按照投标报价中的材料价格进行计算。如果涉及材料价格的上涨，则按照材料价格的构成，按照正式的订货单、采购单，或者官方公布的材料价格调整指数，重新计算材料的市场价格。

材料单价＝（供应价＋包装费＋运输费＋运输损耗费）×（1＋采购保管费率）－
　　　　　包装品回收值

增加材料用量的计算，要依据增加的工程量和相应材料消耗定额规定的材料消耗量指标计算实际增加的材料用量。

3．施工机械使用费的计算

施工机械使用费的计算，按照不同机械的具体情况采用不同的处理方法。

（1）如果是工程量增加，可以按照报价单中的机械台班费用单价和相应工程增加的台班数量，计算增加的施工机械使用费。如果因工程量的变化双方协议对合同价进行了调整，则按照调整以后的新单价进行机械使用费的计算。

（2）如果是由于非承包商的原因导致施工机械窝工闲置，窝工费的计算要区别是承包商自有机械还是租赁机械分别进行计算。

对于承包商自有机械设备，窝工机械费仅按照台班费计算。如果使用租赁的设备，如果租赁价格合理，又有正式的租赁收据，就可以按照租赁价格计算窝工的机械台班使用费。

（3）施工机械降效。如果实际施工中是由于非承包商导致的施工效率降低，承包商将不能按照原定计划完成施工任务。工程拖期后，会增加相应的施工机械费用。确定机械降低效率导致机械费的增加，可以考虑按以下公式计算增加的机械台班数。

实际台班数量＝计划台班数量×［1＋（原定效率－实际效率）/原定效率］

其中的原定效率是合同报价所报的施工效率，实际效率是受到干扰以后现场的实际施工效率。知道了实际所需的机械台班数量，就可以按以下公式计算出施工机械降效增加的机械费。

增加的机械台班数量＝实际台班数量－计划台班数量

则机械降效增加的机械费为

机械降效增加的机械费＝机械台班单价×增加的机械台班数量

4．管理费的计算

（1）工地管理费

工地管理费是按照人工费、材料费、施工机械使用费之和的一定百分率计算确定的。所以当承包商完成额外工程或者附加工程时，索赔的工地管理费也是按照同样的比例计取。但是如果是其他非承包商原因导致现场施工工期延长，由此增加的工地管理费，可以按原报价中的工地管理费平均计取，计算公式为：

索赔的工地管理费总额＝合同价中工地管理费总额/合同总工期×工程延期的天数

（2）总部管理费

总部管理费的计算，一般可以有以下几种计算方法。

① 按照投标书中总部管理费的比例计算，即

总部管理费＝合同中总部管理费率×（直接费索赔款＋工地管理费索赔款）

② 按照原合同价中的总部管理费平均计取，即

总部管理费＝合同价中总部管理费＝（总额/合同总工期）×工程延期的天数

5．利润的计算

一般来说，对于工程延误工期并未影响或者减少某些项目的实施从而导致利润的减少，一般工程师很难同意在延误的费用索赔中加入利润损失。索赔利润款额的计算通常是与原中标合同中的利润率保持一致，即

利润索赔额＝合同价中的利润率×（直接费索赔额＋工地管理费索赔额＋

总部管理费索赔额）

6．利息的计算

承包商对利息索赔额可以采用以下方法计算。

（1）按当时的银行贷款利率计算。

（2）按当时的银行透支利率计算。

（3）按合同双方协议的利率计算。

13.4 反索赔

13.4.1 概述

（一）反索赔的含义

反索赔是指一方提出索赔时，另一方对索赔要求提出反驳、反击，防止对方提出索赔，不让对方的索赔成功或全部成功，并借此机会向对方提出索赔以保护自身合法权益的管理行为。

在工程实践中，当合同一方提出索赔要求时，作为另一方面对对方的索赔时应作出如下的抉择：如果对方提出的索赔依据充分，证据确凿，计算合理，则应实事求是地认可对方的索赔要求，赔偿或补偿对方的经济损失或损害；反之则应以事实为根据，以法律（合同）为准绳，反驳、拒绝对方不合理的索赔要求或索赔要求中的不合理部分，这就是反索赔。

因而，反索赔不是不认可、不批准对方的索赔，而是应有理有据地反驳，拒绝对方索赔要求中不合理的部分，进而维护自身的合法权益。

（二）反索赔的意义

反索赔对合同双方有同等重要的意义，主要表现在以下三个方面。

（1）减少和防止损失的发生。如果不能进行有效的反索赔，不能推卸自己对干扰事

件的合同责任，则必须满足对方的索赔要求，支付赔偿费用，致使自己蒙受损失。由于合同双方利益不一致，索赔和反索赔又是一对矛盾，所以一个索赔成功的案例，常常又是反索赔不成功的案例。因而对合同双方来说，反索赔同样直接关系工程经济效益的高低，反映着工程管理水平。

（2）成功的反索赔有利于鼓舞管理人员的信心，有利于整个工程及合同的管理，提高工程管理的水平，取得在合同管理中的主动权。在工程承包中，常常有这种情况：由于不能进行有效的反索赔，一方管理者处于被动地位，工作中缩手缩脚，与对方交往诚惶诚恐，丧失主动权，这样必然会影响到自身的利益。

（3）成功的反索赔工作不仅可以反驳、否定或全部否定对方的不合理要求，而且可以寻找索赔机会，维护自身利益。因为反索赔同样要进行合同分析、事态调查、责任分析、审查对方的索赔报告。用这种方法可以摆脱被动局面，变不利为有利，使守中有攻，能达到更好的索赔效果，并为自己的索赔工作的顺利开展提供帮助。

（三）索赔与反索赔的关系

1. 索赔与反索赔是完整意义上索赔管理的两个方面

即在合同管理中，既要做好索赔工作，又应做好反索赔工作，以最大限度维护自身利益。索赔表现为当事人自觉地将索赔管理作为工程及合同管理的重要组成部分，成立专门机构认真研究索赔方法，总结索赔经验，不断提高索赔成功率，在工程实施过程中，能仔细分析合同缺陷，主动寻找索赔机会，为己方争取应得的利益；而反索赔在索赔管理策略上表现为防止被索赔，不给对方留下可以索赔的漏洞，使对方找不到索赔机会。在工程管理中反索赔体现为签署严密合理、责任明确的合同条款，并在合同实施过程中，避免己方违约，在反索赔解决过程中表现为：当对方提出索赔时，对其索赔理由予以反驳，对其索赔证据进行质疑，指出其索赔计算的问题，以达到尽量减少索赔额度，甚至完全否定对方索赔要求的目的。

2. 索赔与反索赔是进攻与防守的关系

如果把索赔比作进攻，那么反索赔就是防御，没有积极的进攻，就没有有效的防御；同样，没有积极的防御，也就没有有效的进攻。在工程合同实施过程中，一方提出索赔，一般都会遇到对方的反索赔，对方不可能立即予以认可，索赔和反索赔都不太可能一次性成功，合同当事人必须能攻善守，攻守相济，才能立于不败之地。

3. 索赔与反索赔都是双向的，合同双方均可向对方提出索赔与反索赔

由于工程项目的复杂性，对于干扰事件常常双方都负有责任，所以索赔中有反索赔，反索赔中又有索赔，业主或承包商不仅要对对方提出的索赔进行反驳，而且要防止对方对己方索赔的反驳。

13.4.2 反索赔的内容

反索赔的工作内容可包括两个方面：一是防止对方提出索赔；二是反击或反驳对方

的索赔要求。

（一）防止对方提出索赔

这是一种积极防御的反索赔措施，其主要表现为以下几个方面。

（1）认真履行合同，避免自身违约给对方留下索赔的机会。这就要求当事人自身加强合同管理及内部管理，使对方找不到索赔的理由和依据。

（2）出现了应由自身承担责任或风险的干扰事件时，给对方造成了额外的损失时，力争主动与对方协商提出补偿办法，这样做到先发制人，可能比被动等待对方向自己提出索赔更有利。

（3）在出现了双方都有责任的干扰事件时，应采取先发制人的策略，干扰事件（索赔事件）一旦发生应着手研究，收集证据。先向对方提出索赔要求，同时又准备反驳对方的索赔。这样做的作用有：可以避免超过索赔有效期而失去索赔机会，同时可使自身处于有利地位。因为对方要花时间和精力分析研究己方的索赔要求，可以打乱对方的索赔计划。再者可为最终解决索赔留下余地，因为通常在索赔的处理过程中双方都可能做出让步，而先提出索赔的一方其索赔额可能较高而处在有利位置。

（二）反击对方的索赔

为了减少己方的损失必须反驳对方的索赔。反击对方的措施及应注意的问题主要有以下几个方面。

（1）利用己方的索赔来对抗对方的索赔要求，抓住对方的失误或不作为行为对抗对方的要求。如我国《合同法》中依据诚实信用的原则，规定了当事人双方有减损义务，即在合同履行中发生了应由对方承担责任或风险的事件使自身有损失时，这时受损者一方应采取有效的措施使损失降低或避免损失进一步的发生，若受损方能采取措施但没有采取措施，使损失扩大了，则受损一方将失去补偿和索赔的权利，因而可以利用此原则来分析索赔方是否有这方面的行为，若有，就可对其进行反驳。

（2）反驳对方的索赔报告，找出理由和证据，证明对方的索赔报告不符合事实情况，不符合合同规定，没有根据，计算不准确，以推卸或减轻自己的赔偿责任，使自己不受或少受损失。

（3）在反索赔中，应当以事实为依据，以法律（合同）为准绳，实事求是、有理有据地认可对方合理的索赔，反驳拒绝对方不合理的索赔，按照公平、诚信的原则解决索赔问题。

13.4.3　反索赔的主要步骤

反索赔要取得成功，必须坚持一定的工作程序，一般工作程序如图13-3所示。

（一）制订反索赔策略和计划

反索赔一方应加强工程管理与合同分析，并利用以往的经验，对对方在哪些地方、哪些事件可能提出索赔进行预测，制订相应的应急反索赔计划，一旦对方提出索赔要求后，结合实际的索赔要求及反索赔的应急计划来制订本次反索赔的详细计划和方法。

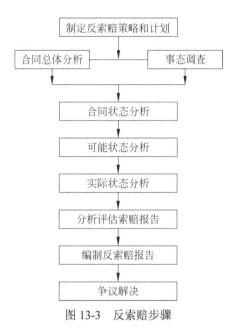

图 13-3　反索赔步骤

（二）合同总体分析

主要对索赔事件产生的原因进行合同分析，分析索赔是否符合合同约定、法律法规及交易习惯。同时通过对这些索赔依据的分析，寻找出对对方不利的条款或相关规定，使对方的要求无立足之地。

（三）事态调查

反索赔的处理中，应以各种实际工程资料作为证据，用以对照索赔报告所描述的事情经过和所附证据。通过调查可以确定干扰事件的起因、事件经过、持续时间、影响范围等真实的详细的情况，以反驳不真实、不肯定，没有证据的索赔事件。

在此应收集整理所有与反索赔相关的工程资料。

（四）三种状态分析

在事态调查和收集、整理工程资料的基础上进行合同状态、可能状态、实际状态分析。通过三种状态的分析可以达到以下几种目的。

（1）全面地评价合同、合同实施状况，评价双方合同责任的完成情况。

（2）对对方有理由提出索赔的部分进行总概括，分析出对方有理由提出索赔的干扰事件有哪些，索赔的大约值或最高值。

（3）对对方的失误和风险范围进行具体指认，这样在谈判中有攻击点。

（4）针对对方的失误作进一步分析，以准备向对方提出索赔，这是在反索赔中同时使用索赔手段。国外的承包商和业主在进行反索赔时，特别注意寻找向对方索赔的机会。

（五）索赔报告分析

对对方索赔报告进行反驳和分析，指出其不合理的地方，可以从以下几个方面进行。

（1）索赔事件的真实性。不真实、不肯定、没有根据或仅出于猜测的事件是不能提出索赔的。事件的真实性可以从两方面证实。

① 对方索赔报告中列出的证据。不管事实怎样，只要对方索赔报告形成后未提出事件经过的得力证据，本方即可要求对方补充证据，或否定索赔要求。

② 本方合同跟踪的结果，从其中寻找对对方不利的、构成否定对方索赔要求的证据。从这两个方面的对比，即可得到干扰事件的实情。

（2）干扰事件责任分析。

① 责任在于索赔者自己，由于疏忽大意、管理不善造成损失，或在于干扰事件发生后未采取得力有效的措施降低损失等，或未遵守工程师的指令、通知等。

② 干扰事件是其他方引起的，不应由本方赔偿。

③ 合同双方都有责任，则应按各自的责任分担损失。

（3）索赔理由分析。反索赔和索赔一样，要能找到对自己有利的法律条文，推卸自己的合同责任；或找到对对方不利的法律条文，是对方不能推卸或不能完全推卸自己的合同责任。这样可以从根本上否定对方的索赔要求，如以下几种情况。

① 对方未能在合同规定的索赔有效期内提出索赔，故该索赔无效。

② 该干扰事件（如工程量扩大、通货膨胀、外汇汇率变化等）在合同规定的对方应承担的风险范围内，不能提出索赔要求，或应从索赔中扣除这部分。

③ 索赔要求不在合同规定的赔（补）偿范围内，如合同未明确规定，或未具体规定补偿条件、范围、补偿方法等。虽然干扰事件为本方责任，但按合同规定本方没有赔偿责任。

（4）干扰事件的影响分析。分析干扰事件的影响，可通过网络计划分析和施工状态分析两方面的工期影响范围。如在某工程中，总承包商负责的某种装饰材料未能及时运达工地，使分包商装饰工程受到干扰而拖延，但拖延天数在该工程活动的时差范围内，不影响工期。如果总包已事先通知分包，而施工计划又允许人力做调整，则不能对工期和劳动力损失作索赔。

（5）证据分析。证据不足，证据不当或仅有片面的证据，索赔是不成立的。

（6）索赔值的审核。如果经过上面的各种分析、评价，仍不能从根本上否定该索赔要求，则必须对最终认可的合情合理的索赔要求进行认真细致的索赔值的审核。因为索赔值计算的工作量大，涉及资料多，过程复杂，要花费许多时间和精力。主要包括以下两方面的审核。

① 各数据的准确性。对索赔报告中所涉及的各个计算基础数据都须作审查、核对，找出其中的错误和不恰当的地方。例如：工程量增加或附加工程的实际用量结果，工地上劳动力、管理人员、材料、机械设备的实际用量，支出凭据上的各种费用支出，各个项目的"计划、实际"量差分析，索赔报告中所引用的单价，价格指数等。

② 计算方法的选用是否合情合理。尽管通常都用分项法计算，但不同的计算方法对计算结果影响很大。在实际工程中，这种争执常常很多，对于重大的索赔，需经过双方协商谈判才能使计算方法达到一致。

（六）起草并向对方递交反索赔报告

反索赔报告也是正规的法律文件。在调解或仲裁中，反索赔报告应递交给调解人或仲裁人。

13.4.4 反驳索赔报告

反索赔报告是对反索赔工作的总结，向对方（索赔者）表明自己的分析结果、立场，对索赔要求的处理意见以及反索赔的证据。根据索赔事件的性质、索赔值的大小、复杂程度及对索赔认可程度的不同，反索赔报告的内容不同，其形式也不一样。目前对反索赔报告没有一个统一的格式，但作为一份反索赔报告应包括以下的内容。

（一）向索赔方的致函

在这份信函中表明反索赔方的态度和立场，提出解决双方有关索赔问题的意见或安排等。

（二）合同责任的分析

这里对合同作总体分析，主要分析合同的法律基础、合同语言、合同文件及变更、合同价格、工程范围、工程变更补偿条件、施工工期的规定及延长的条件、合同违约责任、争执的解决规定等。

（三）合同实施情况的简述和评价

主要包括合同状态、可能状态、实际状态的分析。这里重点针对对方索赔报告中的问题和干扰事件，叙述事实情况，应包括三种状态的分析结果，对双方合同的履行情况和工程实施情况作评价。

（四）对对方索赔报告的分析

主要分析对方索赔的理由是否充分，证据是否可靠可信，索赔值是否合理，指出其不合理的地方，同时表明反索赔方处理的意见和态度。

（五）反索赔的意见和结论

（六）各种附件

主要包括反索赔方提出反索赔的各种证据资料等。

思 考 题

1. 建筑业的索赔主要原因有哪些？
2. 工程索赔有哪些特征？
3. 工程索赔的作用有哪些？
4. 工程索赔的依据和证据分别包括哪些内容？

5. 简述索赔的工作程序。

6. 工期索赔包括哪些类型？

7. 承包商在什么情况下可以提出工期索赔？

8. 简述工期索赔的计算方法。

9. 可索赔费用由哪些费用项目组成？

10. 在哪些情况下可以提出人工费、材料费和机械使用费的索赔？

11. 什么叫反索赔？反索赔包括哪些内容？

12. 反索赔包括哪些主要步骤？

13. 反索赔报告应包括哪些主要内容？

参 考 文 献

[1] 胡康生. 中华人民共和国合同法释义[M]. 北京：法律出版社，2013.

[2] 卞耀武. 中华人民共和国招标投标法释义[M]. 北京：法律出版社，2000.

[3] 国家发展和改革委员会法规司，国务院法制办公室财金司，监察部执法监察司. 中华人民共和国招标投标法实施条例释义[M]. 北京：中国计划出版社，2012.

[4] 住房城乡建设部，国家工商行政管理总局. 建设工程施工合同（示范文本）（GF-2013-0201）（修订版）[M]. 北京：中国城市出版社，2014.

[5] 本书编委会. 建设工程施工合同（示范文本）（GF-2013-0201）使用指南（修订版）[M]. 北京：中国城市出版社，2014.

[6] 王志毅. 建设工程监理合同（示范文本）评注（GF-2012-0202）[M]. 北京：中国建材工业出版社，2012.

[7] 中华人民共和国国家标准. 建设工程监理规范（GB/T 50319-2013)[S]. 北京：中国建筑工业出版社，2013.

[8] 国际咨询工程师联合会中国工程咨询协会. FIDIC 文献译丛·施工合同条件（中英文对照本)[M]. 北京：机械工业出版社，2002.

[9] 李启明. 土木工程合同管理[M]. 南京：东南大学出版社，2015.

[10] 中国建设监理协会. 2016 全国监理工程师培训考试用书：建设工程合同管理[M]. 北京：中国建筑工业出版社，2016.

[11] 全国一级建造师执业资格考试用书编写委员会. 2016 一级建造师教材：建设工程项目管理[M]. 北京：中国建筑工业出版社，2016.

[12] 丁士昭. 工程项目管理[M]. 北京：中国建筑工业出版社，2014.

[13] 高显义，柯华. 建设工程合同管理[M]. 上海：同济大学出版社，2015.

[14] 余群舟，高洁，等. 建设工程合同管理[M]. 北京：北京大学出版社，2016.

[15] 何伯森，张水波. 国际工程合同管理[M]. 北京：中国建筑工业出版社，2016.

[16] 成虎，虞华. 工程合同管理[M]. 北京：中国建筑工业出版社，2011.

教师服务

感谢您选用清华大学出版社的教材！为了更好地服务教学，我们为授课教师提供本书的教学辅助资源，以及本学科重点教材信息。请您扫码获取。

≫ 教辅获取

本书教辅资源，授课教师扫码获取

≫ 样书赠送

管理科学与工程类重点教材，教师扫码获取样书

 清华大学出版社

E-mail: tupfuwu@163.com
电话：010-83470332 / 83470142
地址：北京市海淀区双清路学研大厦 B 座 509

网址：https://www.tup.com.cn/
传真：8610-83470107
邮编：100084